钱广荣伦理学著作集　第一卷

伦理学原理

LUNLIXUE YUANLI

钱广荣　著

·芜湖·

图书在版编目(CIP)数据

伦理学原理 / 钱广荣著.— 芜湖:安徽师范大学出版社,2023.1(2023.5重印)
(钱广荣伦理学著作集;第一卷)
ISBN 978-7-5676-5789-2

Ⅰ.①伦… Ⅱ.①钱… Ⅲ.①伦理学—文集 Ⅳ.①B82-53

中国版本图书馆CIP数据核字(2022)第217837号

伦理学原理 钱广荣◎著

责任编辑:谢晓博 责任校对:陈贻云
装帧设计:张德宝 姚 远 责任印制:桑国磊
出版发行:安徽师范大学出版社
芜湖市北京东路1号安徽师范大学赭山校区
网 址:http://www.ahnupress.com/
发 行 部:0553-3883578 5910327 5910310(传真)
印 刷:江苏凤凰数码印务有限公司
版 次:2023年1月第1版
印 次:2023年5月第2次印刷
规 格:700 mm × 1000 mm 1/16
印 张:23.75 插 页:2
字 数:369千字
书 号:ISBN 978-7-5676-5789-2
定 价:158.00元

出版前言

钱广荣，生于1945年，安徽巢湖人，安徽师范大学马克思主义学院教授、博士生导师，“全国百名优秀德育工作者”，国家级精品课程“马克思主义伦理学”课程负责人。在安徽师范大学曾先后任政教系辅导员、德育教研部主任、经济法政学院院长、安徽省高校人文社会科学重点研究基地安徽师范大学马克思主义研究中心主任。出版学术专著《中国道德国情论纲》《中国道德建设通论》《中国伦理学引论》《道德悖论现象研究》《思想政治教育学科建设论丛》等8部，主编通用教材12部，在《哲学研究》《道德与文明》等刊物发表学术论文200余篇。

钱广荣先生是国内知名的伦理学研究专家。为了系统整理、全面展现钱先生在伦理学和思想政治教育领域的主要学术成果，我社在安徽师范大学及马克思主义学院的大力支持下，将钱先生的著作、论文合成《钱广荣伦理学著作集》。钱先生的这些学术成果在学界均具有广泛而持久的影响，本次结集出版，对促进我国伦理学和思想政治教育学科建设与人才培养具有重要意义。

《钱广荣伦理学著作集》共十卷本：第一卷《伦理学原理》，第二卷《伦理应用论》，第三卷《道德国情论》，第四卷《道德矛盾论》，第五卷《道德智慧论》，第六卷《道德建设论》，第七卷《道德教育论》，第八卷《学科范式论》，第九卷《伦理沉思录 上》，第十卷《伦理沉思录 下》。这次结集出版，年事已高的钱先生对部分内容又作了修订。

由于本次收录的著作、论文大多已经公开出版或者发表，在编辑过程中，我们尽量遵从作品原貌，这也是对在学术田野上辛勤劳作近五十年的钱先生的尊重。由于编辑学养等方面的原因，文集难免有文字讹错之处，敬请方家批评指出，以便今后修订重印时改正。

安徽师范大学出版社

二〇二二年十月

总　序

一

第一次见到钱老师，是在我大学二年级的人生哲理课上。老师说，从这一年开始，他将在他的教学班推选一名课代表。这个想法说出来之后，几乎所有的学生都把头低了下去，教室里鸦雀无声。我偷偷地抬起头来，看到大家这样的状态，心里有些窃喜，因为我真的很想当这个课代表，只是不好意思一开始就主动说出来，于是我小声地跟坐在身边的班长说："我想当课代表。"没想到班长仿佛抓到了救命稻草一样，迅速站起来，指着我大声地说："他想当课代表！"课间休息时，我找到老师，一股脑儿把自己内心长期以来积累的思想上的小障碍"倾倒"给老师，期望他一下子能帮助我解决所有的问题，而这正是我主动要当课代表的初衷。老师和蔼地说："你的问题确实不少，可这不是一下子能解决的。这样吧，我有一个资料室，课后你跟我一起过去看看，我给你一项特权，每次可以从资料室借两本书带回去看，看完后再来换。你一边看书，我们一边交流，渐渐地你的这些问题就会解决了。"从此，我跟着老师的脚步，一步一步地走进了思想政治教育的领域，毕业后幸运地留在了老师的身边，成为思想政治教育战线上的一员。

转眼之间，我已经工作了三十年，从一个充满活力的青年小伙变成了一个头发灰白的小老头，本可以继续享用老师的恩泽，在思想政治教育领域徜徉，不料老师却在一次外出讲学时罹患脑梗，聆听老师充满激情的教诲的机会戛然而止，我们这些弟子义不容辞地承担起老师手头正在整理文稿的工作。

老师说："你把序言写一下吧，就你写合适。"我看着老师鼓励的眼神，掂量着自己的分量，尤其想到多年来，在思想政治教育领域学习、实践、深造，每一步都得益于老师的指点和影响，尽管我自己觉得，像文集这样的巨著，我来作序是不合适的，但从一个弟子的视角来表达对老师的尊重和挚爱，归纳自己对老师学术贡献的理解，不也有特殊的价值吗？更何况，这些年，我也确实见证了老师在学术领域走出的坚实步伐，留下的清晰印迹。于是，我坚定地点点头说："好，老师，我试一试。"

二

老师生于1945年的巢湖农村，"文革"前考入当时的合肥师范学院，毕业后在安徽师范大学工作。老师开始时从事行政管理工作，先后做过辅导员、团总支书记。1982年，学校在校党委宣传部下设立了思想政治教育教研室，老师是这个教研室最早的成员之一。后来随着教研室的调整升级，老师担任德育教研部主任。从原来的科级单位建制，3个成员，到处级建制的德育教研部，成员最多时达到13人，在老师的带领下，德育教研部成为一个和谐、快乐的战斗集体，为全校学生教授"大学生思想道德修养""人生哲理""法律基础""教师伦理学"四门公共课。老师一直是全省高校《大学生思想道德修养》教材的主编，在教师伦理学领域同样颇有建树，是当时安徽省伦理学学会第五届、第六届副会长。

受当时大环境的影响，老师从事科研工作是比较晚的，但是因为深知思想政治教育教学的不易，所以老师要求每一位来到德育教研部的新教师"首先要站稳讲台"。我清晰地记得，当我去德育教研部向老师报到的时候，老师就很和蔼地告诉我，为了讲好课，我得先到中文系去做辅导员。

我当时并不理解，自己是来当教师的，为什么要去做辅导员工作呢？老师说："如果你想讲好思想政治理论课，就必须去一线做一次辅导员，因为只有这样才能深入了解和认识教育对象。"老师亲自将我送回我毕业的中文系，中文系时任副书记胡亏生老师安排我担任93级汉语言文学专业60名学生的辅导员。正是因为有了这样的经历，我从此与学生结下了不解之缘，这不仅涵养了我的师生情怀，还培育了我的师德和师魂。

用老师自己的话说，他是逐步意识到科研对于教学的价值的。我最初看到的老师的作品是1991年发表在《道德与文明》第1期上的《"私"辨——兼谈"自私"不是人的本性》这篇文章。后来读到的早期作品印象比较深刻的是老师主编的《德育主体论》和独著的《学会自尊》，现在都通过整理收录在文集中。和所有的学者一样，老师从事科研也是慢慢起步的，后来的不断拓展和丰富都源于多年的教学实践。教学实践中遇到的问题逐步启发了老师的问题意识，从而铸就了他"崇尚'问题教学'和'问题研究'的心志和信仰"。与一般学者不同的是，老师从事科研后就没有停下过脚步，做科研不是为了职称评审而敷衍了事，而是为了把工作做得更好，不断深入和拓展研究的领域，直至不得不停下手中的笔。老师的收官之作是发表在国内一流期刊《思想理论教育导刊》2019年第2期上的《"以学生为本"还是"以育人为本"——澄明新时代高校思想政治教育的学理基础》这篇文章。前后两百多篇著述，为了学生，围绕学生，也诠释了老师潜心科研的心路历程。因为他发现，"能够令学子信服和接受的道德知识和理论其实多不在书本结论，而在科学的方法论，引导学子学会科学认识和把握道德现象世界的真实问题，才是伦理学教学和道德教育的真谛所在。"也正是这个发现，成为老师一生勤耕的动力，坚实的脚步完美注解了"全国百名优秀德育工作者"的荣誉称号。

三

一个人在学术领域站住脚并产生一定的学术影响力，大约需要多长时间，没有人专门地研究过。但就我的老师而言，我却是真切地感受到老师在学术之路跋涉的艰辛。如今将所有的科研成果集结整理出版十卷本，三百多万字，内容主要涉及伦理学和思想政治教育两个领域，主要包括伦理学、思想政治理论、思想政治理论教育教学、辅导员工作四个方面，如此丰厚的著述令人钦佩！其中艰辛探索所积累的经验值得我们认真地总结和借鉴。总起来说，有两个研究的路向是我们可以从老师的研究历程中梳理出来的。

一是以教学中遇到的现实问题为导向，深入思考，认真研究，逐个解决。

对于一个初学者来说，科研之路从哪里开始呢？“我们不知道该写什么”这样的问题几乎所有的初学者都曾遇到过。从遇到的现实问题入手，这是我的老师首先选择的路。

从老师公开发表的论文中，我们可以清晰地看到老师在教学过程中不断思考的足迹。就老师长期教授的“大学生思想道德修养”课程来说，主要内容包括适应教育、理想教育、爱国主义教育、人生观教育、价值观教育和道德观教育六个部分。从老师公开发表的论文看，可以比较清晰地看出老师在教学过程中的相应思考。老师在1997年《中国高教研究》第1期发表《大学新生适应教育研究》一文，从大学生到校后遇到的生活、学习、交往、心理四个方面的问题入手，提出针对性的对策，回应教学中面对的大学新生适应教育问题。针对大学生的理想教育，老师在1998年《安徽师大学报》（哲学社会科学版）第1期发表《社会主义初级阶段要重视共同理想教育》一文，直接回应高校对大学生开展理想教育应注意的核心问题。爱国主义教育如何开展？老师早在1994年就在《安徽师大学报》（哲学社会科学版）第4期发表《陶行知的爱国思想述论》一文，通过讨论陶行知先生的爱国思想为课堂教学中的爱国主义教育提供参考。而关于道德教育，老师的思考不仅深入而且全面，这也是老师能够在国内伦理学界占有一席之地的基础。对学生进行道德教育是“大学生思想道德修养”这门课程的主要内容之一，也是伦理学的主要话题。教材用宏大叙事的方式，简约而宏阔地将中华民族几千年的道德样态描述出来，从理论的角度对道德的原则和要求进行了粗略的论述，而这些与大学生的现实需要有较大距离。为了把课讲好，老师就结合实际经验，逐步进行理论思考。从1987年开始，先后发表了《我国古代德智思想概观》（《上饶师专学报》社会科学版1987年第3期）、《略论坚持物质利益原则与提倡道德原则的统一》（《淮北煤师院学报》社会科学版1987年第3期）、《“私”辨——兼谈“自私”不是人的本性》（《道德与文明》1991年第1期）、《中国早期的公私观念》（《甘肃社会科学》1996年第4期）、《论反对个人主义》（《江淮论坛》1996年第6期）、《怎样看“中国集体主义”？——与陈桐生先生商榷》（《现代哲学》2000年第4期）、《关于坚持集体主义的几个基本理论认识问题》（《当代世界与社会主义》2004年第5期）。这七篇论文的发表，为老师讲好道德问题奠定了厚实的基础。正如老师在他的《“做学问”要有问题意识——兼谈高校辅导员的人生成长》（《高校辅导员学刊》2010年第1期）一文中所说的那样：“带着问题意识，在认识问题中提升自己的思维品质，丰富自己的知识宝库，在解决问题中培育自己的实践智慧，提升自己的实践能力，是一切民族（社会）和人成长与成功的实际轨迹，也是人类不断走向文明进步的基本经验（包括人生经验）。”正是因为这种强烈的问题意识，成就了老师在伦理学和思想政治教育两个领域的地位，也给予所有学人一条宝贵经验——工作从哪里开始，科研就从哪里起步。

二是以生活中遇到的社会问题为导向，整体谋划，潜心研究，逐步展开。

管理学之父彼得·德鲁克说：“人们都是根据自己设定的目标和要求成长起来的，知识工作者更是如此。”根据德鲁克的认识指向，目前高校的教师群体大致可以划分为三类：一类是主动设定人生奋斗目标的人，他们大多年纪轻轻就能在自己从事的学科领域崭露头角建树不凡；一类是在前进中逐步设定目标的人，他们虽然起步慢，但一直在跋涉，多见于大器晚成者；还有一类是基本没有什么目标，总是跟随大家一道前进的人。从人生奋斗的轨迹看，我的老师应该属于第二类人群。从他公开发表的科研成果的时间看，这一点毋庸置疑。从科研成果所涉及的研究领域看，这一点也是十分明显的。这种逐步设定人生目标的奋斗历程，对于普通大众来说具有可借鉴性，对于后学者而言更具有学习价值。

老师在逐步解决教学实际问题的过程中，渐渐地开始着迷于社会道德问题研究。20世纪末，我国正处于改革开放初期，东西方文明交融互鉴的过程中，在没有现成经验的条件下，难免会出现一些“失范”现象。当时的道德建设在社会主义市场经济建设的大背景下到底是处于“爬坡”还是“滑坡”的状态，处在象牙塔中的高校学子该如何面对社会道德变化的现实，诸如此类的问题，都成为老师在教学过程中主动思考的内容，并且逐步形成了自己独特的科研方向和领域。这一点，我们可以通过老师先后完成的三项国家社科基金项目来识读老师科研取得成功的清晰路径。

其一，中国道德国情研究。社会主义市场经济建设新时期如何进行道德建设？老师积极参与了当时的大讨论。他认为，我国当前道德生活中存在着不少问题，其原因是中华民族传统道德与“新”道德观念的融合与冲突同时存在，纠葛难辨。存在这些问题是社会转型时期的必然现象，是由道德的历史继承性特征及中国的国情决定的。《论我国当前道德建设面临的问题》（《北京大学学报》哲学社会科学版1997年第6期）一文明确提出：解决问题的根本途径是建设有中国特色的社会主义道德体系。《国民道德建设简论》（《安庆师院社会科学学报》1998年第4期）一文进一步提出：国民道德建设当前应着重抓好儿童和青少年的学业道德的养成教育，克服夸夸其谈之弊；抓紧职业道德建设，尤其是以“做官”为业的干部道德教育；抓紧伦理制度建设，建立道德准则的检查与监督制度。接着，《五种公私观与社会主义初级阶段的道德建设》（《安徽师范大学学报》人文社会科学版1999年第1期）一文提出：当前的道德建设应当把倡导先公后私、公私兼顾作为常抓不懈的中心任务。做了这些之后，老师还觉得不够，认为这条路径最终可能会导致“公说公有理，婆说婆有理”，并不能为当时的道德建设提供有益的参考。受毛泽东思想的深刻影响，他认为只有通过调查研究，实事求是，一切从实际出发，才能找到合适的道德建设的路径。于是，他在已经获得的研究成果的基础上，提出了中国道德国情研究的思路，并深刻指出，我们只有像党的领袖当年指导革命战争和在新时期指导社会主义现代化建设那样，从研究中国道德国情的实际出发，才能把握中国道德的整体状况，提出当代中国道德建设的基本方案。几乎就是从这里开始，老师的科研成果呈现出一个新特点，不再是以前那样一篇一篇地写，一个问题一个问题地提出和解决，而是以“问题束”的形式出现，就像老师日常告诉我们的那样，“一发就是一梭子”。这“第一梭子”，“发射”在世纪之交的2000年，老师一口气发表了《“道德中心主义”之我见——兼与易杰雄教授商榷》（《阜阳师范学院学报》社会科学版2000年第1期）、《道德国情论纲》（《安徽师范大学学报》人文社会科学版2000年第1期）、《中国传统道德的双重价值结构》（《安徽大学学报》哲学社会科学版2000年第2期）、《关于中国法治的几个认识问题》（《淮北煤师院学报》哲学社会科学版2000年第2期）、《中国传统道德的制度化特质及其意义》（《安徽农业大学学报》社会科学版2000年第2期）、《偏差究竟在哪里？——与夏业良先生商榷》（《淮南工业学院学报》社会科学版2000年第3期）、《“德治”平议》（《道德与文明》2000年第6期）七篇科研论文。紧接着在后面的五年，老师又先后公开发表近20篇相关的研究论文，从不同角度讨论新时期道德建设问题。

其二，道德悖论现象研究。老师笔耕不辍，在享受这种乐趣的同时，也很快找到了第二个重要的“问题束”的线索——道德悖论。以《道德选择的价值判断与逻辑判断》《关于伦理道德与智慧》两篇文章为起点，老师正式开启了道德悖论现象的研究之路。有了第一次获批国家社科基金项目的经验，这一次，老师不再是一个人单干，而是带着一个团队一起干。他将身边的同仁和自己的研究生聚集起来，相互交流切磋，相互砥砺奋进，从道德悖论现象的基本理论、中国伦理思想史上的道德悖论问题、西方伦理思想史上的道德悖论问题、应用伦理学视野内的道德悖论问题四个方向或层面展开，各个成员争相努力，研究成果陆续问世，一度出现“井喷”态势。到项目结项时，围绕道德悖论现象，团队成员公开发表论文四十多篇，现在部分被收录在文集第四卷中。

这一次，老师也不再是“摸着石头过河”，而是直面问题：“悖论是一种特殊的矛盾，道德悖论是悖论的一个特殊领域。所谓道德悖论，就是这样的一种自相矛盾，它反映的是一个道德行为选择和道德价值实现的结果同时出现善与恶两种截然不同的特殊情况。”他明确地指出，自古以来，中国人对道德悖论普遍存在的事实及道德进步其实是社会和人走出道德悖论的结果这一客观规律，缺乏理性自觉，没有形成关于道德悖论的普遍意识和认知系统，伦理思维和道德建设的话语系统中缺乏道德悖论的概念，社会至今没有建立起分析和排解道德悖论的机制。因此，研究和阐明道德悖论的一些基本问题，对于认清当代中国社会道德失范的真实状况，促进社会和个人的道德建设，是很有必要的。老师自信满满地说：“道德悖论问题的提出及其研究的兴起，是当代中国社会改革与发展的实践对伦理思维发出的深层呼唤……是立足于真实的‘生活世界’的发现，表达了当代中国知识分子运用唯物史观审思国家和民族振兴之途所遇挑战和机遇的伦理情怀。”

从道德悖论问题的提出到现在编纂集结，已经过去十几个年头，道德悖论现象研究这一引人入胜的当代学术话题，到底研究到了什么程度呢？老师不无遗憾地说，至今还处在“提出问题”的阶段。不仅一些重要的问题只是浅尝辄止，而且还有不少处女地尚未开发。但是，老师依然充满信心，因为正如爱因斯坦所说，提出一个问题往往比解决一个问题更重要，解决一个问题也许是一个数学上的或实验上的技能而已，而提出新的问题，从新的角度去看旧的问题，却需要创造性的想象力，它标志着科学的真正进步。因此，要真正解决它，尚需有志的后学者们积极跟进，坚持不懈，不断拓展和深入。

其三，道德领域突出问题及应对研究。通过主持道德国情研究和道德悖论研究两个国家社科基金项目，老师不仅获得了丰富的科研经验，而且积累了更为厚实的学术基础。深厚的学养没有使老师感到轻松，相反，更增加了他的使命感。道德领域以及其他不同领域突出存在的道德问题，都成为老师关注的焦点。于是，通过深入的思考和打磨，“道德领域突出问题及应对”研究应运而生，并于2013年获得国家社科基金重点项目的立项。

与道德悖论问题的研究不同，“道德领域突出问题及应对”研究不仅涉及道德领域的突出问题，而且关涉不同领域存在的道德问题，所涉及的面远比道德悖论问题面广量多，单靠老师一个人来研究，显然是不能完成的。从某种程度上来说，老师是用自己敏锐的洞察力探得了一个“富矿”，并号召和带领一群有识之士来共同完成这个“富矿”的开采。因此，老师把主要精力用在了理论剖析上，先后发表了《道德领域及其突出问题的学理分析》（《成都理工大学学报》社会科学版2014年第2期）、《道德领域突出问题应对与道德哲学研究的实践转向》（《安徽师范大学学报》人文社会科学版2014年第1期）、《“基础”课应对当前道德领域突出问题的若干思考》（《思想理论教育导刊》2014年第4期）、《应对当前道德领域突出问题的唯物史观研究》（《桂海论丛》2015年第1期）四篇论文。在上述论文中，老师深刻指出：道德领域之所以会出现突出问题，首先是社会上层建筑包括观念的上层建筑还不能适应变革着的经济关系，难以在社会管理的层面为道德领域的优化和进步提供中枢环节意义的支撑；其次，在社会变革期间，新旧道德观念的矛盾和冲突使得社会道德心理变得极为复杂，在道德评价和舆论环境领域出现令人困惑的“说不清道不明”的复杂情况。正因为如此，社会道德要求和道德活动因为整个上层建筑建设的滞后而处于缺失甚至缺位的状态。老师认为，当前我国道德领域存在的突出问题大体上可以梳理为：道德调节领域，存在以诚信缺失为主要表征的行为失范的突出问题；道德建设领域，存在状态疲软和功能弱化的突出问题；道德认知领域，存在信念淡化和信心缺失的突出问题；道德理论研究领域，存在脱离中国道德国情与道德实践的突出问题。对此必须高度重视，采取视而不见或避重就轻的态度是错误的，采用“次要”或“支流”的套语加以搪塞的方法也是不可取的。

事实上，老师对存在突出问题的四类道德领域的划分，也是对整个研究项目的整体设计和谋划。相关方面的研究则由老师指导，弟子和课题组其他成员共同努力，从不同侧面对不同领域应对道德突出问题深入地加以研究。相关的理论和成果都被整理收录在文集中，展示了道德领域突出问题及应对研究对于道德建设、道德教育、道德智慧等方面的潜在贡献。

四

回过头来看，从道德国情到道德悖论，再到道德领域的突出问题及应对，三项国家社科基金项目的确立和结项，不仅彰显了老师厚实的科研功底，更是全面地呈现出老师作为一名教育工作者所具有的深厚学养。如果我们把老师所有的教科研项目比作群山，那么，三项国家社科基金项目则是群山中的三座高山，道德领域突出问题及应对研究无疑是群山中的最高峰。如此恢弘的科研成果，如此丰富的科研经验，对于后学者来说，值得认真学习和借鉴。

从选题的方向看，要有准确的立足点并坚持如一。老师一直关注现实的社会道德问题，即使是偶尔涉及一些其他方面的问题，也都是从道德建设、道德教育或道德智慧的视角来审视它们。这一稳定的立足点，既给自己的研究奠定了基础，也为研究的拓展指明了方向。老师确立了道德研究的方向，就仿佛有了自己从事科研的“定海神针”，从此坚持不懈，即使是退休也没有停下来。因为方向在前，便风雨兼程，终成巨著。正如荀子曰：“蚓无爪牙之利，筋骨之强，上食埃土，下饮黄泉，用心一也。”

从选题的方法看，从基础工作开始再逐步拓展，做好整体谋划。如果说道德国情研究是对当时国家道德状况的整体了解，那么，道德悖论研究则是抓住一个点，通过“解剖麻雀”的方式来认识道德的现状并提出应对策略。而“道德领域突出问题及应对”研究，则是从道德悖论的一点拓展到道德领域所有突出的问题。这种从面到点再到面的研究路径，清晰地呈现出老师在研究之初的精心策划、顶层设计。这种整体设计的方略对于科研选题具有很高的借鉴价值：不是“打洞”式地寻找目标，而是通过对某一个领域进行整体把握——道德国情研究不仅帮助老师了解了当时的社会道德样态，也为他后面的选择指明了方向；然后再找到突破口——道德悖论研究从道德领域的一个看似不起眼却与每个人都十分熟悉的生活体验入手，通过认真细致的分析、深入肌理的讨论，极好地训练了团队成员科研的功力；再进行深入的拓展式研究——“道德领域突出问题及应对”研究，从整体谋划顶层设计的高度探得道德领域研究的富矿，在培养团队成员、襄助后学方面，呈现出极好的训练方式。这种做法对于一个初学者来说值得借鉴，对于一个正在科研路上的人来说也值得参考。

或许是因为自己如今也已经年过半百，我时常回忆起大二时与老师相识的场景，觉得人生的相识可能就是某种缘分使然。如果当初没有老师的引领，我现在大概在某所农村中学从事语文教学工作，无论如何也不可能成为一名高校思想政治教育工作者。而每一次回望，我都会看到老师的身影，常常有“仰之弥高，钻之弥坚，瞻之在前，忽焉在后”之感。越是努力追赶，越是觉得自己心力不济，唯有孜孜不辍，永不停步，可能才会成就一二，诚惶诚恐地站在老师所确立的群峰之旁，栽下几株嫩绿，留下一片阴凉。

万语千言，言不尽意，衷心祝福我的老师。

是为序。

路丙辉

二〇二二年八月于芜湖

目　录

中国伦理学引论

附 录

中国伦理学引论

中国伦理学引论*

* 安徽省高校“十一五”规划教材，本部分曾由安徽人民出版社2009年出版。

前　言

本书与已经出版的伦理学专著和教科书相比，在立意和逻辑建构方面有些与众不同，在卷首向学界同人和读者作些交代是必要的。

伦理学以道德为对象，凡以道德为对象的著述都会有相同或相通的伦理话语和基本范畴，一般也都以“伦理学××”或“××伦理学”来命名。但是，由于道德根源于一定社会的经济关系，本质上是一种特殊的社会意识形态和价值形态，又受到民族生存与发展的特定的“人化自然”环境和源远流长文化传统的深刻影响，所以，道德历来具有深刻的时代特点，带有鲜明的“国别”标记。不同历史时代、不同国家和民族的道德虽然存在诸多共同之处，乃至确有所谓“全人类因素”，但它们之间的差别却更为明显。一国之中的道德从来都是以该国的“道德国情”或该国国情的重要组成部分而形成和发展的。不作如是观，我们就无法解释不同国家和民族的道德价值观及其构建方式何以会有所不同甚至根本的不同。

中国社会的改革开放取得了辉煌的成就，同时也出现了许多问题，特别是以“道德失范”和“道德困惑”为特征的道德问题，它扰乱了中国人应有的伦理秩序和道德价值观，干扰着当代中国社会改革与发展的应有步伐，亟待伦理学从理论上给予令人信服的说明和积极有效的引导。中国的伦理学研究自20世纪初复兴以来，伴随着中国社会发展与进步的步伐发展很快，成果纷呈，但总是让人感到与中华民族传统的伦理精神和当代中国社会发展的现实要求若即若离，许多成果所阐发的道德学问缺乏中国式的风格和气派，实属未经调适的西式佳肴，难得同胞的理解和认同。在大学的伦理学讲坛上，老师们或者津津乐道地摆列着中国传统的道德文本，或者偏爱数落西方的哲理和伦理思想史，很少触摸中国的道德国情尤其是当代中国的道德国情及由此出发的道德建设问题。

多少年来人们一直在抱怨哲学和伦理学被边缘化了，殊不知个中的原因究竟是什么。伦理学的理论研究和道德实践离不开“古为今用”和“洋为中用”基本原则，但其所贵之处全在“用”字。如果案头堆满古典文本和他山之石，却很少问其所“用”，这样的伦理学研究被边缘化就不足为奇了。

道德是一种“实践精神”，把道德放在实践的视野里加以考察是伦理学的使命，伦理学体系应当包含探讨道德建设的内容，中国的伦理学体系应当包含探讨社会主义道德建设的内容。

中国的伦理学建设应当立足于思考中国的伦理道德问题，尤其是当代中国社会改革和发展中出现的伦理道德问题，以及面临的道德建设问题，古典文本和他山之石等一切所“用”都应当站在这一立足点上，围绕这一轴心。基于这个基本的认识，笔者自20世纪末以来出版了《中国道德国情论纲》《中国道德建设通论》《中国法伦理学概论》等著作，发表了《我国当前道德建设的几个重大问题》《仁学经典思想的逻辑发展及其演绎的道德悖论》等文章。

《中国伦理学引论》是在对上述问题的思考及以往研究的基础上撰写的。结构上，它似乎给人一种构建“中国伦理学原理”的印象，若是，也不过是为“引发”他者的“宏论”而已。

第一章 伦理学的对象、范围与方法

任何一门学科都有自己特定的研究对象、范围和方法。这是学科的三个基本问题，关于这三个基本问题的知识与理论是区分不同学科的三个基本标志。

在从古到今的学科体系中，学科的对象总体上可以分为自然、社会和人自身三大领域，由此而可以将各种不同学科归于自然科学、社会科学和人学三个门类。[①]不论是自然科学、社会科学还是所谓的人学，又可因其对象不同的存在方式和形态而进一步划分为具体的学科门类，如自然科学中的物理学、化学、地理学等，社会科学中的哲学、经济学、法学等。沿此思路拓展和延伸，每一个具体的学科门类又可以进一步划分更为具体的不同学科，如化学可以分为有机化学、无机化学等，哲学可以划分为中国哲学、外国哲学、马克思主义哲学、科技哲学等，法学可以划分为宪法学、经济法学、刑法学等。总之，不同学科的分类标志是因学科的不同对象而设定的。每门学科围绕其对象又可以分解为不同的范围，学科的丰富发展和分类的细化实际上是学科研究在程度和范围上深化和拓宽的结果。学科的对象和范围的不同，学科的方法也有所不同，甚至有很大的不同。

自然科学与社会科学包括人学，在对象和范围问题上存在一个明显不

① 中国学界一般把“人学”归于哲学范畴。其实，从广义上说，“人学”至少还应当包含人类学、人口学、生理学、心理学、行为科学等以人体、人心和人的行为方式为对象的学科。

同的地方，这就是：自然科学的对象是纯粹客观的实体，社会科学及人学的对象却不一样，它是以主观与客观相统一的方式和形态进入人们的视野，成为人们的认识对象的，这使得一切社会科学和人学都带有价值论的特质，都是真理观与价值论相统一的范畴体系。这是一切形态的社会科学和人学都带有意识形态特色的根本原因所在。正因为如此，社会科学的方法也有别于自然科学。

从目前国内外学科分类的惯例看，伦理学属于哲学一级学科下设的二级学科，有其特定的对象、范围和方法。

第一节　伦理学的对象

伦理学的对象是道德。

在人类社会纷繁复杂的精神现象中，道德是一种特殊的社会意识形态，也是一种特殊的社会价值形态，一种特殊的精神生活方式。伦理学就是一门从这三个相互关联又存在明显差别的视阈研究道德的发生、发展和进步的规律的社会科学学科。在学理上，伦理学是关于道德的真理观与价值论相统一的范畴体系；在实践上，伦理学是将关于道德的真理与价值的知识理论运用到促进社会和人的全面发展与进步的精神生活中的范畴体系。因此，把伦理学看成是单纯的哲学的一个分支学科，或看成是一个单纯的价值论学科范畴，都是不合适的。

一、伦理与道德

初学伦理学的人时常会提出这样的问题：伦理学既然是以道德为对象的，为什么不称其为道德学呢？回答这个问题，就涉及对伦理与道德这两个基本概念的理解问题。

伦理与道德是贯穿伦理学所有范畴的两个最基本概念，也是支撑伦理学的逻辑基础。因此，在科学的意义上准确理解和把握伦理与道德这两个概念，也是学习和研究伦理学的逻辑起点。

伦理一词，是由"伦"与"理"演变结合而成的。"伦"与"理"都在伦理之前就出现了。《诗经·小雅·正月》中有"维号斯言，有伦有脊"[①]的感慨。《论语·微子》里有"言中伦"[②]的看法，《孟子》中有"察于人伦"[③]"教以人伦"[④]的说法等。在中国古人的理解中，这些"伦"的含义不完全相同，但基本的意思是被当作"辈分"来看的。"理"的本意是指根据玉石的纹路"治玉"，如《战国策》有这样的记述："玉之未理者为璞，剖而治之，乃得其鳃理。"

"伦"与"理"连用成伦理一词，最早出现在《礼记·乐记》中："乐者，通伦理者也。是故知声而不知音者，禽兽是也；知音而不知乐者，众庶是也。唯君子为能知乐，是故审声以知音，审音以知乐，审乐以知政，而治道备矣。"郑玄在注释"伦理"时说："伦，犹类也；理，犹分也。"意即分类而有条理。从这段关于伦理概念的解释文字中不难看出，伦理的初始含义指的是政治意义上的等级秩序，反映的是一种政治关系，即所谓"政治伦理"，并不具有后来"人伦伦理"的明确含义。后来，许慎在《说文解字》里是这样解释伦理的含义的："伦，从人，辈也，明道也；理，从玉，治玉也。"意思是说，伦理是一种通过"治"而明确了的人与人之间的辈分关系。这就是后来与道德构成某种特定内在联系的伦理了，这一含义一直延续到今天。简言之，伦理是一种关系，一种依靠社会舆论、传

---

① 此言全句为："谓天盖高，不敢不局(音jú)；谓地盖厚，不敢不蹐。维号斯言，有伦有脊。哀今之人，胡为虺蜥。"意为：说天很高，但走路不敢不弯腰；说地很厚，但走路不敢不蹑脚。黎民发出这些呼喊，是确实有道理的。可恨今天的人们，活着就像被蛇咬一样的。

② 此言全句为："谓柳下惠、少连：'降志辱身矣，言中伦，行中虑，其斯而已矣！'"意为：孔子对柳下惠、少连的评语是：降低自己意志，屈辱自己身份，但他们的言论还是合乎法度的，行为是经过思虑的，不过如此罢了。

③ 此言全句为："人之所以异于禽兽者几希，庶民去之，君子存之。……舜明于庶物，察于人伦，由仁义行，非行仁义也。"意为：人和禽兽不同的地方只有那么一点点，一般百姓丢弃它，君子保存了它。舜懂得事物的道理，了解人类的常情，于是遵从人伦之仁行事，不是把人伦之仁当作工具来用。

④《滕文公上》："人之有道也，饱食、暖衣、逸居而无教，则近于禽兽。圣人有忧之，使契(相传为殷之祖先)为司徒，教以人伦，父子有亲，君臣有义，夫妇有别，长幼有序，朋友有信。"

统习惯和人们的内心信念来维系和评价的特定的社会关系。

道德一词，在中国是由“道”与“德”两个词演变而来的。“道”，最初的含义是道路，如《诗经·小雅》说“周道如砥，其直如矢”。以后，引申为自然之“道”——外在于人的自然规律或自然力量，人应当遵循的社会之“道”——社会行动准则和规范。如老子说的“道生一，一生二，二生三，三生万物”[①]的“道”指的是自然之“道”，孔子说的“志于道，据于德”[②]的“道”是指社会之“道”。

值得特别注意的是孔子所说的“志于道，据于德”，因为它不仅明确指出“德”属于个体道德范畴，而且清楚地描述了“德”与“道”之间内在的逻辑关系。“德”，最初为“徝”，见于《周书》，指人内心的情感和信念，后来被广泛用作“得”，即“得”社会之“道”于心之“德”。故《礼记·乐记》说：“礼乐皆得谓之有德，德者得也。”意思是说，一个人如果认识和理解了礼乐制度，依礼乐制度行事，就是一个有道德的人。后来朱熹在《四书章句集注》中注释孔子所说的“据于德”的“德”时，也言简意赅地指出：“德者得也，得其道于心，而不失之谓也。”概言之，“德”的基本含义是得“道”，即对“道”发生认知和体验之后的“心得”，或曰“得道”之后的个人品质状态。从这种构词逻辑看，作为个人道德品质的“道德”实则为“德（得）道”。在今天，这种逻辑演绎过程用学术语言来表达就是个体的社会化，用品德心理学的术语来表达就是“内化”，古人的这种理解范式无疑是合乎个人道德品质形成和发展的客观规律的。

在中国伦理思想史上，第一个将“道”与“德（得）”联系起来的是谁？据《史记·夏本纪》记载是皋陶，因为他说过“信其道德，谋明辅和”的话。但这显然是后人司马迁追溯皋陶的思想时所表达的意思，不足为据，而且皋陶所说的“道德”是否具有后来道德的意思也无从考证。第一个将“道”与“德”联系起来并赋予后来道德的意义的人应是荀子。学界也有人说是老子，因为他有一本《道德经》。这种说法是需要讨论的。

① 《老子》四十二章。

② 《论语·述而》。

老子所说的“道”，指的是“天之道”，是可生万物的世界本原，具有宇宙本体的含义，属于哲学本体论意义上的范畴，虽也有反映社会规律意义上的“人之道”的含义，但并不代表其主要旨趣。老子所说的“德”，主要是指“德（得）”自然之“道”，不是“德（得）”社会之“道”即社会的行动准则和规范，基本的主张是回归自然，返璞归真。虽然“德”在老子的话语系统中有无私、容人、谦让、守柔等概念，从形式上看与世俗社会中的个人道德品质的话语无异，但这些“德”都归于人回归自然的本质和本性的结果。在老子看来，大自然是无私、容人、谦让、守柔的，人应当“法自然”，因此也应当是无私、容人、谦让和守柔的。就是说，老子的“道德”，主要还是自然观或宇宙观意义上的。而荀子所谈论的“道德”则是社会规则和个人品德意义上的，他说：“《礼》者，法之大分、类之纲纪也。故学至乎《礼》而止矣；夫是之谓道德之极。”[①]在他看来，在一个社会里，如果人们能够知晓和遵循《礼》，以《礼》行事，那就可以说是最好的道德了。

从以上简要考察中可以看出，伦理与道德之间既存在共同点、相互联系，又存在明显的区别。共同点和联系主要表现在：两者都反映了人类精神生活和社会发展进步的客观要求，都是凭借社会舆论、传统习惯和内心信念来维系和评价的精神生活需要和价值标准。正因如此，在理论研究、思想领域和日常生活中，人们往往将两者视为同一含义的概念，互用或联用。在一定社会里，道德教育和道德建设的主要内容是传递社会提倡和推行的道德观念和标准，以此来丰富、改善和提升人们的道德素养，并进而最终形成特定的伦理关系。伦理与道德的区别主要表现在：伦理主要是指特定的社会关系，包括人与人之间的“人伦关系”、个人与社会集体之间的公共关系；道德主要是指社会的道德观念与规范标准、个人的道德品质，它是社会规则和个人素养的统一。

从伦理与道德的联系和区别可以看出，在伦理与道德之间，伦理是本，道德是末，伦理是体，道德是用；本与末、体与用，虽然存在差别，

① 《荀子·劝学》。

但却是相通的。道德，不论是社会之“道”还是个人之“德”，其对社会和人的发展、进步的积极影响，最终都是通过形成特定的伦理关系而实现的。正因如此，以道德为对象的学科还是被称为伦理学为宜。

关于伦理与道德这两个概念，西方人的理解一直与中国人有所不同，他们并不关注伦理与道德之间的区别。美国学者蒂洛认为，“伦理（ethics）”一词源于希腊语 ethos，本意实质上是“人格”。他明确地说：“一些人在各种职业如法律、医学、商业等以外的个人道德问题上使用‘道德’这个字眼，在职业内的问题上使用‘伦理’这个字眼，从本质上讲，我觉得这两个词及其对立面‘不道德（immoral）’和‘不合乎伦理（unethical）’几乎可以互用。”①

说到伦理学的命名，如果一定要追究以道德为对象的学科为什么不被称为道德学而被称为伦理学，那么就应当看到这一问题还涉及学科的命名方式问题。在人类的科学史上，学科的命名大体上有两种方式，一种是直接以学科的对象命名，如数学、化学、物理学、生物学、心理学、教育学等，另一种是以学科的文化蕴涵或研究领域命名，如哲学、逻辑学、文学等，以道德为对象的伦理学其命名方式属于后一种。而在中国，伦理学的最终命名还与一种偶然的因素有关。我国伦理学的学科命名发生在清代末年，与日本有关。日本学者在翻译“ethics”（道德、关于道德的学问）时，由于在日文中找不到与之相应的词来表达，便借用了汉语言文字中的“伦理”，把关于道德的学问翻译成“伦理学”。当时的我国留日学者归国后沿用了日本人的这种翻译的方法。清代末年的著名思想家严复在翻译赫胥黎的《进化论与道德哲学》一书时，将其翻译为《进化论与伦理学》。从此，除了20世纪二三十年代有的学者如张东荪等人曾用“道德哲学”外，一般都将关于道德的学问称为伦理学。由上可见，以道德为对象的伦理学其学科命名问题，虽然有趣，却并不重要。

---

① [美]蒂洛:《哲学——理论与实践》,古平等译,北京:中国人民大学出版社1989年版,第215页。

二、伦理学是一门古老的人文社会科学学科

在人文社会科学的大家族中，有一些学科是比较古老的，有着悠久的学术传统，伦理学就是其中之一。一些学科之所以比较古老，是因为那些学科与古老人类的生存和繁衍的基本需要密切地联系在一起。伦理学的对象道德是人类社会最古老的一种精神现象，而道德之所以是人类社会最古老的一种精神现象，是因为它是人之所以为人的一个最重要的标志。对道德问题的思考，一开始就属于“人的思考”，就是人对自己之所以为人、力图把自己同其他动物类区别开来的思考，就是一个彻底的“人学”问题。

历史从哪里开始，思想就会从哪里开始，这一思维规律无疑首先适合关于道德问题的伦理思维。

在远古时期，一种偶然的因素逼迫类人猿因由自然环境的变化而从树上下到地上，为了生存必须适应新环境，于是不得不开始学习直立和直立行走，用前肢“拿”“拾”东西等，但这还不是后来意义上的劳动。后来意义上的劳动，即“创造人自身”的劳动，是一种具有创造意义的劳动。这种创造表现为两种形式，一种是仅仅区别于“拿”和“拾”之类的简单动作的多人或群体的协作式创造，另一种是体现普遍社会联系的走向复杂化形式的创造。正是这种创造性的劳动，促使类人猿在不知不觉中改造着自己，使自己渐渐地演化成一个区别于原先自己的新的动物类——人类。当劳动成为一种创造，具有协作的意义、体现普遍社会联系的时候，就是“社会性的劳动”了。这种协作、创造性的劳动不仅需要一定的社会组织方式，而且需要支撑和说明一定的社会组织方式的社会关系及其思想意识。这表明人类是以“社会关系”的方式诞生的。这样的社会关系无疑包含初始意义上的伦理关系，这样的思想意识无疑包含与初始意义上的伦理关系相适应的道德观念和价值标准。就是说，道德与人类是同步诞生的，道德是人之为人的基本标志。正因如此，历史上一些思想家视道德为人区

别于动物的本质特性。荀子曾用一种比较说明的方法强调道德是人之所以为人的根本标志："水火有气而无生，草木有生而无知，禽兽有知而无义；人有气、有生、有知，亦且有义，故最为天下贵也。"[①]圣经的"原罪说"，实际上是在逻辑起点上将因偷食禁果而萌发的"羞耻感"看作是抽象的天堂人转为实在的尘世人（人的诞生）的分界线。

当然，原始初人的道德还是人类道德的孩提时代，其社会的规则和观念形式主要表现为对天命和鬼神的迷信与敬畏，对氏族和部落的风俗习惯的依赖和遵从。迷信与敬畏天命和鬼神的意识及其表现程式，后来演变为具有政治意义的国家典章制度，以及与国家典章制度相适应的社会意识形态。风俗习惯，一般与原始宗教禁忌的观念和活动方式浑然一体，并不具有多少后来以文字文化记述的社会意识形式和"社会规范的总和"之"道"的形式，一般难以登"大雅之堂"，但它在此后的历史发展中同样作为"世俗化的道德"形式积淀和演变为源远流长的道德传统。不难想见，不论何种形式，原始初人的道德都不乏幼稚之处，在今人看来不乏野蛮和缺乏人性之处，但却是维系原始共同体的社会生活和人们相互关系的必备内容，它是初始的，却又是十分必要的。这样的道德，今人不仅可以从一些正统的历史典籍中看到有关的记载，也可以从一些非正统的历史文化遗产中窥得其一些零星景况。

关于原始社会的风俗习惯可否被视为道德的问题，中国伦理学界一直存有不同的看法。有的学者认为，原始社会的风俗习惯不是道德，因为道德应当首先是一种特殊的社会意识形式。有的学者认为，原始社会的风俗习惯就是道德，因为它是原始初人赖以生存和繁衍的价值基础和精神生活方式，只不过它是一种人类道德的雏形罢了。后一种看法是有道理的。把道德看成是一种特殊的社会意识形式自然没有任何问题，但同时也应当看到，道德还有其他表现形式，甚至是更重要的表现形式，其中就包括作为当时社会价值形态和人们的精神生活方式的风俗习惯。看道德，不能因为它的世俗化形式的重要而否认它的意识形态的必要，也不能因为它是一种

① 《荀子·王制》。

特殊的社会意识形式就忽视了它的其他形式和功能。不仅如此，任何事物的发生和发展都是一种过程，道德作为一种特殊的社会意识形式和风俗习惯也有一个发生和发展的历史过程，历史发展阶段不同，道德发展的水平和文明进步的程度也有所不同。这与人的一生旅程一样，每个人从生到死都要经历孩提时代、少年时代、青年时代、壮年时代、暮年时代，这是一个由幼稚到成熟的发展过程，我们能说惟有青年、壮年、暮年时代的人才是人，孩提时代和少年时代的人就不是人么？原始社会早期的道德，是人类道德的孩提时代，也是后世道德的逻辑基础和发祥地。须知，人类社会至今的道德，在不少方面还带有原始社会早期人类道德的特征。从这点看，否认原始社会早期道德的应有地位，其实就在否认人类现世道德的某些优良传统。

在原始社会早期，与道德的孩提时代相适应的伦理思考同样带有孩提的特征，关于风俗习惯的“意识形态”多为认同信仰及其传播方式，这就是当时代的“伦理思想”或“伦理学说”。这种情况，我们可以在著名的历史题材小说《根》、中国的神话《山海经》等文学作品中触摸到它的原始踪迹。当然，这些都不可与后来文明时代的人们关于伦理道德问题的思考及由此而创建的伦理思想或伦理学说同日而语，相提并论。

人类对伦理与道德问题进行理性思考并由此产生伦理思想、进而创建伦理学说，在西方始于苏格拉底，在中国始于孔子，他们都是公元前6至5世纪出类拔萃的伟大思想家。苏格拉底的伦理思想，尤其是经过他的弟子柏拉图后来整理和阐发的“四主德”（亦有人称为“四元德”），即智慧、公正、勇敢、节制，影响到整个西方文明的发展历程。柏拉图之后，公元前4世纪，亚里士多德创作的《尼可马克伦理学》，是人类伦理思想史上第一部以伦理学命名的著作。孔子的伦理思想不仅为中国封建社会专制制度的建立提供了适合的思想工具，也奠定了中华民族文化尤其是伦理文化发展的基础。

三、伦理思想形成和发展的内在逻辑

伦理学与伦理思想不是同一种含义的概念。前者是一个学科的概念，是由专门的“文化人”经过理论思维的加工而成的，它有完整的知识结构和范畴体系；后者是一种“思想的概念”，它不一定有完整的知识结构和范畴体系，只要有关于道德问题的思考就会相应产生伦理思想。一般来说，伦理学的形成需要经由伦理思想的形成和发展的过程，因此，研究伦理思想形成和发展的过程，尤其是它的内在逻辑，对于理解和把握伦理学的形成和发展的一般规律，是至关重要的。

一个事物的形成和发展取决于外部和内部两个方面的基本条件，伦理思想的形成和发展也是这样。社会存在决定社会意识，经济基础决定上层建筑，社会存在和经济基础是一定的伦理思想形成和发展的外部条件，它们对伦理思想形成和发展的影响是一种很复杂的过程。马克思说：“人们在自己生活的社会生产中发生一定的、必然的、不以他们的意志为转移的关系，即同他们的物质生产力的一定发展阶段相适合的生产关系。这些生产关系的总和构成社会的经济结构，即有法律的和政治的上层建筑竖立其上并有一定的社会意识形式与之相适应的现实基础。物质生活的生产方式制约着整个社会生活、政治生活和精神生活的过程。不是人们的意识决定人们的存在，相反，是人们的社会存在决定人们的意识。”[①]马克思在这里所说的都是外部条件。值得注意的是，过去中国伦理学界的人们在论及这一问题时一般只注意到“经济结构”和“现实基础”与伦理思想或伦理学说形成与发展之间的关系，而对同样是外部条件的“整个社会生活、政治生活和精神生活”注意不够，甚至是忽视了。其实，“整个社会生活、政治生活和精神生活”对伦理思想或伦理学说的形成与发展的影响同样带有根本性。其中，“社会生活”是一定伦理思想或伦理学说形成和发展的社会环境，“政治生活”是一定伦理思想或伦理学说形成和发展的保障条件，

① 《马克思恩格斯选集》第2卷，北京：人民出版社1995年版，第32页。

而“精神生活”则对一定伦理思想或伦理学说形成和发展起着关键性的作用。一个社会，如果“社会生活”是有序的、和谐的，“政治生活”是稳定的、清明的，“精神生活”是健康的、积极向上的，那么，无疑会有助于“与之相适应”的伦理思想或伦理学说的形成和发展。在这个问题上，我们既要反对那种脱离一定的经济基础空谈形成和发展伦理思想的“创新精神”，也要纠正那种唯经济决定论是从的教条式的思维方式。同样之理，道德一旦形成就具有反作用，对“经济结构”“现实基础”和“整个社会生活、政治生活和精神生活”发挥其干预和优化的积极的影响，这是不言而喻的。

伦理思想与其形成发展的外部条件之间的关系，是一种客观的逻辑关系。一种伦理思想可能会超越它的历史和现实，但不能脱离与历史和现实之间存在的这种逻辑联系。

除了外部的逻辑关系，伦理思想的形成还与其内部存在的逻辑关系密切相关。这一问题，在过去的中国伦理学界一直是被忽视的。有学者对人类早期伦理思想的形成曾有过如下一段描述：“伦理行为的发生是从个体开始的，即群体中出现了超群体的在个体身上展现的高尚行为。在源点时代的初期，这一个体的代表人物主要是民族首领、部落酋长。……个体的伦理行为逐渐转化成民众的道德良知，于是形成了富于人民性的伦理观念。一批文化人或杰出人物从理论上对伦理行为和伦理观念进行挖掘、整理、提炼、阐发，最终形成了独具特色的一家之言，即伦理学说。”[①]应当指出，这里所说的“伦理学说”，其实还是“伦理思想”，因为在“原点时代的初期”人们的伦理思维还不能达到创建伦理学说的水平。但是，其所描述的这一过程却是合乎伦理学说形成的内在逻辑的，这就是：从个人开始、经过群体、再到个人，即个人（崇高者）的品性→群体（社会）的观念→个人（文化人或杰出人物）的“一家之言”的过程。这种见解是颇有启发意义的。

实际上，在发表某种学术思想和创建某种学科的过程中，“从个人开

① 陈钧、任放：《经济伦理与社会变迁》，武汉：武汉出版社1996年版，第19页。

始、经过群体、再到个人”是一种普遍的思维现象，任何一门经由“思想”而创建的社会科学学科都会经历这样的辩证演绎和归纳的过程。这表明，一门学科的形成既是适应时代发展需要的产物，又是个人“一家之言”的结晶。“一家之言”既是时代的产物，也是“一人”智慧的结晶。

中国伦理思想或伦理学说形成和发展的历程证实了这个普遍存在的学科现象。孔子创建的“仁学”伦理学说，在“百家争鸣”时代是孔子的“一家之言”。后来，孟子在此基础上具体提出“仁义礼智”“孝悌忠信”等道德规范和评价标准，并进而明确提出“仁政”的伦理学说，在封建帝制呼之欲出的新形势下发展了孔子的学说，所发展的部分其实也多为孟子在其时代的“一家之言”。一个时代是否会有“一家之言”出现，实际上反映的是这个时代的人们创新意识和创新精神如何，以及这个时代的思维水平所能达到的水平。一门学科的丰富和发展，既是顺应时代发展的客观要求，不断进行调整、改造和提升的过程，也是不断积累一个个不同的“一家之言”的过程。但令人遗憾的是，孔孟之后，特别是自董仲舒开始，中国伦理思想史上的“一家之言”渐渐少了，代之而起的是后人对先师“注经立说”的兴起，并渐而形成一种治学传统。

时势造英雄，这是一个各路英雄包括理论学识大师辈出的时代。为了推动中国的改革和发展，实现中国社会和人的全面发展与进步，伦理学需要进行变革性的理论创新。为此，伦理学人应当敢于和善于发表自己的“一家之言”，这是研究伦理学乃至其他一切社会科学学科基本的治学之道，也是治学成功之道。

第二节　伦理学的范围

任何一门学科的研究和发展，在其对象之下都存在一个需要厘清范围的问题。学科的范围，一般也就是人们通常所说的学科领域。每门学科的对象只有一个，而范围和领域却比较广泛。就一个特定的学科而言，它们既是这个学科区别于别个学科的标志群，也是这个学科建立自己与别个学科联系、促使学科发展的交汇和融合地带。因此，了解和熟悉一门学科的广泛领域，是了解和把握这门学科的对象的基本途径和基本方法。

学科范围与学科对象的区别和联系是显而易见的。总的来说，两者的关系是部分与整体的关系。研究学科对象一般是从学科的范围开始的，这合乎认识的规律——人们的认识活动总是从具体到一般、从个别到抽象。

由于伦理学是一门古老的社会科学学科，其对象道德以广泛渗透的方式存在于社会生活的广阔领域，深刻地影响着社会和人的发展与进步，所以，伦理学与其他社会科学学科相比较其研究的范围更为宽广。中国伦理学在20世纪80年代初重建以来，伦理学人所涉及的道德的范围比较广泛，大体有如下几种情况。

一、从三大领域研究道德的基本问题，构建宏观伦理学体系

（一）在真理观意义上研究“道德是什么”

对“道德是什么”的回答，涉及道德的起源与本质问题。在真理观的意义上，起源与本质问题是相互联系的，前者回答对象是从哪里来的，后者回答对象与“来源”之间的内在的逻辑联系。尽管如此，也应当看到，真正能够揭示“道德是什么”的知识，还是关于道德本质的知识。

在中国伦理思想史上，“道德是什么”是一个争论不休的问题，但争论多不是在“本质”而是在“起源”的意义上展开的，所发表的意见多为起源论的意见而不是本质论的意见。虽然道德的本质问题与道德的来源问题存在联系，研究“道德是什么”的问题离不开对“道德从哪里来”问题的考察，但是这两个问题存在的差别也是明显的。中国古人阐发道德的发生有一个基本特点，这就是与“人性”的善恶与否纠缠在一起。以孔子和孟子为代表，主张人性本善。孟子的“四端”说非常形象地说明了他对道德发生的见解。他认为，人之所以向善，从善，讲道德，是因为人生下来

就具备四种“善端”，后来的善德都是从“善端”上生长出来的，他说：“恻隐之心，仁之端也；羞恶之心，义之端也；辞让之心，礼之端也；是非之心，智之端也。”[①]而以荀子为代表，则主张人性本恶。荀子是第一个主张“性恶”的代表人物，他认为人的本性是恶的，“其善者伪也”[②]。所谓“伪”，即人为的意思，他认为人虽然本性是恶的，但通过后天的努力可以为善，这就是所谓的“化性起伪”。他说：“今人之性，生而有好利焉，顺是，故争夺生而辞让亡焉；生而有疾恶焉，顺是，故残贼生而忠信亡焉；生而有耳目之欲，有好声色焉，顺是，故淫乱生而礼义文理亡焉。”[③]荀子从人性本恶出发，推导出社会道德和国家法律存在的必然性及其制定的必要性。这与以孔子和孟子为代表的人性善主张不同，后者强调的是个人的自觉，在此前提之下才重视社会道德和国家法律的调节作用，而且将社会道德和国家法律调整的对象限定在“教而不化”的人群之内。在道德起源问题上围绕人性善恶与否发生的关于“道德是什么”的争论，实际上一直延续到新中国成立。

新中国成立之后，在马克思主义科学世界观和方法论的指导之下，人们不再在人之外的神秘世界中寻找“道德是什么”的答案，也不再从人自身的先天性素质中来揭示“道德是什么”，而是立足于一定社会的经济关系来分析和阐发道德的发生及其本质。恩格斯说：“人们自觉地或不自觉地，归根到底总是从他们阶级地位所依据的实际关系中——从他们进行生产和交换的经济关系中，获得自己的伦理观念。”[④]这一经典论断成了人们观察、分析和研究纷繁复杂的道德现象世界的方法论原则，从而在起源和本质的意义上同时科学地回答了“道德是什么”的问题。

（二）在价值论意义上研究“道德应当是什么”

道德既是一种特殊的社会意识形态，更是一种特殊的社会价值形态。

① 《孟子·公孙丑上》。

② 《荀子·性恶》。

③ 《荀子·性恶》。

④ 《马克思恩格斯选集》第3卷，北京：人民出版社1995年版，第434页。

价值，是一种“关系范畴”，反映的是人对外界对象的一种需求关系，本质上是客体满足主体需要的一种功能属性。人的需要丰富多彩，概言之大体上有两个基本方面，一是物质需要，二是精神需要。马斯洛曾把人的需要分解为五个层次，即生理需要、安全需要、交往需要、被尊重需要和自我实现需要。这五个层次也可以归于物质需要和精神需要两个基本方面。社会需要从形式与内在动力来看也可以划分为这两个基本方面，但与人的需要相比显然没有那么复杂。就人的需要而言，不论是以事实形式存在还是以欲望形式出现，都是与其利益需求相通的。道德的客观基础是一定社会的经济关系，而一定社会的经济关系总是首先作为利益表现出来的，这一马克思主义的命题在一定的意义上不仅可以被解读为“道德的客观基础是一定的利益关系”，而且可以被解读为“道德的客观基础是一定的社会需要、人的需要及由此构成的‘需要关系’”。

道德作为社会价值形态，在“道德应当是什么”的意义上以特定的价值理念和价值标准的方式反映社会和人的利益需求。这是一个从“道德是什么”到“道德应当是什么”的认知转换过程，是道德由真理观到价值论的转换过程。客观反映社会和个体的利益需求的意识属于“道德是什么”的真理观范畴，依据“道德是什么”来维护和调整社会和个体的利益需要时道德就成为“应当是什么”，这就是道德的社会价值形态。这一转换过程得益于人类的价值理性。对利益的需求使得人人都具有利己的“自然权利”，表现在物质生活方面至少是食求饱腹、衣求得体，表现在精神生活方面至少是希冀得到他人和社会的肯定和关心，以至于赞美，“活得像个人样”。人的这些“自然权利”在思想和动机的层面上是充分自由的，但仅在思想和动机的层面上是不能实现的，需要在与他人和社会集体发生各种各样的现实关系中实现，否则就是自欺欺人，没有什么实际意义。这样，不同的利益主体之间既可能各得其所、相得益彰，也可能发生矛盾、相互损害，当后一种情况出现时不仅会影响人们各自正当利益需求的实现，而且会使一些人不正当的利益需求的欲望得逞，并最终殃及社会和集体的正常发展。道德的“应当”价值形式由此而产生，其功用一方面在于肯定和维护社会和人的正当利益需求，另一方面在于反对和遏制社会和人的一些不正当、不恰当的利益需求。在西方哲学思想史上，自由主义哲学传统自霍布斯开启经洛克至卢梭创建的“社会契约论”，以此来解释对人的充分自由的“自然权利”实行社会限制的必要性。其实，这一理论也适用说明道德由“是什么”到“应当是什么”的价值转换。

“道德应当是什么”通常是以社会推行的道德观念和规范体系的形式出现的。由于道德观念和规范都是因维护伦理关系而提倡和推行的，所以相对于一定的伦理而言，道德观念和规范只是可能的道德价值的可能，并非道德价值的事实，道德的价值事实是实践道德观念和规范的结晶。

（三）在实践论意义上研究“道德人”的人文资格

在实践领域，道德是以“实践理性”的方式存在的，表现为社会和人特有的精神生活，这里的关键因素人必须具备“道德人”的人文资格。人的本质特性决定了人作为现实的存在物应是“社会人”。“社会人”因其角色的转换而转变为不同的“人”，其中就包含“道德人”。所谓“道德人”的人文资格，指的是人在特定的利益关系中能够自觉地依据社会所提倡的道德标准，承担道德责任、履行道德义务的人格。“道德人”具有普遍的价值意义，适用于社会生活的各个领域，各种人群。在现实社会生活中，一个人随着其角色的转换而不断改变其“人”的身份，如在家庭是长辈或小辈、在学校是学生、在工作岗位是从业人员等，但不论怎么变，其相应的“道德人”的身份都不会变。“道德人”的资格，既是人获得道德主体地位的资格和标志，也是人的不同“人”的社会身份的实质内涵。“道德人”是人在道德上实现社会化的标志，一个人只有具备了“道德人”人格，他才能成为社会的“道德角色”，成为真正的道德主体。“道德人”使特定的主体实现个体与社会的统一。

人适应时代发展要求的“道德人”的人文资格，是实践一定社会提倡和推行的道德观念和规范标准的结晶。这里所说的“实践”指的是道德教育和道德修养，前者属于社会教育，后者属于自我教育。道德的社会教育所传递和灌输的道德知识及其他信息，只有经过自我教育的“内化”才能转化成个体的道德品质。道德的自我教育是道德主体形成“道德人”资格的关键环节，而道德的社会教育则是道德的自我教育的逻辑前提和起点，两者之间不存在孰轻孰重的差别，片面强调自我教育的关键作用，或片面强调社会教育的先导作用，都是不正确的。

从以上三个领域的研究建构的伦理学体系所涉及的道德，分别是作为特殊社会意识形态的道德、作为特殊社会价值形态的道德、作为特殊个体素质和行为方式的道德。从文化属性看，它们分别是关于道德的真理性问题的知识和理论、关于道德的原则和规范体系的知识和理论、关于道德的社会教育和个人道德养成的知识和理论。

这种范围观念和研究方法，优势在于体系感强，给人以完整的伦理学知识和理论，自20世纪80年代以来被高校从事伦理学课程教学的学者们广泛使用，可以称其为教科书的范围观念和方法。由它所构建的伦理学知识和理论体系，在目前中国伦理学界占据着主导地位，也是我国高校伦理学教科书的基本模式，影响甚为广泛。20世纪80年代，它的代表性的成果主要有中国人民大学罗国杰教授主编的《马克思主义伦理学》（新中国成立后第一本系统阐述伦理学范畴体系的教科书，人民出版社1982年版）及其修订本《伦理学教程》（中国人民大学出版社1985年版）和《伦理学》（人民出版社1989年版）、北京大学魏英敏与金可溪教授编著的《伦理学简明教程》（北京大学出版社1984年版）、唐凯麟教授主编的《简明马克思主义伦理学》（湖南人民出版社1983年版）、肖雪慧编著的《伦理学原理》（四川省社会科学院出版社1986年版），等等。这种范围观念和研究方法的短处在于，难以深入探讨伦理学的理论，尤其是难能站在社会和人生发展的前沿，反映生机勃勃的现实生活。

二、在人生观和价值观的范围内研究道德，构建人生价值观体系

很多人认为伦理学的对象是人生，其研究范围和任务有二：一是确定

人生的真正目的或人生真谛，二是研究达到人生真正目的或人生真谛的正确态度和道路。20世纪20年代国民党统治区关于人生观问题大讨论中出现的“人生哲学”，新中国成立后至80年代初兴起的“人生哲学”流派，所采用的都是立足于这种范围观念、这种研究方法。

基于这种思路，在20世纪80年代出版的中国伦理学专著和教科书，体系中大多设有人生观的内容，所论涉及人生价值、人生目的、人生态度、人生环境等。高等学校还根据当时的国家教育委员会的规定，在低年级的思想政治理论课的课程体系中设置了“人生哲理”课。这门课，虽然后来因与“思想修养”合为一门称为“思想道德修养”的课而不复存在，但其基本内容和基本精神依然得到充分体现，受到大学生的广泛欢迎。进入90年代后，中国伦理学的著述一般不再把人生观和人生价值观的内容摄在自己的学术视界之内，这样做是否合理，是一个值得思考和研究的问题。

为什么伦理学要把人生观和价值观的问题摄在自己的研究范围之内呢？这是因为，人生观和价值观都是以一定的利益为思考和处置对象的，人生问题、价值问题本质上是利益关系，人生观和价值观本质上是对待利益关系的目的与态度，这一点与伦理学的对象和范围是一致的。道德文明发生的逻辑基础是一定社会的经济关系，而经济关系总是首先以利益关系的形式表现出来的，道德因利益关系而成为可能，因维护利益关系而成为必要，人类社会生产和社会生活凡是有利益关系存在的地方，都会有相应的道德存在。人生观和人生价值观都是因一定的利益关系而存在的，所反映和维护的都是一定的利益关系，所要回答的都是“人生应当是什么”的根本看法和“人生应当是怎样的”这一根本态度。所以，在一定社会里，人生观和价值观在内涵上与当时代的道德观是一致的。正是在这种意义上，张岱年等人认为伦理学就是人生哲学。

当然，伦理学与人生哲学是有差别的，这种差别主要表现在对人的伦理要求的层次不一样。人生观和人生价值观的要求比道德要求要高一些。就调控要求看，每个社会的道德体系都是先进性要求和广泛性要求的统一体，前者是“应当”的，后者是“正当”的，人生观和人生价值观对人的要求一般属于“应当”和“先进性”的道德要求范畴。当一个社会在先进性的意义上对人们提出道德要求的时候，它其实就是在倡导一种人生观和人生价值观。

三、立足不同社会生活领域内的道德运用，构建应用伦理学体系

在西方社会，伦理学研究自20世纪20年代开始分流为“元伦理学”和“规范伦理学”两个不同的发展方向。“元伦理学”的发展越来越趋向学理性的探究，哲学的思辨特色越来越浓，“规范伦理学”的发展越来越趋向实际的运用，适用性的“生活化”特色越来越引人关注，逐渐演化成分门别类的应用伦理学。

在西方，应用伦理学的兴起和快速发展，是工业社会的一个文明标志。我国伦理学自20世纪80年代初复苏以来，发展速度很快，取得了中华民族有史以来前所未有的辉煌成就，在发展走向上也出现如同西方社会那样的分流，其中又以应用伦理学发展最为迅速，经济伦理学、法伦理学、行政伦理学、环境伦理学、生命伦理学、教育伦理学等学科取得的理论进展更为引人注目。应用伦理学的快速发展，表明我国的社会生产和社会生活出现了多样化和规范化的势头，并正在加速走向现代化，各行各业对伦理道德要求越来越高，也越来越具体和具有可操作性。

应用伦理学以特定的社会生活领域内的道德要求为具体对象和范围。如经济伦理学以经济活动中的生产、交换、分配和消费为对象和范围，法伦理学以立法、执法、司法以及守法中的道德问题为对象和范围，行政伦理学以国家行政管理行为包括决策的制定和执行以及公务员执业中的道德问题为对象和范围，等等。特定具体的对象和范畴，使得每一门应用伦理学都有其自己区别于其他应用伦理学的独特的范畴体系。

但是，不同的应用伦理学有一些共同的基本范畴，其中又以道德责任最为重要，它是各门应用伦理学共有的最基本的范畴，也是所有应用伦理

学的逻辑起点。道德责任与道德义务是两个既相互联系又存在主要差别的概念。道德责任是必须履行的道德义务。道德义务有两种，一种是可以履行的，面临这种道德义务人有选择的自由，可以作为，也可以不作为，比如在公共汽车上是否给老弱病残者让座，一个人就有选择的自由。虽然他选择不让座是不道德的，会遭到舆论上的谴责，但他不会因此而负什么责任。另一种道德义务是必须履行的，这就是道德责任，它不以当事者是否承认、是否愿意承担为依据，如赡养丧失劳动能力的父母，就是一种典型的道德责任。道德责任是必须履行的，否则不仅要受到舆论的谴责，而且要承担不负责任的后果。这是因为，不履行道德责任往往会造成不良的后果，损害他人或集体、国家的利益。如在生产岗位，一个人如果违背了职业道德和执业规则的要求，就可能会生产出次品或废品，给企业造成损失，如果进入流通领域就会损害消费者的权益。正因如此，应用伦理学所阐述的责任，通常带有法律法规和执业操作规程、公共生活规则的性质，这些在一般情况下是相互交叉或重叠在一起的，既是道德责任，也是法律责任、执业规程、公共生活规则等。

除了道德责任以外，分门别类的应用伦理学还有一些共有的范畴，如公平、正义、荣誉、幸福等。

20世纪90年代以来，伴随着应用伦理学的兴起和快速发展，还出现了一种注重“元伦理学”研究的倾向。这类研究比较注意吸收西方近现代以来的一些伦理观念，反映当代中国社会发展进程中涌动着的一些新的伦理意识和道德观念，因此它们在范围上所体现的观念和方法都与传统存在明显的差异。北京大学王海明教授著的《伦理学原理》（北京大学出版社2001年版）可以称作这方面的代表。与此同时，还出现了一种特别关注“德性伦理”的研究热情，这类研究要建立一种新的伦理学体系的意向虽然不是那么明显，但其范围观念和研究方法也是值得注意的。

以上三种主要的“范围观”和研究方法，都有各自的合理性。这不仅表现在它们虽各行其是，却也自成一说，无可厚非，而且表现在它们对伦理学学科的整体建设都大有裨益。伦理学的历史发展过程及其成果表明，就某一种道德现象和领域作深入的探讨，并相应建立起所谓的分支性的伦理学学科，对于丰富伦理学体系，促进伦理学的整体发展、推动人类社会的文明进步，具有不可轻视的积极作用。

20多年来，中国伦理学的研究和建设已经取得不少成就，但面对中国入世后的新形势，从推动中国社会改革发展和全面进步与人的全面发展的实际需要看，还任重道远。我们既需要用“三段式”的方法，沿着由部分而通达整体的路径继续研究和完善整体性的伦理学的母学科体系，也需要分门别类创建伦理学的分支性的子学科体系。后一种建设，当前显得更为迫切。

第三节　伦理学的方法

方法之重要，很多人都有深切的感受和体验。这是因为，方法是智慧，是认识、把握和解决问题的能力。人类认识和改造世界包括自身的任何一项活动，都有一个方法问题。读书有读书的方法，有的人没读多少书，下笔却如神，有的人读书破万卷，下笔却无神，这种差别是由读书和写作的方法差异决定的。毛泽东在领导中国人民推翻“三座大山”的革命战争时期，曾经发表过一篇著名的文论《关心群众生活，注意工作方法》，将方法比喻为过河之桥，渡河之舟，说的是领导方法对于成功的领导工作之重要。

创建某一门学科，学习和把握某一门学科，也都有一个方法问题。了解学科的方法，是把握学科对象、范围及思想理论体系极为重要的途径。

一、哲学的方法

哲学，源于希腊文philosophia，意为爱慕智慧。在中国，“哲”为聪明之意，古代有“知人则哲”[1]之说。哲学是关于世界的总体看法，是人们关于自然、社会和人的思维的根本观点的体系，是高度抽象的知识形态和意识形态。人类自古以来的哲学因其对世界本原的不同看法而分为唯心主义和唯物主义两大基本的派别。马克思主义哲学在世界本原问题上运用辩证的方法坚持彻底的唯物主义，认为物质决定意识，社会存在决定社会意识，同时又认为意识、社会意识对物质、社会存在具有反作用。马克思主义哲学是指导各门人文社会科学研究的世界观和方法论，自然也是指导伦理学研究的世界观和方法论。

在伦理学研究中坚持马克思主义哲学的方法，最重要的就是要坚持运用历史唯物主义的基本原理，也就是关于社会存在与社会意识、经济基础与上层建筑之间的辩证关系的基本原理，观察、分析和说明纷繁复杂的道德现象世界。这是坚持运用马克思主义哲学的方法研究伦理学的首要问题。关于道德的发生和发展的逻辑关系的观点，人类伦理思想史上大体有四类：以人类之外神秘的“神谕”或“绝对精神”立论、从人生而有之的“性”或“性命之源”立论[2]、以社会生产力和人们的物质生活水平立论[3]、从经济关系决定道德的逻辑关系立论。第四类看法当中最具有代表性最有影响的就是马克思主义的观点。马克思主义认为，道德的社会形式即所谓的“社会之道”是由一定社会的经济关系决定的，个体形式是在接受“社会之道”的过程中养成的，这是指导我们正确认识道德发生发展和不断走向进步的唯一科学的方法论原则。

中国自从20世纪80年代实行改革开放尤其是从90年代初大力推动社会主义市场经济体制建设以来，人们的道德观念发生了巨大而又复杂的变化，向伦理学的学科研究和建设者们提出了严峻的挑战。迎接这种挑战，

① 《尚书·皋陶谟》。

② 从人自身的“生命之源”即所谓人生而有之的“社会本能”寻找道德发生和发展之源，是西方人伦理思维的一种传统，在近现代当以法国的居友的学说具有代表性，在居友看来，“道德的‘示意’在个人的社会本能中有足够的根据，这种社会本能由于其活力过剩，自然地要适合他人之需要。”（居友：《无义务无制裁的道德概论》，北京：中国社会科学出版社1994年版，第6页）

③ 这种学说在马克思主义历史唯物主义诞生以前，是西方伦理思想史上的主流学派。中国先秦管子关于“仓廪实则知礼节，衣食足则知荣辱”（《管子·牧民》）的思想，可视为这方面学说的代表。

把挑战变成促进伦理学发展的动力和机遇，就必须运用马克思主义哲学的方法，坚持运用历史唯物主义的基本原理观察、分析和说明我们所面临的问题。要看到当代中国人道德观念发生复杂变化是社会改革使然，它是必然的，正常的，既给中国伦理学的研究与发展和提升中国人的文明素养带来极好的机遇，也因不合时代要求的旧道德沉渣泛起、不合中国国情的西方伦理文化的干扰而给中国伦理学的研究与发展和提升中国人的文明素养带来障碍，诱发“道德滑坡”的危机。发展前景究竟如何，取决于我们是否坚持运用历史唯物主义的基本原理，观察、分析当代中国社会生活中的道德观念变化，指导社会的道德建设，塑造人们的思想道德和精神品质，引导人们主动参与和建设健康文明的新生活。

二、历史分析的方法

一切事物都是处在不断发展变化的过程中，事物存在的基本方式是过程。在这个问题上，我们虽然不运用现代性的相对主义悖论方法，但是肯定事物是以“过程”的方式而存在的观点是没有问题的。

社会的存在是一种历史过程，社会的各种现象也是一个历史过程。道德作为一种特殊的社会的精神现象自然也是一个历史过程，而且还是一个源远流长的历史过程。道德的历史过程，既体现出连续性的特点，也体现出阶段性的特点。这一基本特征使得以它为对象的伦理学也具有十分明显的历史性特点。因此，学习和研究伦理学，从整体上认识和把握道德，就需要运用历史分析的方法。

用历史分析的方法研究伦理学，首先就要树立尊重历史的观念，历史上出现过的伦理思想和道德主张，在今天看来也许不是那么合理合情，甚至是荒唐可笑的，但“存在就是合理的”，在当时都具有一定的合理性。而人类至今的伦理思想和道德主张不论其是否合理合情，合理合情的程度如何，都是在以往伦理思想的基础上发展起来的。因此，今人若是不尊重历史上的伦理思想，以至于想要在全盘否定历史、割断与历史联系的前提下，进行现今伦理思想的理论研究和道德建设，是不正确的，也是不明智的。其次，要科学地分析和对待历史上的伦理思想。一般来说，历史上的伦理思想包括道德主张对于现实社会的客观需要来说大体有三种情况：基本合理、基本不合理、合理与不合理相混杂。不论属于哪种情况，都需要运用历史分析的方法，取其精华，去其糟粕，以为今日所用。总的来说，历史上的伦理思想和道德主张对于今人来说，既可能是财富，也可能是包袱；尊重和科学地对待历史，就是要运用历史分析的方法，分清财富和包袱，不是主张将财富和包袱一股脑儿全部继承下来，不是主张唯先人之说是从，而是主张只有在尊重历史和先人的前提之下，才可能客观地对待历史，承接优秀的传统伦理文化。正因如此，今人应当注意克服历史虚无主义的态度和情绪。

在中国伦理学的建设和发展中，强调运用历史分析的方法是十分必要的。改革开放以来，伦理学界一直有人主张“重建”中国伦理学，其主要理由就是中国伦理学缺乏开放的传统，没有发展市场经济的经验，因此，开放和发展市场经济历史条件下的中国伦理学和道德建设缺乏“本土文化”的客观基础，需要彻底脱离历史，向西方人看齐。显而易见，如此不加分析的方法是违背历史的，不可取的。

在每个历史时代，尊重历史和运用历史分析的方法研究伦理学，都是一项复杂而又艰辛的工作，需要人们持之以恒，作出不懈的努力。

三、阶级分析的方法

阶级分析的方法是与历史分析的方法相适应、相一致的方法，是对历史分析的方法的具体运用。在人类历史发展的长河中，有些发展阶段是实行阶级压迫和阶级剥削的阶级统治阶段，这些时期的道德在许多方面是打上阶级烙印的，不同的阶级有不同的道德，反映这些道德的伦理思想自然会具有阶级性的特征。就是说，在实行阶级统治的社会里，道德具有明显的阶级性的特点，因而也就有不同的伦理思想和伦理学说。从这点看，强调要运用阶级分析的方法学习和研究伦理学和伦理思想，也是尊重历史的应有态度，是历史分析的方法的应有之义。

运用阶级分析的方法认识和把握伦理思想和伦理学说，是一个相当复杂的问题。一方面，历史上的伦理思想和伦理学说多是以文本形式记载和流传下来的，出于为统治阶级服务的“士阶层”之手，体现的多为统治阶级的道德意志。被压迫被剥削的广大劳动人民的伦理思想和道德意志，由于难能直接以文本形式记录和传承下来，这就使得今天的人们难以看到历史上伦理思想的全貌。另一方面，历史上任何一种统治阶级都不同程度地代表着当时的社会发展和文明的水平，他们的“统治阶级意志”不可能不打上“被统治阶级意志”的烙印。这就要求今天的人们运用阶级分析的方法看历史时，必须持辩证分析的态度，立足于历史存续的具体环境，具体情况具体分析。

中国社会主义制度的建立，结束了中国阶级压迫和阶级剥削的历史，阶级在整体上的消灭标志着阶级社会已经成为历史。这里就提出一个问题：我们在观察和思考当代中国的道德现象、构建适应当代中国道德建设与社会发展客观要求的伦理思想体系的过程中，是否依然需要运用阶级分析的方法呢？这同样是一个较为复杂的方法论问题。毫无疑问，我们不能照搬照套过去长期使用过的阶级分析的方法，更不能采用“左”的思潮盛行时期那种“清不清，线上分”的阶级分析的方法。但是，能不能因此就说阶级分析的方法已经彻底过时了呢？不能。阶级分析的方法的客观前提是存在阶级差别，而阶级差别的客观基础自近现代以来是生产关系中存在私人资本垄断性的占有制。处在社会主义初级阶段的中国在总体上不会允许生产关系中存在私人垄断占有现象，但为了自身发展的客观需要，也是为了最终彻底消灭私人垄断现象，真正实现共同占有、共同富裕，不得不允许甚至有限发展私人垄断占有制。这就为当代中国社会道德现象出现阶级性的差别提供了一定的社会物质基础。既然如此，我们的伦理思考和伦理学的建设就应当作出适当的反映，道德建设就不能规避这样的现实。这就是阶级分析的方法，只不过不是过去那种“阶级分析”的方法罢了。

四、理论联系实际的方法

理论联系实际的方法是人在认识和实践的各个领域普遍适用的方法，它的运用体现的是人在认识和实践领域内的主体自觉和主观能动性。恩格斯说："在社会历史领域内进行活动的，是具有意识的、经过思虑或凭激情行动的、追求某种目的的人；任何事情的发生都不是没有自觉的意图，没有预期的目的的。"①人在认识自然、社会和人生，包括人自身的过程中，获得相关的各种门类的知识和理论，最终目的都是为了改造自然、社会和人自身，实现人的价值和人生价值。理论联系实际，旨在一方面揭示理论与实际之间内在的本质的联系，证明理论的科学性和正确性，加深对理论问题的认识和理解，另一方面运用科学的理论分析、认识和解决实际问题。

伦理学是一种实践性很强的社会科学学科，其理论不论是关于真理观还是关于价值论的，都来自人们认识和改造道德现象世界的实践活动，人们学习和掌握伦理学的理论目的是揭示社会和人的发展与道德文明之间的内在的逻辑关系，通过加强道德建设促进人们自觉地改造自身，促进社会和人的发展进步。这就是伦理学运用理论联系实际的方法的真谛所在。

运用理论联系实际的方法，往往需要"举例说明"，但不能把理论联系实际的方法仅仅当作"举例说明"的方法，将两者相提并论，这是需要特别注意的。一般来说，"举例说明"属于实证的方法，所举的实际例子，可能与理论之间存在内在的必然的联系，也可能不存在这种联系，因为相对于某种或某个理论观点来说，有的例子与其存在内在的必然的联系，有的例子却不存在这种联系，而在有些情况下所有的例子与其都存在内在的必然的联系。比如，相对于"中国共产党是光荣、伟大、正确的党"这个观点来说，共产党员中的先进模范人物与这个观点之间就存在内在的必然的联系，而党员中的一些腐败分子与这个观点之间就不存在内在的必然的联系。20世纪80年代初，中国思想理论界曾围绕"人的本质是自私的"

① 《马克思恩格斯选集》第4卷，北京：人民出版社1995年版，第247页。

之观点展开了争论，不赞成这种观点的人联系到黄继光、董存瑞、雷锋等先进模范人物，以此来加以证明；赞成这种观点的人联系到有史以来各类自私自利、腐化堕落、投降变节分子来加以证明，结果谁也没有说服谁。其所以如此，就是因为正反两个方面的人物与“人的本质是自私的”之观点之间都不存在必然的联系。因此，运用理论联系实际的方法学习研究伦理学，应当注意将其与“举例说明”的方法区分开来。

五、联系世界的方法

联系世界的方法，首先，要看到不同民族的伦理思想和道德主张之间存在着诸多共同的真理光辉和价值因素。世界各民族在其不断走向文明进步的历史进程中，总会存在一些生存的自然环境相似的情况，并且总会经历一些社会制度相近的历史发展阶段，这就会使得世界各民族的伦理思维和道德文明在固守民族特性的同时，又会展示一些相似的、可能或可以相通相融的成分。这一点我们可以从中国先秦时期的孔子、孟子、荀子等人的伦理思想与古希腊时期的苏格拉底、柏拉图、亚里士多德等人的伦理思想的比较中看出来。一般说来，世界各民族之间相似的、可能或可以相通相融的伦理思想成分和道德主张，主要是尊重和关心人，重视和推行人际和谐、社会有序和安宁。

其次，由于发展的空间条件和时序因素存在着差异，所以不同民族的伦理思想和道德主张的“质地”和发展水平不会是完全一样的，相对于人类道德进步的整体水平来说，事实情况是有的先进一些，有的滞后一些。这里所说的先进和滞后，衡量的标准主要应是各民族之间相似的、可能或可以相通相融的伦理思想成分，体现这样的成分多一些就是先进的，反之则是滞后的。人类有史以来的各种伦理思想和文化，不论其是民族的，还是世界的，只要是优秀的，就既是民族的又是世界的，越是民族的就越是世界的，反之，越是世界的，也就越是民族的。就是说，真正属于优秀的民族伦理文化，必然不会是抵触和敌视别的民族的文化，而是包含和体现人类各民族文化的共同价值，因而越具有世界性，越是可称为世界的优秀文化，必然是各民族优秀文化的汇合和结晶。所以，用联系世界的方法看伦理思想和伦理学的研究，就应当提倡不同民族之间相互学习和借鉴，扬长避短，取长补短，以求自身的丰富和发展。这一方法，用哲学的话语来表达，就是肯定特殊和普遍、个别和一般之间的辩证统一关系。

最后，既要反对伦理文化上的民族虚无主义，也要反对伦理文化上的民族利己主义和大国沙文主义。不论是哪个民族，如果把自己民族的伦理文化说成是世界上最优秀的文化，把别的民族的伦理文化说成是世界上劣等的文化，甚至是什么“邪恶文化”，都是不正确的。

中华民族的传统伦理思想，有着自己独特的民族特点，但这绝不是我们故步自封、唯我独尊的理由，而是我们吸收世界上所有民族的一切优良道德的坚实基础。毛泽东在《新民主主义论》中曾经指出：“中国应该大量吸收外国的进步文化，作为自己文化食粮的原料，这种工作过去还做得很不够。这不但是当前的社会主义文化和新民主主义文化，还有外国的古代文化，例如各资本主义国家启蒙时代的文化，凡属我们今天用得着的东西，都应该吸收。”[①]毛泽东在这里所说的文化，显然主要是指伦理思想和道德文明的文化；就学科的方法而论，他在这里所主张的显然是一种联系世界的方法。

在改革开放和发展社会主义市场经济的新的历史条件下，中国人面临着激烈竞争又风云际会的国际新环境，各方面的机遇和挑战并存。应该清醒地认识到，中华民族悠久的伦理文化和道德文明传统没有经过资本主义伦理文明的发展阶段，建设社会主义的伦理思想和道德文明是在民族悠久传统的基础上和超越资本主义文明的情势下进行的，这样，如何合理地把学习研究伦理学与运用联系世界的方法结合起来，势必是一个极为重要的方法论问题。

① 《毛泽东选集》第2卷，北京：人民出版社1991年版，第706—707页。

六、民族分析的方法

伦理学的特殊的方法是民族分析的方法，它最具有伦理学的学科特性。在伦理学的方法系统中民族分析的方法最具有学科的方法论特征。

其所以如此，概言之是因为道德存在着十分明显的民族差别。从世界范围看，不同的国家和民族之间的道德现象和道德价值观念，虽然有如上所说的许多共同的价值因素，但总的来看，或者说从本质上来看，总是存在着明显的民族差别。比如爱国主义，作为道德要求和美德是世界各国各民族公认的价值标准，但不同的民族对此的理解和要求是不一样的。中华民族历来只是在“保家卫国”“建设祖国”的意义上来理解、倡导和赞扬爱国主义精神，而世界上有些民族则不同，他们惯于在对外扩张、掳掠别个民族的意义上来理解和坚持自己的爱国主义，因而把自己置于其他民族的责问之中也不顾。运用民族分析的方法学习和研究伦理学，我们就能充分地回答道德何以会存在着民族的差别，从而建立能够体现自己民族特性的伦理学学科体系。为什么道德会具有鲜明的民族特性呢？因为，道德发生和发展的逻辑依据是其与一定的社会经济关系之间必然的内在联系，这种内在联系的历史过程和实践形式总是在具体的民族生存和繁衍的社会环境中展现的，无不打上民族的烙印，带有鲜明的民族色彩。所以，在逻辑与历史相统一的意义上，道德归根到底是民族的。

在伦理学的方法体系中，民族分析的方法应当是贯穿在其他方法之中的最基本的方法。在伦理学研究中，当然不可离开哲学的方法、历史分析的方法、阶级分析的方法、理论联系实际的方法，但这些方法都应当具有民族的特点，都应当同时是民族的方法。就中国伦理学的学科建设来说，哲学的方法应当是中国化的马克思主义哲学方法，历史分析的方法应当是中华民族历史分析的方法，阶级分析的方法应当是中华民族现阶段的阶级与阶层分析的方法，理论联系实际的方法应当是联系中华民族历史与现实的实际的方法。

第二章　道德及其结构与特征

道德作为伦理学研究的对象，是社会调控的一种重要手段，是人的精神生活方面的重要内容，因此历来是衡量社会和人发展进步的一个重要指标。在每一个社会里，道德现象世界总是丰富多彩、纷繁复杂的，人们的伦理思维和道德生活方式总是千差万别的，也总是文明与落后的因素并存。认识和把握道德，需要从多方面进行分析和阐述。

第一节　道德的概念

道德是伦理学最基本的概念。然而，不同民族、不同历史时代的伦理学关于道德的含义却一直存在分歧。自古以来，中国人理解道德的含义就与西方人不一样，当代中国学人关于道德含义的不同看法就不下一百种。从学术研究的规律看，对一个概念的看法存在分歧是正常的，我们只能在将不同的看法作比较的过程中提出大体一致的意见。

一、中国人与西方人对道德概念的理解之比较

中国人对道德概念的理解大体情况是：古人看重社会之“道”与个人

之“德”的统一体，这一理解范式一直延续到新中国成立之前。新中国成立后，在很长一段历史时期内，人们通常是在社会之“道”的意义上来理解道德的。如《汉语大词典》把道德解释为“社会意识形式之一，是人们共同生活及其行为的准则和规范”，称“道德是人类社会的一种特殊社会现象，它是人与人之间、个人与集体、国家、社会之间的行为规范的总和”。《中国大百科全书》的解释较之前两种要全面一些，但基本倾向还是将道德归之于社会之“道”：伦理学的研究对象。一种社会意识形式，指以善恶评价的方式调整人与人、个人与社会之间相互关系的标准、原则和规范的总和，也指那些与此相适应的行为、活动。

20世纪末以来，中国伦理学界开始改变这一理解范式，把道德看成是社会之“道”与个人之“德”的统一体。如《伦理学简明教程》认为：“道德是人们在社会生活中形成的关于善与恶、公正与偏私、诚实与虚伪等观念、情感和行为习惯以及与此相关的依靠社会舆论与内心信念来实现的调节人们之间相互关系的行为规范的总和。”[①]与此同时，也有一些伦理学家不主张在“道”与“德”的传统结构方式上阐述道德的含义。他们或者把道德归结为“人类社会生活中特有的，由经济关系决定的，以善恶标准评价的，依靠人们的内心、传统习惯和社会舆论所维系的一类社会现象”。或者认为道德是“指人们依据人际关系的内在要求，制定出一系列的道德规范，以此来调节各自的行为和彼此的关系，从而表现出良好的道德品质，形成良好的道德风尚”。[②]或者不对道德作定义性的表述，只是强调“道德是人的一种特殊的社会规定性”，“道德是一种特殊的社会价值形态”。[③]

中国人进入历史发展新时期以来关于道德概念的不同理解，是当代中国改革和发展的社会现实的生动反映，也是伦理学走向繁荣的一个标志。

在西方，道德概念一开始就是作为与人的自然性、神性相对应的个人

① 魏英敏、金可溪：《伦理学简明教程》，北京：北京大学出版社1984年版，第6页。

② 甘葆露：《伦理学概论》，北京：高等教育出版社1994年版，第4页。

③ 唐凯麟：《伦理学》，北京：高等教育出版社2001年版，第27页。

的“德性”提出来的。古希腊智者学派一反此前自然哲学的思考方法，把观察世界的视线从关注“自然（physis）”转向了关注“人本（nomos）”，提出了“人是万物的尺度”的著名命题。普罗泰戈拉认为，“人是世间万物的尺度，是一切存在的事物所以存在、一切非存在事物所以非存在的尺度”[①]。西方古典人文思想从这里起步。在这种思考方式的变革中，“德性”第一次作为人的“优秀性”被明确地提了出来，普罗泰戈拉说，“德性”就是“慎思公私事务，善治其家，善于在国家事务中发言与行事”。[②]智者学派所提出的道德概念，有一点值得注意，“人”是单个人，“优秀性”指的是单个人的优秀品质，不是单个人的品德，实则是单个人的品德、智慧与能力的混合体。由于“优秀性”的品质因个体的不同而异，缺乏共同本质和社会标准的说明，所以“优秀性”必然具有相对主义的特征，单个人只有凭借诡辩术才能各自得到说明和维护（诡辩术本身也是一种“优秀性”）。后来，柏拉图将智者学派的这种方法比作是一种“驯兽术”的“技术”，指出它会导致“强者正义论”，给民主制国家带来极大的危害[③]，是很有道理的。

在西方哲学思想史上被誉为划时代人物的苏格拉底，其实仍是在个人品质的意义上阐发他对道德概念的理解，但他的方法与智者学派迥然不同。他指出，单个人的“优秀性”不具有普遍的意义，因此是不可信、不可靠的；思考人的“德性”应当看不同人的“德性”所具备的“形相”（eidos），因为众多个人的“德性”含有一种属于“是什么”的共同的“形相”，“一切的德性，因此而成为德性的一种共有的形相”[④]。“形相”是内在的、本质的、普遍的东西，反映这种“形相”的认识就是“知识”，由此他提出了“美德即知识”这个著名的道德命题，丢弃了普罗泰戈拉智者学派的诡辩术。他认为，一个人再“优秀”，如果他不能把握“形相”，那也是“无知”；一个人欲追求善和幸福，就不能夸夸其谈自己的“优秀

① 转引自周辅成编：《西方伦理学名著选辑》上卷，北京：商务印书馆1964年版，第27页。

② 周辅成编：《西方伦理学名著选辑》上卷，北京：商务印书馆1964年版，第19页。

③ 参见柏拉图：《国家篇》，北京：商务印书馆1964年版，第27—29页。

④ 转引自宋希仁：《西方伦理思想史》，北京：中国人民大学出版社2004年版，第26页。

性”，而要时刻警惕自己的“无知”，反省“自知其无知”，以达到“无知之自觉”的境界。正因如此，后来，人们往往把刻在德尔斐神殿的一句箴言“认识你自己”，当作是苏格拉底说的话。只有揭示和说明以不同形式存在的事物内在的普遍特性，才能赋予事物以特定的内涵，提出事物的概念。“共有的形相”——“美德即知识”——“认识你自己”，赋予了单个人的“德性”以“从众”的内涵，从此具备了社会的普遍性，道德的概念由此而形成。这是苏格拉底对西方伦理思想发展史的一大杰出贡献。苏格拉底与中国古代的孔子一样，也是一个“述而不作”的人，他的思想经过柏拉图的整理和阐发，提出了影响整个西方伦理思想发展史和社会道德生活的“四主德”或“四元德”，即智慧、勇敢、节制、正义。

在西方思想史上，亚里士多德是正式将道德作为特定对象并创建伦理学学科的第一人。他继承了智者学派开创的人文传统和苏格拉底、柏拉图的方法，认为：“伦理德性是由风俗习惯熏陶出来的，而不是自然本性”[①]，“道德是一种在行为中造成正确选择的习惯，并且，这种选择乃是一种合理的欲望。”[②]强调道德是一种与“合理的欲望”相关联的行为选择“习惯”，形式上仍然是个体意义上的道德品质，内涵上则是社会的“合理”要求。

就是说，在西方人的学术视野里，道德概念的基本含义是一种合乎社会要求的个人品德。这一传统一直延续下来，今天的西方人仍然把道德看成是“行为、举止的正直（正当）和诚实”。

概言之，中国人与西方人理解和把握道德概念的共同点，集中表现在都承认“德性”即个人之“德”的重要性及其与社会之“道”的联系。差别主要表现在：中国人以阐明社会之“道”及其重要性为前提，清晰地建立起社会之“道”与个人之“德”的统一体联系；西方人则惯于在模糊的“社会理性”之下强调人的“欲望”和“习惯”的重要性。由此不难看出，人们对道德概念本身的看法其实并不存在根本性的分歧。

---

① 亚里士多德:《尼各马科伦理学》,苗力田译,北京:中国社会科学出版社1990年版,第25页。

② 转引自周辅成编:《西方伦理学名著选辑》上卷,北京:商务印书馆1964年版,第311页。

二、道德的概念及理解和把握道德概念的方法论原则

所谓道德，指的是由一定社会的经济关系决定的，依靠社会舆论、传统习惯和内心信念来评价和维系的，用以说明和调整人们相互之间以及个人与社会集体之间的利益关系的知识和行为规范体系以及由此而形成的个人品质的总和。

理解和把握道德概念需要注意运用正确的方法论原则。

第一，历史唯物主义的方法。要看到道德根源于一定社会的经济关系，因而道德本质上是一种特殊的社会意识形态。恩格斯说："人们自觉地或不自觉地，归根到底总是从他们阶级地位所依据的实际关系中——从他们进行生产和交换的经济关系中，获得自己的伦理观念。"[①]因此，道德是一种特殊的社会意识形态，经济关系发生变革，道德必然会发生变化。中国改革开放以来出现了"道德失范"问题，其中除了"道德堕落"或"道德沦丧"以外，尚有大量属于道德进步范畴的问题，它们多以"说不清道不明"的形状存在，这种存在并不是中华民族传统美德失落的表现，而是顺应改革开放和发展社会主义市场经济客观要求的"新道德观念"与传统旧道德观念之间发生的冲突的反映，在一定意义上代表着中华民族道德发展进步的客观方向，只是由于没有得到伦理学理论研究的适时提炼、梳理和加工而呈现一种"无序状态"罢了。在社会处于变革的特殊时期，道德现象世界一般都会呈现一种"无序状态"，随着变革时期相对结束这种状态也就消失。

由于"每一既定社会的经济关系首先表现为利益"[②]，所以，运用历史唯物主义的方法，承认道德与一定经济关系的内在联系，就要同时看到道德的基础和对象是利益关系，它说明和调节的对象是人们相互之间及个人与社会集体之间的利益关系。道德因利益关系而成为一种事实，也因利

---

① 《马克思恩格斯选集》第3卷，北京：人民出版社1995年版，第434页。

② 《马克思恩格斯选集》第3卷，北京：人民出版社1995年版，第209页。

益关系而成为一种价值。因此，不能脱离利益关系研究和阐发道德问题，也不能脱离利益关系认识和推动道德建设。正因如此，道德与利益关系的关系是人类社会道德生活的永恒主题。道德所涉及的利益关系，一是人与人之间的相互关系，二是个人与社会集体的关系。在传统伦理学的视阈里，与前者相关的道德称为“私德”，与后者相关的道德称为“公德”。自20世纪下半叶以来，中国伦理学界已经不再作这样的区分，一般不使用“私德”这个概念，“公德”一般是“社会公德”即公共场所道德的简称。

第二，系统论的方法。要看到道德是知识体系与价值体系的统一体，社会要求与个人素质的统一体，精神活动与实践活动的统一体。在中国伦理学界，过去在分析和阐述道德概念的问题上都存在一个缺陷，这就是忽视了道德的“知识价值”。道德作为特殊的社会意识形态，首先应当是知识，或关于道德的真理，即能够科学说明“道德是什么”的知识体系，次之才是价值，即能够正确回答“道德应当是什么”的价值体系。对道德的个体意识也应当作如是观。面对特定的道德情境，人们在认识上首先要解决道德的必然性问题，即解决自己所面临的“道德是什么”的思想认识问题，由此来决定自己的道德角色，次之才能作出正确的选择，解决道德的必要性问题，实现“道德应当是什么”的价值目标。一个社会如果片面强调道德是一种价值或价值意识，就可能会忽视或忽略道德的真理性内核，超越现实社会发展客观要求推行道德价值，这样易于诱发虚假道德盛行，甚至使道德仅仅成为政治统治的工具，成为一些人沽名钓誉的招牌。一个人即使是出于真心追求道德价值，但如果不能适时地对自己的道德角色作出正确的、是非性的真理性认识和判断，他实现道德价值的选择就可能会引导其误入歧途，使道德在其行为过程中如同“农夫与蛇”所说的那样成为“弱者的善”或“愚者的善”，不能真正展现道德的价值魅力。不论是社会还是个体，追求善必须以追求真为逻辑前提。

道德作为一种真理与价值的统一体，需要经由一定的理论思维和社会实践活动才能实现。理论思维活动的功用在于在理性的层面上把关于道德的真理与价值融合起来，并在此基础上提出道德的行为准则体系，用以引导社会生活方向，指导人们的行动选择。社会实践活动的功用在于把内涵道德真理和价值的行动准则体系变为人们的实际行动，把道德行为准则的可能价值转化为道德的事实价值形态。正是这种原因，我们强调道德应是精神活动与实践活动的统一体。

道德作为一种真理与价值的统一体、精神活动与实践活动的统一体，应当体现在社会要求和个人素质两个方面。就是说，在每个历史时代，社会道德结构的各个方面都应当体现真理与价值、精神活动与实践活动相统一的特定要求；个人道德结构的各个方面，也都应当体现真理与价值、精神活动与实践活动相统一的特定要求。道德作为一种价值不是凭空生成、发展和不断走向进步的，它是适应特定历史时代的社会发展需要的产物。在这里，需要特别指出的是，社会道德各方面的要求与个人素质各方面的要素，必须是互为逻辑前提、相辅相成的关系，不能离开应该达到的社会道德要求侈谈个人的道德素质和水准，也不能离开个人实际所能达到的道德素质空谈社会道德要求。因此，理解和把握道德概念的内涵，需要把社会要求与个人素质统一起来。

第三，比较的方法。要看到道德在调节方式上有自己的特殊性。与法律调节方式相比，道德调节是一种"精神强制"的调节。法律是强制性的"硬性"调节，不论是认可还是禁止，其命令方式都是"必须"。道德调节，由于依靠的是社会舆论、传统习惯和内心信念，所以是一种"规劝性"的调节。但是，这并不等于说道德调节是软弱无力的。实际上，"规劝"只是道德调节的形式，其实质内涵则是"强制"——"精神强制"。人们在道德生活经历中会渐渐感知和积累一定的道德经验，产生维护人格尊严的自主意识，这使得人们对社会舆论和传统习惯会产生某种敬畏心理和服从倾向，因此一般不会旁若无人地践踏社会倡导的道德规范和价值标准。这正是道德调节的心理基础，它经过系统的道德教育会升华为一种带有自觉理性特质的心理调节机制，对主体的不良选择和接受行为产生一种"精神强制"的作用，避免违背道德的事情发生。中国人话语系统中的许多词语，都表达了道德调节方式的这种精神强制性的特点，如"不好意思”“羞愧难言”“无地自容”“痛不欲生”“软刀子杀人”等。

上述三种方法，构成了正确理解和把握道德概念的方法体系，其中最重要的是马克思主义历史唯物主义的方法。一定时代的道德的知识和价值、关于道德的思维和实践活动、社会要求及在此教育和影响下形成的个人素质，都应当与该时代的经济发展的现实要求相适应，这样才能体现该时代道德发展和进步的方向。

第二节　道德的结构

结构是事物存在的基本方式，分析和认识事物的结构是从整体和部分两个方面把握事物的一种基本方法，认识和把握道德不可不重视分析道德的结构。道德的结构，总的来说可以分成道德意识、道德活动、道德关系三个基本层次，每一个基本层次又可以分解成若干个低一级的层次。

一、道德意识

一般来说，道德意识是各种道德理想、观念、准则、标准、情感、意志、信念等的总称。从时间因素分析，道德意识既是现时代经济关系的产物，也是以往时代传统的伦理思想和道德观念的沉积物。从空间因素分析，道德意识总体上可以分解为社会道德意识、个人道德意识两个基本层次。

社会道德意识，又可以分为两个基本层次，即历史上传承下来的传统道德观念和价值标准、现实社会提倡的道德原则与规范体系。前者多以文本形式出现、用伦理思想的方式表现出来，相对于现实社会来说，既有通过批判和创新在现实社会仍然可以发挥积极作用的“美德”部分，也有不能适应现实社会发展客观要求的落后腐朽的旧道德部分，这就使得现实社会的道德建设总是面临着革旧图新的双重任务。现实社会提倡和实行的道德原则和规范体系，多为社会道德意识具体的价值形态和标准，是直接用来指导和规约人们的行为、调控社会生活的，一般被视为社会道德意识的主体部分。它可以分为四个基本层次，即公民道德规范、社会公德规范、职业道德规范和家庭道德规范。顾名思义，公民道德规范是调整公民个体与国家和民族整体之间的利益关系的行为准则和价值标准；社会公德规范是调整社会公共生活场所人们相互之间及个人与场所之间的利益关系的行为准则和价值标准；职业道德规范是调整职业部门从业人员相互之间及从业人员与职业部门之间，以及从业人员与服务对象之间的利益关系的行为准则和价值标准；家庭道德规范是调整家庭成员之间特别是夫妻之间的利益关系的行为准则和价值标准。在现代社会，婚姻关系是家庭的核心，而爱情又是婚姻关系的基础，所以家庭道德规范还包括恋爱的行为准则和价值标准。四个基本层次的道德规范，除了公民道德规范具有一定的概括性和抽象性以外，其他三个方面的道德规范分别概括反映了人类公共生活、职业生活、家庭生活三大领域内的各种利益关系的社会要求。

道德原则和规范体系，是道德理论的具体体现，充当着由道德理论到道德实践和道德行为的中间环节。没有道德理论作指导，道德原则和规范的提出和倡导就缺乏依据，没有道德原则和规范体系，道德理论就难以转变为人们的实际行动，在可能的意义上转变为道德的实际价值。

道德作为特殊的社会意识形态，主要是以社会道德意识的形式表现出来的。在一定社会里，它的性质和主体部分缘于当时代特定的经济关系，具有鲜明的时代特征。同时，道德的社会意识又具有稳定性和连续性，因此历史继承性也最为突出。

个人的道德品质结构是由个人的道德意识及其道德行为构成的，前者是主观的部分，后者是主观见之于客观的部分。个人道德意识，可以分解为道德认识、道德情感、道德意志、道德理想四个层次。

道德认识，简言之是关于道德的知识，其获得主要依靠教育。获得和积累道德认识的教育，既有理性意义上的，也有经验意义上的。前者一般需要经过一定的学校教育途径，在老师的传授之下接受书本知识，后者主要是家庭道德教育和社会的道德影响，其方式多为言传身教和潜移默化。因此，自古以来，每个时代的人们的道德认识构成都比较复杂。知识分子和文化人，在“知书”中“达理”，他们的道德认识多为关于道德的理论知识，内涵比较丰富，也比较科学。其他人，没有经过学校道德教育的人，道德认识的内涵往往多为关于道德规范和价值标准的接受和理解，既有传统的东西，也有现代的东西，比较简单，经验的东西比较多，先进和落后的东西并存的情况比较多。就道德认识的提升和优化而言，这类人往往成为一定社会道德建设的重点。道德认识是人们形成一定道德意识结构的前提和基础，一个人只有在认识上能够分清是非善恶，才有可能相应产生其他形态的个人道德意识。

道德情感，是指人们对现实道德关系和道德行为所持有的情绪和态度，它是主体对道德认识发生心理体验的产物。一个人有了一定的道德认识，不一定就能产生相应的道德情感，道德情感的形成需要经过主体的内心体验。比如，一个人在公共汽车上看到小偷在作案，在道德认识上他或许会认为自己应当见义勇为，上前制止，但他最终没有这样做，原因就在于他没有相应的内心体验，他或者认为这事与己无关，或者认为如果见义勇为就可能会招致自己受伤害，因此不可“贸然行事”，这就是道德认识与道德情感之间存在的差距。从这个角度看，道德教育和道德建设的任务就在于创设各种情境，培育人们的道德情感，促使人们把道德认识转化为道德行动。在个体道德意识结构中，道德情感是最为活跃的部分，没有道德情感，不仅不可能有相应的道德行为，也不可能由此出发进一步形成道德意志和道德理想。

道德意志是道德认识、道德情感以及道德行为长期交互作用的结晶。在人们的道德判断和行为选择过程中，道德意志表现为一种坚定态度和坚持精神，在价值趋向上它可以分为积极与消极两种不同的形式，积极趋向的道德意志表明人在道德上实现了社会化，道德上“成熟”了，这种“成熟”也就是人们经常赞美的情操或德操。荀子所说的“生乎由是，死乎由是，夫是之谓德操”[1]，说的就是这种具有积极价值趋向的道德意志。道德意志的价值是显而易见的，一个人道德上“成熟”了，他就会时时、处处坚持按照社会道德标准行事。道德意志是个体道德意识结构中最稳定的部分，一旦形成就难以改变。俗话说“江山易改，本性难移”，这里的“本性”所说的其实就是道德意志。现代心理学研究的个性和性格，通常也是道德意志。就个体道德意志的培育而言，道德教育和道德建设的最终目标是促使人们形成具有积极价值趋向意义的道德意志，使之成为人的“本性”。

道德理想，又称理想人格。传统伦理学一般是在“典范道德”或“道德典范”的意义上阐释道德理想的，或者将其看成是对一定社会提倡的道德原则和规范体系的高度概括，或者将其看成是一定社会中某些典范人物的人格个性。其实，这样来阐释道德理想是需要商榷的。道德理想并不神秘，在一定社会里对于多数人来说也并不是高不可攀的。每个社会提倡的道德及其实际的道德状况，总是由先进性和广泛性两个部分构成的，道德理想属于先进性部分，是人们通过自己的修身努力可以达到的道德标准和人格类型。在个体的道德意识结构中，道德理想就是关于“希望自己在道德上成为什么样的人”的想法。确立科学、崇高的道德理想对于优化个人的道德意识是至关重要的，它为个人的道德进步提供了最为直接的奋斗目标和内在的精神动力，引导、鼓舞和鞭策人们提高道德认识、培育道德情感、坚持严格要求自己，做道德上的高尚者。

社会道德意识与个体道德意识之间存在着直接的逻辑联系。前者为后者提供社会化的依据和价值导向目标，后者是前者的个体化结晶和价值体现物。一个社会的道德意识，是社会道德意识和个体道德意识相辅相成、相得益彰的统一体。

---

①《荀子·劝学》。

二、道德活动

道德活动，指的是一定社会的人们为追求一定的道德价值目标，依据社会所提倡和实行的道德原则和规范要求而选择和实施的个体行为和群体行为。从活动内容和目标看，道德活动有两种基本形式。一是狭义的，特指可以用善恶标准来评价的个人和群体的道德行为。二是广义的，除了狭义的个人和群体的道德行为以外，还包含为培养一定的道德品质、形成一定的道德境界和道德风尚而进行的道德建设活动，包括道德教育、道德修养、道德评价等。

个人的道德行为是受个人的道德意识支配的。这有两种情况，一种是发生在自觉意识的基础之上，出于完全自觉自愿的行为，在这种意义上可以说“有什么样的道德意识就会有什么样的道德行为”，体现表里如一、言行一致的道德精神。另一种情况是以缺乏自觉的道德意识为基础，是“随大流”于他人行为的结果。这两种个人道德行为的价值，前一种显然要高于后一种，因为其道德价值实现的主观基础是人的自觉性。一个人道德行为的发生，首先需要进行善恶判断，并依此进行道德行为的选择，而在行为的过程中又要依据情况的变化作适当的调整，这些都依赖个人道德意识所形成的自觉性。当然，没有以自觉的道德意识为基础的个人道德行为，由于客观上具有善的倾向和价值，在道德评价上还是应当给予充分肯定的。

群体的道德行为也有两种不同的情况。一种是集体组织和开展的道德活动，它的主要特点是具有组织性，由于有组织而有明确的行动目标、任务和方案，如有组织的支援灾区和助残活动等。另一种是自发性的，属于“无声命令”“群起而动”，没有明确的行动方案，任务也不一定明确，但目标却是明确的，都是为了实现某种善，如某处失火了，人们不约而同、奋不顾身地去灭火。这两种情况相比较，后一种更具有道德价值，因为它是以主体的自觉意识为基础的，所表明的是群体中的个人在道德意识上已经与社会所倡导的道德要求达到了某种默契程度。

由于个体的道德行为在许多情况下是在群体的道德行为中展现和完成的，所以优化个体的道德意识是有效开展群体道德活动的重要途径。而有组织的集体的道德活动，又有助于培养个人优良的道德意识、提升其道德品质，所以动员和要求个人参加集体组织的道德活动，是十分必要的。

道德教育、道德修养、道德评价等活动，是培育人的优良的道德品质、营造适宜的社会道德风尚的三个基本环节。一个社会要赢得适宜自己发展客观需要的道德环境和成员，就必须有效地开展道德教育和道德评价活动，引导和鼓励人们加强道德上的自我教育。

道德教育和道德修养是两种重要的道德活动形式，前者是社会教育形式，后者是自我教育形式。道德教育指的是一定社会、阶级或集体，为了人们能够自觉地履行某种道德义务，具备合乎其需要的道德品质，有组织有计划地对人们施加一系列的道德影响的活动。道德修养，简言之，是指人们为提高自己的道德认识，培养自己的道德品质而进行的“自我锻炼”和“自我改造”。人的道德品质不是先天具有的，也不是后天自然形成的，它依赖人在后天所接受的来自社会方面的道德教育和自我方面的锻炼和改造的道德修养。

道德评价是道德活动的特殊领域，指生活在一定社会环境中的人们，直接依据一定社会或阶级的道德标准，通过社会舆论和个人心理活动，对他人或自己的行为进行善恶判断、表明褒贬态度的活动。道德评价大体上有两种基本类型，一种是社会评价，另一种是自我评价。社会评价又有两种形式，一种是正式评价，通常是由国家和社会组织运用相关传媒进行的，从宽泛的意义上说得到社会许可而流行的一切精神产品都具有社会评价的意义，褒扬什么，批评和抵制什么，一般都比较明确，道德的发展和不断走向文明进步是离不开这种道德评价来维系的。另一种是非正式评价，是群众自发性的，有的甚至是“街谈巷议”式的，这类道德评价一般都没有稳定的善恶趋向，对社会道德的发展和进步既可能具有积极的作用，也可能具有消极的作用，在社会处于急剧变革的年代，由于社会的稳定和发展以及人们的心理客观上更需要道德的启蒙和支撑，群众自发性的、“街谈巷议”式的道德评价所表现出来的消极作用甚至可能还会更多一些。自我评价依靠个体的良心和内心信念起作用，其功能如何完全取决于个体的道德素养。道德的社会评价与自我评价，两者之间更重要的还是自我评价。社会评价要以自我评价为基础，通过自我评价起作用。在一个人们普遍缺乏良心感的环境里，社会评价很难起作用，时常会处在“对牛弹琴”“空发议论”的窘境中。道德文明的发生和发展需要一定的社会环境，道德评价正是创设适宜的道德环境以维系一定的道德文明，推动社会道德建设、促进道德修养的重要途径，从一定意义上可以说，没有道德评价也就无所谓道德。

道德教育、道德修养和道德评价三者，最重要的是道德修养，它是人们形成一定道德品质的关键所在，因为社会的道德教育和评价能否起作用，关键是要看个体是否通过道德修养将教育和评价的信息转化成自己的内心信念。

综上所述不难看出，道德活动的群体与个体两个方面，最重要的是个体的道德行为、道德评价和道德修养。

三、道德关系

道德关系是人们基于一定的道德意识，开展道德活动的实践产物。它属于“思想的社会关系”范畴，客观基础是“物质的社会关系”。马克思曾将全部的社会关系划分为物质的社会关系和思想的社会关系两种基本类型。后来，列宁说思想的社会关系就是“物质的社会关系的上层建筑，而物质的社会关系是不以人的意志和意识为转移而形成的，是人维持生存的活动的（结果）形式”[①]。思想的社会关系是由物质的社会关系决定的，又对物质的社会关系具有支配性的重要影响，影响物质的社会关系的实际状态和发展水平。道德是以广泛渗透的方式存在于社会生活的各个领域

①《列宁选集》第1卷，北京：人民出版社1972年版，第19页。

的，这使得道德关系成为思想的社会关系的最为普遍的形式，成为思想的社会关系的主要成分。在人类社会的道德现象世界中，道德意识只是道德价值的可能，道德活动是道德价值的实践形式，道德关系才是道德价值的事实或实质内涵，道德意识和道德活动只有转化成相应的道德关系才真正实现了自己的价值。

道德关系有两种基本形态，一是人际关系状态，二是社会道德风尚。现代社会的人们习惯上称前者为“人气”，后者为“风气”。人际关系状态通常是通过亲缘、血缘、学缘、地缘、业缘等现实的人际关系表现出来的，它所反映的都是人与人之间的“思想的社会关系”。社会道德风尚，包含执政党的党风、政府部门的政风、职业部门的行风、学校中的校风和学风、公共生活领域里的民风，以及家庭中的家风等。这些“风”，都是“思想的社会关系”，实际上都是道德关系。

道德关系构成一定社会的道德生活环境，反映社会道德发展和进步的实际状态和水平，同时又是社会道德发展和进步的必要条件。在人际关系状态和道德风尚良好的环境里，人们学习、工作和生活时会心情愉悦，容易产生热情和积极性，进而提高学习和工作效率，提高生活质量。良好的道德关系，是一切社会进行道德建设和道德教育的真正目标。道德对社会和人的进步的作用其实是通过道德关系展现出来的，道德对人的终极关怀也是经由道德关系体现出来的；道德意识和道德活动如果不能最终相应形成一定的道德关系，也就只是“意识”和“活动”而已，没有什么实际的意义。正因为如此，追求和实现一定的道德关系的价值事实，是有史以来人类社会道德建设的根本宗旨和最终目标。

第三节　道德的基本特征

分析事物特征的基本方法一般是将相近或相似的不同事物作比较。道德作为一种特殊的社会意识形态，特殊的社会价值形态，特殊的社会精神现象，与政治、法律、文艺、宗教等相比较，具有如下一些重要特征。

一、阶级性、民族性与全人类因素相统一，民族性最为突出

自从阶级社会出现以来，一切社会意识形态都具阶级性、民族性和全人类因素相统一的特征，但在不同的历史时代统一的内在结构关系有所不同。政治与法律的阶级性最突出，民族性次之，全人类因素最弱。文艺尤其是宗教最为突出的是全人类因素。而道德，恰恰是民族性最为突出，次之是全人类因素，最后才是阶级性。道德从来都是“民族的道德”，表现出独有的民族风格，反映着鲜明的民族性格。魏特林曾对不同国家的道德评价标准、道德观念、道德情感的表达方式、道德活动的行动准则等方面所表现出不同的风格和性格，发出过这样的感叹：“在这一个民族叫做善的事，在另一个民族叫做恶，在这里被允许的行动，在那里就不允许；在某一种环境，某一些人身上是道德的，在另一个环境，另一些人身上就是不道德。”①

道德总是存在于特定的民族中。特定民族的道德，其阶级性与全人类因素的特征不可能是超越民族的，总会带上明显的民族烙印。马克思主义创始人在谈到道德与社会的经济和政治的关系时，曾把以往社会的道德归结为阶级的道德，强调道德的阶级性特征，这显然是从当时代动员和组织无产阶级向不平等的剥削制度作斗争的实际需要出发的，但与此同时也没有否认道德的民族性和全人类性的特征。实际上，在一个多民族的国家里，道德的民族差异性还体现在不同民族之间，甚至体现在同一民族的不同地区之间。1996年春节晚会上的小品《一个钱包》，赞美拾金不昧的传统美德，但不同民族和地区的人在“不昧”的处理方式上却大不一样，妙趣横生，引人深思。道德的民族性特征使道德成为一种国情，一国的民情民风，一种民族精神和民族性格的构成要素。

① [德]魏特林：《和谐与自由的保证》，孙则明译，北京：商务印书馆1982年版，第180页。

二、真理与价值相统一，统一的结构关系中两者比较均衡

任何社会意识形态都具有真理与价值相统一的特征，但不同的社会意识形态在“相统一”的内在构成上是不一样的。政治与法律的内涵主要是价值观念和标准，集中反映特定历史时代生产力发展的水平和社会制度的性质，社会主义社会的政治和法律集中反映和代表广大人民群众的根本利益和要求。在国际社会，一国的政治和法律本质上也是维护该国和民族的根本利益的，超越国家和民族根本利益之上的政治和法律在今天实际上仍然是十分有限的。文学艺术本质上是一种伦理价值和审美价值，它以形象的思维方式概括反映社会生活，满足人们的精神需要，引导人们崇尚和追求美和善的生活。艺术作品的表现形式重视的是艺术逻辑而不是生活逻辑，尽管不那么令人可信，甚至被人们看作是荒唐的事情，但人们总还是对其流连忘返，就因为其思想内容是“有用的”，能够满足人们的精神生活需求。宗教本身不是科学，不是对社会生活的真实反映，它对人们心灵的影响主要是凭借其价值。对“主”或“神”的敬仰和信仰，可以使人产生敬畏心理，从而使人的心灵得到安宁，调节人的心态，进而甚至可以调节人的生理机能，帮人“治病”。这是人们信教的根本原因所在。

而道德，其真理与价值两者在由此构成的相统一的结构关系中是比较均衡的，一般不存在主次的问题。过去，中国人理解道德习惯于只将其看成是一种价值，用“应当”的命令方式将其区别于政治和法律，这其实是有悖于道德的基本特性的。道德在内涵上是真理与价值的统一体，作为真理它根源于一定社会的经济关系，并与其他上层建筑和社会意识形态存在着深刻的逻辑联系，因此一定社会的道德应能真实反映社会经济发展的客观要求，同政治和法律的建设大体上相协调，与大多数人道德品质的实际水平大体上相一致。正因如此，道德能够充当评判社会文明进步的实际水平的真理尺度。同时，道德作为价值形式，一方面引导道德缺失的人向社会提倡的道德规范和价值标准看齐，做现实社会中有道德的人；另一方面

引领社会不断走向新的文明进步，引导人们不断走向崇高，因此道德在一些情况下总是要求一些人作出或多或少的自我牺牲，总是伴随着或多或少的自我牺牲实现其价值的。前者即所谓道德的广泛性要求，后者则是先进性要求，一定社会的道德总是广泛性要求和先进性要求的统一体。在这种意义上，可以说，道德充当着引领社会和人不断走向文明进步的指南针。把道德看成真理与价值大体上处于均衡状态的统一体的思维方式，对于科学地提倡道德，开展道德建设，是至关重要的。一个社会提倡的道德，要求人们具有的道德素质，首先应当真实地反映所处时代的社会发展的实际情况和客观要求，应当是真理，其次才是价值和价值导向问题。一般说，道德上是善的，就应当是真的。社会所提倡的道德和个人所具有的道德素质，都应当做到真与善的统一。

三、价值导向与精神强制相统一，精神强制更明显

道德和政治、法律、文艺、宗教，都具有价值导向的社会功能，因为它们都包含着价值因素，在实践中都具有明显的价值倾向，但在强制性这一点上表现却不一样。政治与法律的强制性最为明显，而且主要是外在的行为强制，心理上的强制性的影响一般也是因受外在行为的强制性影响而产生的。文学艺术对人的行为的强制性影响很弱，而对人的心理影响却比较强烈。这种影响的情况比较复杂，有的是潜移默化的，有的却是“立竿见影”的，有的则可能会是“震撼”性的。优良的文艺作品对人的影响一般是潜移默化的，不良的文艺作品对人的影响则往往是“立竿见影”的，后者在青少年人群中的反映比较明显，如有一些青少年看了黄色的作品便随之仿照作品中的人物去做，有的甚至因此而违法犯罪。一切宗教对人们的影响都是从价值导向开始，而最终达到精神控制的目的，对人的精神强制最为明显。宗教对人的精神强制一般是以教徒实行自我强制的方式表现出来的，有的邪教在这方面表现得尤为突出，如“法轮功”，可以强制教徒心甘情愿、视死如归地去“自焚”。

道德具有价值导向的作用是不言而喻的，因为它是社会和人的生活的“指南针”。然而，相比较而言，道德的精神强制特征其实比其价值导向特征更为明显。维系道德离不开人们的内心信念，良知、道德感等是人们内心的“法官”，是监督和调整人的价值取向、实行精神强制的心理机制。良心会使人在做了合乎道德的事情之后感受到做人的尊严和价值，因而产生荣誉感和幸福感；也会使人在做了违背道德的事情之后感受到失去做人的尊严和价值，因而产生羞耻感和痛苦。这就是精神强制。相对于政治、法律、文艺和宗教来说，道德的精神强制拥有的人最多，只要是思维能力正常的人都会感受到道德的精神强制作用是一种客观的存在，都会有一个内心的“道德法庭”，感到这个“法庭”的“法官”时刻在注视和审判自己。丰富的汉语言中有许多词语正是表达道德的这种精神强制特征的，如催人奋进、见义勇为、舍生忘死、羞愧难当、无地自容、痛不欲生，等等。

轻视甚至忽视道德的精神强制的特性，是“道德无用论”的典型表现。过去，中国人看道德更多的是道德的价值导向的一面，而对道德的精神强制一面重视得不够，这种思维定势是需要改变的，它涉及如何看道德的思维方式的变革问题。当代中国的社会发展需要加强道德建设，道德建设需要与其他方面尤其是经济、政治和法律建设协调起来，在这种情势下，充分肯定和强调道德对人具有精神强制性特征，显然是很有必要的。

四、广泛渗透性与相对独立性相统一，独立性因渗透性而存在

道德是以广泛渗透的方式而存在和发展的，它广泛地渗透在社会生活的各个领域、各种人群，无处不在、无时不有。

（一）社会调控的“调节器”系统中包含着道德规范或道德准则

一个社会要维护自己正常的生产和生活秩序，不断赢得繁荣和进步，就需要从多方面对人们的行为进行调控，建造一种“调节器”系统，道德

规范或准则体系是这种“调节器”系统中的一个重要方面，这就是一种渗透。这种渗透可以从三个方面来认识：其一，道德规范体系与“调节器”系统中的其他社会规范体系以并行的方式而存在。一般来说，一个社会的“调节器”系统是由政治、法律、职业、道德四大基本规范体系构成的，道德规范体系是其中的一个方面。其二，道德规范体系以与其他社会规范体系相衔接的方式而存在。健全的法律制度下的法律规范体系与道德规范体系之间的逻辑关系应当是：法律是最低限度的道德，道德是最高水准的法律；道德上认为是善的，在法律上就应当是受保护的，反之，法律就应当加以禁止。在国家行政运作系统中，行政规则应当以社会道义为逻辑基础，得到社会道德的说明和支撑。其三，道德规范体系以与其他社会规范系统相交叉或重叠的方式而存在。这种情况最为普遍。中国封建社会的政治和法律规范中总是包容着道德规范，道德在封建社会被“政治化”“法律化”，出现所谓“政治化道德”和“法律化道德”，因此道德调节的方式往往为政治和法律的调节方式所替代。在现代社会，这种相互交叉和重叠的渗透情况，在职业活动领域最为普遍，职业的纪律和操作规程中往往同时包含着职业道德规范，因此违背了职业道德往往同时也就违反了职业纪律和操作规程，既会受到道德上的谴责，也要受到相关的职业管理方面的处罚。

（二）人的价值追求包含对道德价值的追求

人的行为与一般动物的行为的本质区别在于，人的行为总是表现为以一种追求的姿态出现，而追求又总是从某种价值需求出发，总是为了实现某种价值目标，而所追求的价值在内涵上又总是包含着真、善、美的因素。就是说，每个人的价值追求都不会是单一的，总是以一种系统的方式而存在。人的一生，时常会把道德价值作为直接追求的目标，从“做一个有道德的人”的“善良意志”出发，做一些“纯粹”的有益于社会和他人的事情。除此之外，人对任何真和美的事物的追求总是或多或少地包含着对善的追求，因为人的行为动机和追求目标往往包含着某种善的价值倾向。即使没有包含明确的善的价值取向，追求行为本身也具有善的客观倾向。“砍头不要紧，只要主义真，杀了夏明翰，自有后来人”，这首壮丽诗篇生动地表达了革命先烈在追求真理过程中对实现自己崇高人格价值的态度。在社会生活中，人们对真和美的价值追求所包含的道德价值，通常以“动机”和“目的”的形式表现出来，如学习目的、工作目的等。“动机”和“目的”使人追求价值的行为一般总是带有某种善的倾向，因而成为道德评价的对象。当然，实际生活中，有的人在追求自己的价值目标的过程中会有意排斥道德价值目标的内涵，然而这实际上是不可能做到的。因为排斥本身就是一种“恶念”，一种恶，他所追求的不过是一种恶的“价值”罢了。

（三）各种形态的社会关系内涵道德关系

这一点，在上文分析道德关系时已经论及。道德关系作为一种“思想的社会关系”，是由物质形态的社会关系决定的，同时渗透在物质形态的社会关系之中，家庭的“亲亲”关系，学校的同学关系，职业活动领域内的同事关系和上下级关系等，都决定和渗透着道德关系，其基本形态就是“同心同德”。同样，由物质形态的社会关系决定的其他形态的“思想的社会关系”，也渗透着道德关系。如朋友相处中的“心心相印”、职业活动中协同攻关的“志同道合”，就同时包含着道德上的“同心同德”。渗透在物质和思想的各种形态的社会关系中的道德关系，是连接相应的社会关系的纽带，也是各种社会关系中的实质内涵，最具人文价值。同事、同学，重要的不是“同”什么“事”，“同”什么“学”，而是如何“同事”“同学”，是“同心同德”地“同事”“同学”，还是“离心离德”地“同事”“同学”。在这里，道德关系以其渗透的方式深刻地影响着其他社会关系的性状和质量。

（四）社会生产的各种物质和精神产品的价值包含着道德价值，各种产品进入消费和评价活动领域都表现出道德价值

物质产品是货真价实还是假冒伪劣，总是与生产经营者的道德素质是否合格联系在一起，产品的档次和人品的品位总是存在着某种内在的一致性，消费者完全可以通过产品的质量顺乎自然、合乎情理地来评价生产经营者的职业道德水准。物质产品，不论是吃的还是用的，进入消费活动以后常常成为人们表达某种道德观念、抒发某种道德情感的重要载体。如请客吃饭，多半不是为吃而吃，而是“醉翁之意不在酒”，是为了要达到某种善意或恶意的目的；上门送礼，有的是为了表示友好，有的是为了托请办事，也多半不是为了送礼而送礼。即使是穿着打扮，许多人也是为维护自家的“面子”考虑的，为此才“替他人着想”“让他人赏心悦目”，持这种心态的人在具有较高文化素养的人群当中居多。

社会生产的精神产品与道德价值的联系更为密切。书市上发行的各种读物，各种传媒传送的信息，各种文学艺术作品特别是影视作品，各级各类学校使用的教科书等，无不包含着一定的道德价值。人们一般不难理解人文社会科学方面的精神产品包含道德价值，但一般不易理解自然科学、工程技术等方面的精神产品所包含的道德价值。这是因为，后一类精神产品所包含的道德价值，不是直接表达出来的，而是“隐藏”在字里行间或作品的背后。这种现象可称其为“书中有道德”，其道德价值一般属于全人类的道德价值范畴，如公平、公正、正义、宽容、理解、奉献精神等。中国各级各类学校的德育和思想道德教育，对教育者提出“教书育人”的职业道德要求，强调教师要在教学过程中对学生进行思想道德和政治方面的教育，主要就是基于“书中有道德”这种普遍现象考虑的。顺便指出，有些人仅仅是在“为人师表”即为学生做出榜样的意义上理解“教书育人”，这是不够的。

精神产品进入消费活动领域，其道德价值对人的影响更是显而易见。健康的书籍报刊和电子产品等对人的道德影响总是引导人们向善和从善，

不健康的书籍报刊和电子产品等总是引导人们向恶和从恶。在这种影响中，最需要注意的是文学艺术作品。文艺作品自古以来以“文以载道”的方式传播着各种道德价值观念，由于形式通俗易懂，为人们所喜闻乐见，所以更容易产生影响，影响范围也更广泛。在传统社会，不用说，由于受到生产力发展水平低和学校教育条件不良等多方面的限制，人们所受到的道德教育，多半来自文学艺术作品，这使得一个民族的道德价值观乃至整个民族精神在很大成分上受到文艺作品的深刻影响。这种情况即使在现代社会也是不难发现的。电子产品，特别是现代社会的网络文化，对青少年一代的负面影响已经引起全社会的深切关注。网络文化作为高科技产品，本是传播先进文化和价值观念的重要渠道，但由于存在着受赢利心理驱动和管理不善等方面的原因，“垃圾”的东西容易介入，所包含的错误乃至腐朽没落的文化特别是道德文化的价值观念容易污染青少年的幼稚心灵，妨碍他们的健康成长。就当代中国网络文化存在的实际问题看，采取必要措施加以整治已经成为道德建设一项刻不容缓的任务。

（五）人的素质结构总是包含道德品质

现代人才观念通常把人的素质结构划分为智力因素和非智力因素两个基本部分。前者反映人的智商，后者反映人的所谓“情商”。“情商”，指的主要是兴趣、情感、性格、气质、意志等，它们是构成人的道德品质的基本要素，却又不是孤立存在的，而是以广泛渗透的方式与智商要素即感觉、知觉、记忆、思维、想象等交织在一起，构成人的素质结构的整体。除了思维能力失常者，世上找不出一个在素质结构方面与道德品质无关的人。不同的人的素质结构，只存在道德品质的优劣或合格不合格的差异，不存在有无道德品质的差别。然而，对这种普遍存在的规律性的现象，并不是所有的人都能自觉意识到的，有的人总是轻视甚至不承认人的素质结构必然包含道德品质素质。过去，有所谓“学好数理化，走遍天下都不怕”的错误认识，在今天市场经济条件下，又有“搞经济活动，凭的是人的业务素质，不是人的道德品质”的论调。这些看法都否认了人的素质结构必然包含道德品质的客观事实。在人的素质结构中，道德品质并不是孤立存在的，而是以渗透的方式存在于人的其他素质之中，对人的业务性行为过程产生深刻的影响。

通过以上五个方面的简要分析大体可以看出，道德是以广泛渗透的方式而存在的。这是道德生成、发展和不断走向进步的一大特征。所以，道德作为一种特殊的社会意识形态，特殊的社会价值形态，特殊的社会精神现象，其存在只具有相对的独立性。这种特征一方面表明，道德以外的一切社会生产和社会活动，乃至整个其他社会意识形态的价值实现，都离不开道德的参与和支持，在追求自身发展和价值实现的过程中都必须把促进道德的发展进步摄进自己的视野，不可走“单兵突进”“孤军深入”的道路。另一方面也告诉人们，道德只有通过其他社会活动方式才能实现自己的价值，这是道德的优势，也是道德的弱势。因此，不能用孤立、单一的视角考量道德的存在，推动道德的发展和进步不能就道德讲道德，而必须与考量和推动其他社会实践问题联系起来。社会推进道德教育和道德建设，同样不能采用“单兵突进”“孤军深入”的方法，必须放在特定的社会生活情境中来进行。在这个问题上，伦理学是需要克服“纯粹道德”的思维方式的。

第四节　道德的民族特性与道德国情

民族特性是道德的内在特性，也是道德区别于其他社会意识形态和价值形态的一个最为显著的特征。人类社会自从有道德现象以来，在归根结底的意义上，任何一种道德都是某一特定民族的道德。道德的阶级性和全人类因素的现实状态总是经由道德的民族特性表现出来，因而总是带有“民族的烙印”。正因如此，人们在考察一个国家的道德历史和现实时，常常冠之以“民族”的限制词，如“中华民族的道德”或“中国人的道德”等。

道德的民族特性，使得任何一个民族的道德都成为由这个民族所组建的国家的一种国情，或国情的一个组成部分。分析和研究道德的民族特性，是了解和把握道德的一个重要的方法。

一、道德民族特性的表现

民族，是指人们在历史上经过长期发展而形成的稳定的共同体，有狭义与广义之分。狭义的民族，专指某一特定的民族。广义的民族又有时间和空间两种不同的文化蕴涵，前者如原始民族、古代民族、近代民族和现代民族，后者一般用作一个多民族国家各民族的总称，如中华民族，等等。也有同时从时间和空间的意义上来使用民族这一概念的，如阿拉伯民族等。道德的民族特性，一般是从广义民族意义上说的，指的是一个国家在伦理道德问题上各个民族所共同具有的不同于别的国家的民族风格和民族性格。具体来说，可以从几个方面来分析和阐述道德的民族特性。

（一）作为道德心理现象，表现为民族固有的思维定势

道德心理这一概念，在伦理学和心理学界人们并不常使用。其实，伦理学所研究的道德意识在许多情况下正是道德心理，心理学所研究的人的心理现象在许多情况下都属于道德意识范畴。人的道德意识现象，如道德认识、道德情感、道德意志、道德理想等，都是道德心理现象。道德心理的形成取决于两个因素，一是一定的经济关系及其直接表现形式——利益关系，二是一定伦理文化和道德传统的浸润和教化。在特定的民族中，产生于一定社会经济关系之上的道德意识经过民族生活共同体的长期浸润和凝聚，逐渐形成民族整体意义上的稳定的道德心理。不论是在个体意义上还是在民族整体的意义上，道德心理倾向一旦形成就同时表现为一种道德价值趋向。这是因为，道德心理现象是因利益关系的“社会存在”而产生和表现出来的，当主体处于特定的利益关系之中，受一定的利益需要和目标驱动的时候，道德的心理现象就以特定的态度和情感方式表现出来，从

而呈现出一定的道德价值趋向。因此，一国之中，道德作为一类特殊的心理现象，总是不仅表现为民族固有的思维定势，而且表现为民族固有的价值趋向模式；道德心理与道德价值趋向在一般情况下总是一致的，具有同向和同质的意义。这种一致性，不仅体现在道德文明历史发展的轨迹之中，也反映在现实生活的各个领域。

在传统的意义上，中国人在道德心理及其价值趋向上所表现出来的民族特性，有两点是值得特别注意的。一是自私自利的小农意识。它在心理倾向和价值趋向上的基本特性是“事不关己，高高挂起”，“各人自扫门前雪，休管他人瓦上霜”。这是自力更生、自给自足的小生产者的生产方式和生活方式的直接产物。在几千年的历史发展过程中，小农意识使得中国人形成“小我意识”浓厚而“大我意识”淡薄的道德心理传统。这种传统通常表现为看重个人及其家庭的利益而轻视国家和民族整体的公共利益，一事当前先替自己打算却又不损害他人利益的行为倾向。毛泽东在《反对自由主义》中所列举和批评的当时中国共产党和革命军队内部存在的自由主义的十一种表现，其中有一些就是这种民族特性的表现。二是推己及人的仁爱意识。这是受到儒学人伦伦理思想和道德主张长期教化和浸润的结果。在世界民族大家庭中，中国人是最富有同情心和怜悯心的民族之一，这种特性至今仍然可以在亲友和邻里的人际相处和交往活动中看得很清楚。一方面是自私自利的小农意识，另一方面是“推己及人”的仁爱意识，表面看起来似乎是对立的，其实不然。前者多为中国人在看待实际利益关系方面所采取的“利益态度”，后者则多为中国人在待人接物中所采取的“情感态度”。中国人在处置与其他人的利益关系时，常常是“一毛不拔”，显得很小气；而在处理与他人的情感关系时，只要不影响各自的实际利益，则往往表现得很大方，“陪人欢笑”或“陪人落泪”的情况司空见惯。

（二）作为社会调控的规范体系，表现为民族特有的结构模式

每个社会用以调控人们行为的道德规范都是一种体系，体系之中不同

方面的规范又是低一层次的相对独立的体系，它们是按照一定的逻辑关系建构起来的，同时又与政治、法律等规范体系构成某种内在联系，从而形成一定社会的“调节器”系统的结构模式。在不同的民族之间，这种结构模式是存在差异的。

中国封建社会的道德规范体系，以“三纲五常”为标志，内含政治伦理、法律（刑法）伦理与人伦伦理三个低一级层次的相对独立的道德体系。“三纲”，即君为臣纲、父为子纲、夫为妻纲，既属于政治伦理规范，也属于法律（刑法）伦理规范，主张君对臣、父对子、夫对妻具有绝对支配权，臣对君、子对父、妻对夫只能无条件服从。“五常”，即仁、义、礼、智、信，主要属于人伦伦理规范。仁，基本要求是“爱人”，包含孝、悌、忠、恕、宽、恭、惠等。义，即“宜”，指的是思想和行为要合乎封建社会的道德标准，《礼记·中庸》说：“义者，宜也。”孔子以后的礼，含义十分宽泛，但作为“五常”之一的人伦伦理，礼的基本含义并不包容国家“大礼”即礼仪制度，而是指人们日常相处和交往的礼节和礼貌，也就是日常“规矩”。智，亦为知，指的是按照封建社会推行的道德标准判断是非善恶的能力和智慧。信，即言必行，行必果，做到言行一致。中国封建社会的“三纲五常”，其结构的基本模式就是政治、法律和道德规范浑然一体，因此，存在“道德政治化”和“道德刑法化”的现象。这一结构模式又是中国封建社会自然形成的普遍分散的小农经济、实行政刑不分的国家管理体制和“为政以德”的治国策略的产物。历史上的“三纲五常”是具有中华民族特色的社会道德调控体系。

在西方，同样处于封建社会发展阶段的大多数国家，其道德规范与政治规则、法律规范虽然也存在着密切的联系，但总体看还是各具有相对独立性的。西方国家的社会道德规范体系虽然存在“道德宗教化”的倾向，但并不存在中国封建社会那样的“道德政治化”和“道德刑法化”的倾向。这与自古希腊开始形成的重视“社会契约”和重商重战的传统很有关系。

（三）作为民族精神和道德人格，表现为不同的民族个性

民族精神和道德人格都是多学科的研究对象。关于民族精神，学界对其内涵的阐发尽管有些不同意见，但有一点是共同的，这就是注重用伦理学的方法从道德内涵上来理解，将民族精神的核心理解为“民族的道德精神”，这种看法无疑是中肯的。作为伦理学对象的道德人格，指的是一种一致性，即一个人在社会生活中所承担的伦理角色与其实际所做的事、所起的作用的一致性，个人的尊严要求与其实际价值的一致性。任何一个民族都十分重视自己民族的民族精神和道德人格的价值，由此而形成自己特有的民族个性。鸦片战争后，不少西洋人因到中国来传教或经商而成为所谓的“中国通”，其中有不少人因对中国人的民族特性感到惊异和有趣而著书立说，阿瑟·史密斯（Arthur Henderson Smith，中国名明恩溥）1890年出版的《中国人的特性》，应是这方面的一个代表作。这本在世界上广为流传的书，以别个民族的独特视角较为全面地描绘和论述了“中国人的特性”，所论其实多是中国人在民族精神和道德人格方面所表现出来的民族个性。

在一个特定的民族中，道德民族特性上述三个方面的表现形式是紧密联系在一起的，人们不能离开道德心理来分析民族习惯遵循的道德规范，谈论民族精神和道德人格问题，同样，也不能离开民族精神和道德人格来分析一个民族的道德心理及其习惯遵循的道德规范。

二、道德民族特性的成因

从根本上来说，道德之所以具有民族特性，是由道德生成和发展的规律决定的。道德在其生成、发展和进步的过程中受到两大社会因素的影响，一是社会经济关系发生变革的因素，二是民族的固守的因素。道德的生成、发展和进步是这两种因素共同作用的结果。

社会经济关系发生变革，道德会相应地发生变化，这种变化首先在

“伦理观念”层面以道德心理的形式反映出来。在这种意义上，可以说一定社会以什么样的经济关系为基础就应当实行什么样的道德规范，提倡什么样的道德标准。中国几千年的小农经济，在“伦理观念”层面上普遍形成了“各人自扫门前雪，休管他人瓦上霜”的道德心理，在道德规范的层面上形成了“三纲五常”的封建社会的道德体系。值得特别注意的是，这种形成过程始终会受到中华民族固守的生存和繁衍的自然环境的影响，它使得道德由社会心理转化为社会规范，再升华到民族精神和个人人格的逻辑过程，必然渐渐地形成特有的民族品格，特有的民族传统。自古以来，世界上找不出一种可以脱离特有的民族品格和民族传统的道德，当我们说到道德的时候，实际上同时是在说哪个民族的道德。所谓“全人类因素”的“共同道德”，也只具有相对的意义，因为它一旦具体存在于一定的民族之中就必然会带有民族的特色。这就是道德存在和发展的特殊规律。

在黑格尔看来，不仅道德具有民族的特性，甚至那些最具有政治和阶级特色的社会意识形态，也无不带有民族的特性。他说：“民族的宗教、民族的政体、民族的伦理、民族的立法、民族的风俗，甚至民族的科学、艺术和机械的技术，都有民族精神的标记。”①肯定和强调道德的民族特性并不是要否定道德的世界性特点。道德的民族性与其世界性虽然存在差别与对立的一面，但本质上是统一的。在经济全球化的国际环境中，伦理道德文化的差异和冲突一般并不是民族文化与“世界文化”的差异和冲突，而是不同民族文化之间的差异和冲突，只不过一些在经济和军事发展上占有优势的国家和民族习惯于把自己民族的伦理道德文化看成“世界文化”，实行文化霸权主义罢了。当然，这样说，并不是说凡是民族的都是优秀的，并不是要否定民族之间的伦理道德文化所存在的差异和对立不具有优劣之分，一概没有民族文化与“世界文化”的差异和对立的性质，一概都是文化霸权主义的表现。但是，即便是这样，也应当看到，真正的“世界文化”并不是超越民族文化的，而是不同民族优秀文化的汇合和交融的不断流动的共同结晶体。由此看，越是民族的便越是世界的，越是世界的便

① [德]黑格尔:《历史哲学》,王造时译,上海:上海书店出版社1999年版,第64页。

越是民族的；或者说，越是民族的应越是世界的，越是世界的应越是民族的。

认识道德的民族特性的真正意义在于，它提醒特定历史时代的人们在推动道德创新时，不可忘却自己的民族道德之根，不可直接“借用”别个民族的道德传统，实行所谓的“全盘×化”。道德的继承和创新是各个民族自己的事情，是真正需要各个民族“自力更生”的。泰戈尔曾将那种全盘套用别个民族文化的做法形象地比喻为“好像将别人的皮肤附在我们的骨架上，每一动作都会使皮肤和骨骼之间发生不停的摩擦”，他嘲讽那种借从外国学来的东西而炫耀的人是“花花公子”，是“重视他的新头饰，而不那么重视自己的头”。[①]

一个民族的道德教育，在某种意义上可以说是关于道德的民族特性的教育，这对于该民族的新生代来说需要一个过程，但这是一种极为重要的必修课。费孝通先生说：“民族是一个具有共同生活方式的人们共同体，必须和‘非我族类’的外人接触才发生民族的认同，也就是所谓民族意识，所以有一个从自在到自觉的过程。”[②]

三、道德的民族特性使道德成为一种国情

国情是一个综合性的概念，指的是一个国家的历史与现实、民族与宗教、自然与社会、人口与环境，包括经济关系、生产力水平、文化传统和人民的亲和力方面的基本情况。国情中的许多因素都是民族的道德或道德的民族因素，具有鲜明的民族特性，这使得道德的民族特性成为一种国情，它以国民普遍存在的道德心理和行为习惯、民族的精神状态和道德人格等形式，成为一个国家国情的重要组成部分。

中国人自自己的国家从20世纪80年代初进入改革开放和加速社会主义现代化建设以来，一方面深切地感到自己道德传统存在着一些落伍于时

① [印度]泰戈尔:《民族主义》,谭仁侠译,北京:商务印书馆1982年版,第28、29页。

② 费孝通:《从实求知录》,北京:北京大学出版社1998年版,第67页。

代的东西，另一方面又感到存在着许多合乎时代步伐、在世界大家庭中可以引以为豪的东西。但是，有些中国人却不这样看，他们把造成中国近现代史上落后的原因一股脑儿归于自己的道德国情，认为只有全面引进西方发达国家的道德观念和道德生活方式才能解决中国面临的道德问题。且不说把中国的落后归于道德问题是一种“道德万能”的片面理论，这里需要特别指出的是：这种幼稚的主张既是对中华民族的道德国情存在的偏见，也是对道德的民族特性缺乏自觉的表现。与此相关的另一种观点也一直在影响着人们，这就是：世界各民族的文化包括道德文化的价值观念正在“趋同”，并将此称为现代化的必然趋势。当然，从历史发展的前景来看，不仅是各民族的文化价值观念而且是整个人类最终将走向“大同世界”，但是相对于“大同世界”来说，整个人类社会发展的现状还处在“初级阶段”，在人类社会发展的历史演进过程中，文化价值特别是伦理文化价值和道德价值的民族特性和民族性格将会长期存在。在这个初级阶段，侈谈什么“趋同”是没有多少实际意义的。

第三章　道德文明价值及其选择与实现

在人类文明发展史上，道德总是一种精神文明或曾经是一种精神文明。在特定的历史时代，相对于当时代社会发展的客观要求来说，道德并不都是一种精神文明，实际情况是有些是，有些不是，有些还是阻碍社会文明进步的“精神垃圾”。在人类社会早期，道德多是与原始宗教混为一体的风俗习惯，在今天的人们看来或许是愚昧可笑的，但却是适应当时社会发展客观需要的，体现着一种古老的“先进性”和“文明”的特质。此后，随着历史的向前推进，一些本来“先进”和“文明”的内涵变得渐渐陈旧起来，成了“精神垃圾”，与此同时适应历史时代要求的新道德在新的经济政治结构的基础上渐渐地生长起来。由此看来，道德脱离原始社会初期以后，已经成为一个中性词。在社会，有文明、进步的道德，也有落后、腐朽的道德；在个人，有良好、高尚的道德，有一般的道德，也有落后、卑下的道德。所以，相对于特定的历史时代来说，研究道德的社会价值只能是在“道德文明”的意义上；当我们在使用“道德价值”这一概念的时候，那是从道德发展和不断走向文明进步的全过程或全貌的角度出发的。这是考察道德价值的一个认识论前提。

社会和人作为主体在推动道德文明价值实现的过程中，会受到主客观多种因素的制约和影响，对这些相关因素作出中肯的分析，揭示其中存在的规律以充分发挥主体的主观能动性，对于推动道德价值实现是至关重要的。

第一节　道德文明及其形成与发展

一、文明及道德文明

文明，一般是指人类社会的开化程度和进步状态。在中华文明史上，文明一词最早出自《周易·乾·文言》“见龙在田，天下文明”的记载。后《尚书·舜典》也有“睿哲文明”的说法，意指开化、进步，也有昌盛、光明的意思。恩格斯在《家庭、私有制和国家的起源》中，曾肯定了摩尔根关于人类社会三个阶段的划分方法，并且赋予“文明”以特定的内涵。他认为：相对于“以获取现成的天然产物为主”的“蒙昧时代”和以“学会畜牧和农耕”的“野蛮时代”来说，“文明时代是学会对天然产物进一步加工的时期，是真正的工业和艺术的时期”。[①]文明不是抽象的概念，而是具体的历史范畴，不同的历史时代有不同的文明，不同的阶级有不同的文明标准。

人类社会的文明大体上可以划分为物质文明和精神文明两种基本类型。物质文明指的是人类社会物质生活条件的发展水平和进步状态，包括生产工具的改进和技术的进步、物质财富的增长和人们物质生活水平的提高等。精神文明是相对于愚昧、无知、野蛮、落后、腐朽、堕落而言的，指的是人们的一切精神生产活动及其成果，主要包括教育、科学、技术、文化、理论知识的发达程度和人们的思想观念、政治觉悟、法治意识和道德水平。在每一个历史时代，物质文明都是精神文明的基础，对精神文明的发展起着决定性的作用，而精神文明对物质文明的发展也具有巨大的推动作用；两种文明协调发展是社会整体文明的标志，也是社会文明发展进步的方向。

①《马克思恩格斯选集》第4卷，北京：人民出版社1995年版，第24页。

道德文明是精神文明的重要组成部分。所谓道德文明，简言之也可以说就是文明的道德，主要是指与一定社会经济建设和社会整体发展相适应的道德的理论知识、道德的价值观念、道德的社会风尚和人们实际的道德水平。

道德文明是精神文明的重要方面，自身又是一种精神文明的体系。这个体系不仅包含道德理论知识的文明、社会道德风尚的文明，也包含个体道德素质的文明及个体修身方式的文明，还包括道德建设的目标、方案、过程和运行机制等方面的文明。道德文明反映在社会生产和社会生活的各个领域，人们的思维和实践活动的各个方面，以相对独立的形式在总体上反映社会实际的文明程度和发展水平。

道德文明本质上反映的是社会的全面进步和人的全面发展的水平。在物质生活水平不断提高或已经达到相当的水准的情况下，道德文明甚至成了评判社会全面进步和人的全面发展水平的主要指标。中国人有这方面的传统，当代中国人评价政党、政府和社会风气的思维方式和话语系统，总是与道德文明的标准密切相关。

人类社会文明发展与进步的总趋势是由低级向高级的前进运动。任何一个社会，人们都不应当离开道德文明进步谈论和评判社会的文明进步。一个社会，假如它的经济是繁荣的，科学技术是高度发达的，人们拥有了丰富的物质财富和富裕的物质生活，我们能不能说它是一个走向全面文明进步的社会呢？不一定。还应当看这个社会的道德秩序和风尚的实际状况，看人们对待精神生活的态度，看人们所崇尚的实际的精神生活方式和质量，同时具备后一种状态，我们才能说这个社会是一个正在全面走向文明进步的社会。这是因为，一个社会的良好的道德秩序和风尚，人们对待精神生活的态度及精神生活方式等，不仅是人们生活之必需，也是经济持续发展、科学文化建设及其正常功能发挥的必要条件和内在动力。一个轻视道德文明的社会，是不可能真正维持它的经济繁荣，进行科学文化建设，发挥科学文化的社会功能的，在这样的社会里，人们也很难从对财富的宽裕占有和消费中感受到社会的文明进步，人生的美好与幸福。

人的全面发展的“人”，不是指某个或某部分人，而是指一切人。人的全面发展，也就是马克思所说的“每个人的全面而自由的发展”[①]。之所以必须这样看问题，是因为每个人的发展与其他人的发展是互为条件的，“每个人的自由发展是一切人的自由发展的条件”，“一个人的发展取决于和他直接或间接进行交往的其他一切人的发展”。[②]人的全面发展，包含人在现实关系、身心、能力和思想观念等方面的全面发展。这里的诸种发展因素都与道德文明相关。人的现实关系的各个方面都包含着道德关系——思想精神关系，其发展的文明程度都与道德文明的程度紧密地联系在一起。如同事关系，在传统的职业道德观念的支配下，人们视同事关系遵循“同行是冤家”的标准，在职业活动中对同事同行采取以邻为壑的愚昧态度，制约着行业的发展，也影响着从业人员自身的发展。而现代职业道德观念则主张同事之间要同心同德，在同心同德观念支配下的同事，显然既有利于职业的发展，也有利于从业人员自身的发展。现代医学和心理学揭示，人的心理和生理健康与其道德文明的水准直接相关。经验说明，伦理思维方式正确、道德水准高的人，“心底无私天地宽”，可谓“君子坦荡荡”，能够使人的心境和心态保持正常状态，这有益于人的身心健康。反之，则会“小人长戚戚”“烦死了”“气死了”，身心受损。

20世纪后半叶，中国伦理学界有的学者提出“道德资本”的概念，并从思想史和经济活动的主要领域等角度对此进行了较为系统的研究。他们所说的道德显然是指文明道德，亦即道德文明，这种观点是值得重视的。道德作为人的一种“资本”，表现为认识和把握社会与人生及自我的一种价值判断和选择的能力，在社会则是生产力的一种构成要素。用现代文明和现代人才的观念看，人的能力大小与其掌握的现代知识、技能和信息的多少强弱有关，但掌握的“多少强弱”及其运用都取决于人的道德文明程度，特别是社会责任感和事业心。

人的思想观念的更新和丰富发展是人的全面发展的重要标志，而人的

---

① 《马克思恩格斯选集》第2卷，北京：人民出版社1995年版，第239页。

② 《马克思恩格斯全集》第3卷，北京：人民出版社1960年版，第515页。

道德文明观是人的思想观念最重要的组成部分。就当代中国来说，人的全面发展进程离不开对适应社会主义市场经济发展客观需要的新道德观念的理解和接受，除了传统道德便无道德话语可说的人，显然是与当代中国人的全面发展的要求相悖的。

二、道德文明的形成和发展

总的来说，道德文明的形成和发展，是适应一定社会的经济、政治和文化建设的客观需要的产物。

在结构上，一定社会的道德文明可以分为经验文明与预设文明两个部分，两者形成和发展的逻辑起点都是产生于一定社会经济关系基础之上的"伦理观念"。经验文明的形成和发展，多是"伦理观念"在"庶民社会"自发扩散、弥漫、沉积的结晶。它不仅与生产活动直接相关，直接充当生产活动的"调节器"，而且与生活方式直接相关，直接参与生活方式的调节，甚至成为生活方式的一个方面的重要内容。预设文明的形成和发展，多是纠正"伦理观念"自发倾向的产物，其文本和知识的形式通常是经过知识分子理论思维加工的道德标准、道德规范和行动准则，而其事实价值形式则是统治者推行和倡导的结果。中国封建社会，在自力更生、自给自足的小农经济基础之上产生的"伦理观念"，其经验的文明形式多以"各人自扫门前雪，休管他人瓦上霜"的小农意识为基本特征，而其预设文明形式在先秦则是孔子创设的"推己及人"的"仁学"伦理文化及其政治伦理形式"仁政"，自汉武帝时则主要是"三纲五常"。在一定意义上说，封建社会预设的道德文明都是对"各人自扫门前雪，休管他人瓦上霜"的小农意识的"纠偏"，这决定了儒学伦理文化本质上是反对小农意识的。虽然封建统治者对小农意识采取了宽容的态度，但是封建社会的道德文明体系内在的二元结构其实是对立的。台湾学者韦政通曾提出工业文明社会的人们需要确立十五种"价值观念"，即开放的自然观、开放的人性观、新的文化观、社区意识、现代个性观、现代自由观、平等观、民主意识、社会责任意识、正确的权威和地位观、正确的物质观、积极的工作观、积极的性观念、相互依赖意识、形而上学的或宗教的意识。他所提出的“价值观念”，既是经验的，也是预设的，后者则需要经过理论加工和政治权力的推行。

理论思维加工的使命，是顺延历史上道德文明演进的客观方向和现实国家政治建设及社会整体发展进步的客观要求，通过取舍、提炼，将自发、不确定的“伦理观念”上升到社会意识形态的层次，提出道德的“社会规范的总和”。一定社会的道德的“社会规范的总和”总是对其时代的“伦理观念”的超越，源于“伦理观念”又与“伦理观念”存在质的差别。因此，对马克思主义关于道德与经济关系的基本原理的理解，是需要作出辩证分析的，不能以为社会存在什么样的经济关系就必须提出什么样的社会之“道”。实行改革开放和发展社会主义市场经济以来，学界有些人一直主张“为个人主义正名”“以个人主义代替集体主义”，其主要“理论依据”就是改革开放和发展市场经济中的“生产和交换关系”必然产生尊重个性解放、个人自由、个人独立性之类的“伦理观念”。其理论思维的失误在于没有看到这类“伦理观念”在自发的意义上是个人主义的温床，但社会主义国家的建设及全社会的文明进步需要的不是个人主义而是集体主义，作为伦理道德观的个人主义之“道”与集体主义之“道”之间存在本质的差别。由于理论“加工”的产品多是“正统”的“道”，一般都以文字文化的形式给予固定和传承，今人所说的传统道德，正是这样的传统之“道”。

政治的“社会加工”，一方面为理论的“社会加工”提供指导和监督，要求理论“社会加工”的过程和产品在真理与价值上同自己保持方向一致。另一方面为理论“社会加工”的产品特别是“社会规范的总和”的提倡和实行提供最宽厚的社会保障条件。道德文明史表明，社会之“道”的提倡历来离不开政治的“干预”，离不开政治的“庇护”，否则必会失去自己的生命力。“徒善不足以为政”[1]，诚哉斯言！是法治的“社会加工”。

---

① 《孟子·离娄上》。

这种“加工”不仅体现在以法律的形式确认“社会规范的总和”的合法性，实现“良法”与“善道”的统一，而且体现在打击违背“良法”的“缺德”行为，净化人的德性和道德环境。道德，不论是在“道”的提倡和推行上还是在“德”的教化和养成上都需要法律和法制的支撑，孟子曰“徒法不能以自行”[①]，其实“徒善”也是“不足以自行”的。

除了理论和政治的社会加工，尚需教育的“社会加工”，其宗旨在于用社会意识形式和“社会规范的总和”的道德育人，使人们脱离对“伦理观念”的自发接受和由此而产生的可能的不良影响，实现由个人道德品质生发的价值取向与国家建设的要求和社会发展进步的方向相一致的转变，变成道德世界的主体——“道德（得道）人”。

最后是关于道德的社会风尚的加工，也就是一些伦理学人常说的道德环境的营造。“道德人”既是道德环境的创造者，也是享用者。道德世界中人与环境的关系的真谛是：人在“加工”和营造着各种道德要素以形成道德环境的过程中把自己塑造成“道德人”，“道德人”在这一过程中同时又营造和享用着道德环境；“道德人”“加工”和营造着各种道德要素以形成道德环境，道德环境影响和培育着“道德人”；“道德人”与道德的发展进步是一种互动的社会历史过程。这里须知，由于受自身和各种外在因素的影响，“道德人”所“得”之“道”已不是“原质”意义上的社会意识形式之“道”，“道德人”并不是“道的人”，故而由其创造和享用的道德环境也并不是“道的环境”；在人类历史上，作为“统治阶级意志”的“道”从来都没有完整地“统治”过它的“道德人”和道德环境。仍以中国封建社会的道德为例。其“质料”是自发、直接产生于小农经济之上的“各人自扫门前雪，休管他人瓦上霜”之类的自私自利的“伦理观念”，而其社会意识形式和“社会规范的总和”却是“人伦伦理”意义上的“己所不欲，勿施于人”[②]，“己欲立而立人，己欲达而达人”[③]，“君子成人之

① 《孟子·离娄上》。
② 《论语·卫灵公》。
③ 《论语·雍也》。

美，不成人之恶”[1]之类“仁爱”精神，“政治伦理”意义上的“大一统”整体意识及“纲常伦理”。而封建统治者力行“教化”的产物——“道德人”和道德环境，既不是“原质”意义上的“各人自扫门前雪，休管他人瓦上霜”型的，也不是完整意义上的“仁爱”精神和“三纲五常”型的，而是另一种形式的派生物，如勤俭自强、礼尚往来、邻里和睦、江湖义气、团体为上，以及“天下农民是一家”“四海之内皆兄弟”，等等。

由此看来，根源于一定社会的经济关系基础之上的道德现象世界，整体上是由“伦理观念”、社会之“道”、个人之“德”及社会风尚四个部分构成的。其内在的逻辑关系是：“伦理观念”是道德世界的原始“质料”，“道”是道德世界的上层建筑，“道德人”是道德世界的主体，社会风尚是道德世界的内部环境。可见，道德文明与整个道德世界是存在重要差别的，并不是每个构成要素都属于道德文明范畴，对马克思主义关于经济与道德的关系的理解和把握需要做出具体的辩证分析，把道德与道德文明混为一谈是不科学的。同时还应当看到，运用马克思历史唯物主义认识和把握道德与经济的关系，不能简单地认为一个社会实行什么样的经济关系就必须提倡什么样的“伦理观念”，人们就必然会产生什么样的道德文明。

中国封建社会是一个小生产的汪洋大海。在自发、直接的意义上，分散、自给自足的小农经济必然产生广泛的自私自利、离心离德的伦理观念和小农自由主义的价值态度。这是不利于封建国家的稳定和整体利益的需要的。因此，封建社会必然要对根源于小农经济的自发的伦理观念进行“社会加工”。这样就形成了中国封建社会特有的基本结构：以高度集权的专制政治扼制普遍分散的小农经济，以重视整体利益的社会主导价值标准统摄自私自利的小农意识。为什么在汪洋大海的小生产王国里会形成重视国家和社会整体利益的道德文明观念，原因就在于此。

须知，中国正在加速建立和完善的市场经济体制是社会主义的市场经济体制，是在普遍分散的小农经济体制并没有得到彻底改造、离心离德的小农意识并没有得到真实的改造的环境中来推动和发展我们的社会主义市

①《论语·颜渊》。

场经济。在这样的社会历史条件下追求的道德文明，应当既能体现市场经济的机会均等、公平交易等价值意识和观念，也能体现社会主义制度的根本属性，把经济领域内的公平原则引向整个社会生活领域，实现共同富裕的经济发展目标，促进社会全面进步和人的全面发展。因此，这样的道德文明体系只能以社会主义的集体主义来概括体现，而不能提倡与资本主义市场经济相适应的个人主义。

第二节　道德文明的价值体现

在人类社会的精神价值系统中，道德文明或文明道德是最重要的一种价值形式。它既是调节社会生活的重要方式，体现社会和谐发展和文明进步的重要指标，也是个人实现自我完善的重要的精神力量，提升人的生活质量的重要内容。

道德文明是具体的，历史的，我们可以从如下几个方面来具体分析和理解道德文明在特定的历史时代的价值。

一、认识与鉴别的价值

体现社会文明的道德理论知识、价值观念和原则与规范体系，对于人和社会来说首先都是以知识的形式存在的，它是智慧，可以使人明智，使社会识途。就道德知识而论，“知识就是力量”首先表现为一种认识与鉴别的能力。苏格拉底认为，要培育一个人的美德，最重要的是要让他知道什么是道德，什么是善，因而提出“美德即知识”的著名命题。中国古人高度重视道德的认识与鉴别的作用，封建社会推行的“五常”道德中的“智”既是有关善与恶的知识，也是有关善与恶的认识与鉴别能力，是一种道德智慧。体现社会文明水平的道德知识可以充当人们认识世界的工具，被人们用来认识和鉴别社会与人生、身边的人和事包括自身思想和心理状态的是非善恶，在面临道德问题和道德选择的时候，能够帮助人们进行正确的思考，作出正确的判断和抉择。

如果说道德的理论和知识，是在接受教育和理性思考的意义上给人以道德的智慧，提升人的认识和鉴别能力，进而体现道德文明的价值的话，那么，道德关系则在经验的意义上给人以感悟和启迪，体现它的价值魅力。

不论是在社会还是在个体的意义上，文明道德所提供的认识和鉴别能力都是很重要的。一个社会假如道德理论和价值观念混乱，道德原则和道德规范的要求不确定，甚至出现紊乱的情况，这个社会的人们就会感到无所适从，“道德失范”问题就会随之出现，甚至泛滥成灾。同样之理，一个人假如没有一定的关于道德文明知识的储备，那就成了一个是非不分、善恶难辨的“道德盲人”，不仅失去了参与和评论社会道德生活的资格和条件，给他人和社会的道德进步以积极的影响，而且自己也不能体会到道德和精神生活的乐趣，从根本上影响到自己的生活质量。至于道德关系，它作为一种道德的价值事实或实际的道德价值，对于社会和人的价值意义更是不言而喻了。

在当代中国，不少人感到社会上存在着一些“说不清、道不明”的道德问题，有的人因此而焦躁不安，有的人因此而采取回避的态度，从认识和鉴别能力看，这与他们没有真正掌握与当代中国社会发展相适应的道德理论、道德价值标准和原则规范体系是分不开的，与他们对正在形成的新型的道德关系缺乏应有的认识、理解、适应和驾驭能力，也是密切相关的。他们在评判道德的时候缺少合适的“尺子”，或者心中没有一定的标准，或者仅用传统旧道德的标准，思想观念跟不上道德文明发展的时代步伐。

正因为道德文明具有认识和鉴别的社会作用，所以加强道德理论和道德原则规范体系的研究，并通过各种宣传和教育的途径传播和普及体现社会文明要求的道德理论、道德价值观念和原则规范体系，建设相应的道德关系，历来是每个社会道德建设的一个重要方面的内容，也是每个社会道德建设一项重要的基本任务。

二、教育与培养的价值

康德说，人只有靠教育才能成人。人完全是教育的结果。人类自古以来的各种形式的教育活动都涉及道德教育，因此道德文明具有教育和培养的社会价值。道德教育与培养，指的是一定社会、阶级或集体，为了促使人们自觉践履道德义务和责任，具备合乎其时代需要的道德品质，有组织有计划地对人们施加一系列的道德文明影响的活动。这应当从两个方面来理解，一是教育与培养的目标，二是教育与培养的内容。

人类社会自从有教育与培养活动以来，道德上的教育与培养都是通过家庭、学校和社会影响的方式实施的。教育与培养的目标和内容，在家庭道德教育中虽然是不规则、不规范的，每个家庭的父母都有一套教育和培养孩子的办法，表现出“龙教龙，凤教凤”的状况和特点，但大体上都希望自己的孩子“学好”“做好孩子”，这既是社会道德文明的价值要求在家庭道德教育中的体现，也是家庭长辈特别是父母理解和传播道德文明的价值的反映。学校的道德教育与培养，历来是在国家教育方针和政策的指导下实施的，目标一致、明确，内容统一、系统，有一套完整的管理制度和实施机制，而且一般都列入教育教学计划，设有专门的机构和队伍。自从有学校教育以来，学校的道德教育就是实现道德文明价值的主要途径。社会道德教育其实是一种道德影响，这种影响一般多以社区式的“小社会”的形式出现，基本特点是没有确定的目标，内容是“发散”式的。

三、控制与调节的价值

控制的价值指的是自律，调节的价值指的是他律。每个人或多或少都有自己的弱点或缺点，并都可能会以不良动机和态度及不文明的行为表现出来，给他人、社会集体和自己带来危害。但是，真正因不良的动机给他人、社会集体和自身带来危害的情况并不多见，原因就在于人们能够用包括道德文明在内的社会文明标准对自己的不良心态进行调整，对自己的不良行为加以控制，实行自律。有副古对联，上联说："百善孝为先，论心不论事，论事天下无孝子"，下联说："万恶淫为首，论事不论心，论心天下无完人"。下联所说的"心"与"事"之间之所以存在差距，就是因为人对自己的"淫心"有控制能力，能够按照社会道德标准适时调控自己的心态和行为，不然社会真的会出现"人欲横流"的堕落景象了。

事实证明，在社会生活中，人们相互之间及个人与社会集体之间时常会发生矛盾甚至对抗，这种情况在具有优良道德传统的社会主义中国也并不鲜见，但是这些矛盾或对抗多数最终都会"偃旗息鼓"，得到解决。原因就在于，面对已经发生的矛盾或对抗，当事者一般会意识到只有"化干戈为玉帛"才会不至于给自己和对方造成伤害，而旁观者一般也会采取"大事化小，小事化了"的态度加以劝解，平息事端，最终使问题得到解决。显然，在这里促使问题得以解决的一般都是一定的道德标准。如果没有这样的道德标准，那么，人的任何不良动机都会转变为实际行动，社会不文明的现象就会随处可见，任何一种矛盾或对抗只有上法庭才能得到解决，那是不可思议的。

在实际的社会生活中，道德文明上述三个方面的可能价值一般总是以综合的方式表现出来的。因此，如何将发挥三个方面的作用兼顾和协调起来，并由可能价值转变为事实价值，是每一个历史时代道德文明发展和进步的中心课题。

第三节 道德文明价值的选择与实现

道德文明价值是由可能与事实两种价值形式构成的。总体来看，道德意识和道德活动属于可能价值形式，道德关系属于事实价值形式。道德文明价值的选择与实现，是把道德的可能价值形式转变为事实价值形式的过程。相对于道德关系来说，一切道德意识和道德活动都只是“应有”的可能的价值形式，都具有假设的性质，如果发生选择错误，在促使道德价值实现的过程中不能正确认识和处理各种主客观情况，就有可能产生道德悖论，影响道德价值的实现。能否有效地规避和克服可能出现的道德悖论，尽可能地将“应有”的可能价值转变成“实有”的事实价值，是道德价值选择与实现这一领域的一个重要问题。

一、经验主义和德性主义的道德价值实现学说

人类至今一切形式的道德文本体系都是以人的“利己心”为对象的，轴心都是为有限遏制“利己心”而构筑的道德价值实现论，构筑的方法一般都是围绕实现道德价值而作的理性假设，由于对“利己心”的基本态度和假设理性的不同而形成了经验主义和德性主义两种基本对立的伦理思想派别。历史上有一些大师的伦理学说看起来似乎动摇在两者之间或游离在两者之外，但基本倾向并没有超脱经验价值论或德性价值论的理论窠臼。

西方经验论萌发于古希腊人的世界观由“自然（physis）”向“人本（nomos）”转变而导致的人文思想兴起的过程中，其基本特征是从人的“利己心”出发，强调个体作为现实存在及生活经验的意义，鼓吹个人的绝对自由和“优秀性”，漠视社会理性即后来苏格拉底强调指出的“形相”。这种粗糙的个人主义到了“希腊化时期”，随着城邦的瓦解和“人是城邦的动物”的关系的解体，迅速地发展成为“个人伦理学”[①]。在整个中世纪，古希腊开创的个人主义传统虽然受到宗教神学的挤压和扼制，但其阐发和推崇“恶性张力”的思想并未因此而出现实质性的萎缩和枯槁。在资产阶级向封建专制统治发动冲击的过程中，传统的个人主义经验论在霍布斯提出的“人对人是狼”的极端利己主义命题之后曾一度被发挥到极致，但很快就经过历史性的洗礼相继为以边沁、密尔为代表的功利主义和以爱尔维修、费尔巴哈为代表的“合理利己主义”所替代，它们强调“合

① 参见[德]文德尔班：《哲学史教程》上卷，罗达仁译，北京：商务印书馆1997年版，第221页。

成”大多数的利益、将个人目的和社会手段“结合”起来的重要性。

这种演变过程完成了经验论的历史性飞跃，使个人主义由纯粹的个体欲望上升到社会理性与经验，成为一种带有普遍性——可以被普遍理解、普遍接受因而可以被普遍推行的社会生活经验。而导演这种演变过程的正是它的假设理性：人在本质上都是“利己”或“趋利避害”的，但如果人人只为自己而不顾及他人和社会，那么最终势必也会殃及自己。这种假设理性使得个人主义经验论的理论归宿必然是要将人们引向尊重社会规则（“契约”）。现代西方经验论伦理学和价值论学者，除了个别人如萨特基本上都承继了这种假设的方法，所不同的是人们常用“社会惯例”来替代社会道德规则（“契约”），使社会规则远离意识形态而更趋向生活化和经验化。西方历史上，虽然一直存在德性价值论与经验价值论的对峙，但占主导地位、实际影响社会道德生活和人们道德价值实现过程的始终是经验价值论，这养成了西方人一方面崇尚个性自由、尊重个人权益，另一方面又尊重社会规则的传统，为西方伦理思想的发展保持一种内在的活力，同时也为西方社会的法制建设和道德的法制化提供了可信的社会经验基础。

中国文本伦理思想史上也曾有过西方社会那样的对立，但始终没有形成真正的经验主义传统。在社会处于急剧变革的春秋战国时期，经验论者曾有“拔一毛以利天下而不为”（杨朱），“仓廪实则知礼节，衣食足则知荣辱”（管仲），“人生而有（私）欲”（荀子）之类未经理性梳理的经验论论调，但最终都被儒学德性主义击溃。后来的明清之际，也曾出现强调“私欲”说的经验论火花，然而也很快熄灭了。其所以如此，从根本上说，是因为中国的经验论是自生在小生产的基础之上的，与西方经验论的生成基础不同。小生产的经验论本质上是一种自生自成、自保自立、自私自利的保守“意识”，以“各人自扫门前雪，休管他人瓦上霜”为基本特征，缺乏开放的风采和“恶的张力”，不会构成对专制社会的根本性威胁，因此也就失去了获得社会梳理以上升为经验理性的机会。同时，与中国封建统治者推行的基本国策也直接相关。中国封建社会自西汉初年实行“罢黜百家，独尊儒术”起一切经验论的思想和见解都被统治者封杀或归入另册，占绝对主导地位的一直是以孔孟为代表的儒学德性主义价值论。儒学德性主义阵营内部也曾发生过一些关于本体论乃至认识论意义上的争论，但都未曾伤及对方的筋骨，根本的原因在于都不能从人的现实存在和生活经验出发，都不能区分“利己心”的“正当”与“不正当”的界限，一味贬斥“利己心”，在这个基本点上各家各派固守的是“统一战线”。这种伦理文化的历史面貌，也可以从流传至今的伦理文本的叙述方式看得很清楚。中国文字文化史上，“个人问题”一般都用一个“私”字来表示，今人知道那“私”字其实有“私人”“私利”“私欲”“私心”“私情”等不同含义，并非都是道德范畴，而古之学者包括非儒学阵营内的大家却都视其为道德范畴，统统归于“恶”。

与经验主义相比较，中西方的德性主义在叙述方式及范畴体系建构上尽管存在差别，但假设的基本方法是相同的：不是立足于实在的经验，从经验事实出发作关于个人经验的社会假设，而是立足于假设的精神——“人性善”或人之外的神秘之“物”，从虚幻的存在出发作关于假设的假设。然而，个体作为“本真”的存在，首先不是“善良”主体，不是认识主体，而是“价值主体”，这一经验事实使得德性主义的假设必须面对一大难题——有限遏制人性的“恶性张力”，因此它的理论归宿必然还是要诉诸社会道德规则，在这个至关重要的问题上与经验主义殊途同归。不同之处主要有两点。

一是经验主义尊重人的“利己心”，尊重人在“利己心”的驱动下作为现实存在物和实际生活经验的事实，在此前提下运用假设的方法把人们的“个人生活经验”提升到“社会生活经验”，提出尊重社会道德规则的必要性，将社会道德规则建立在人们相关利益关系的某种“均衡点”（“契约”）上，强调要实现“主观为自己”就必须“客观为他人”，规则因此而具有公认性、权威性和普遍的实践意义。在经验主义假设的思维和实践情境中，社会规则真正体现了自己的本质特性，人在其营造的伦理氛围中所养成的德性实则是“规则性”“社会性”，真正实现了个性与社会性的统一，尊重个人价值与尊重社会价值的统一。德性主义由于不尊重人的“利己心”，不是从人作为现实存在物和实际生活经验出发，而是从假设的“人性善”出发，所以必然会用假设的方法为道德价值实现安排“只要我为人人，就可以人人为我”这样的路径。但是，经验总是在证明人们一般是不会走这样的路径的，所以社会规则同样不可缺少，对此德性主义毫不含糊，同样以假设的方法加以确认。这样，德性主义的理论体系就内含两个假设环节——关于人性本善的假设和社会规则必要性的假设，但由于其理论前提和基本出发点是人性本善，所以其主张的社会道德规则的必要性就具有某种虚拟的性质。在德性主义营造的伦理氛围中，人们所养成的德性一般缺乏“规则性”和“社会性”的特质，德性往往难以真正实现个性与社会性的统一。历史上，德性主义为什么最终要么与宗教信仰结伴或具有宗教倾向，直至成为教义的补充和说明书，要么与专制政治和法律为伍、沦为专制主义的婢女，原因正在这里。儒学德性主义在中国封建制走向稳定时期被抬到“独尊”的地位以后，为什么会一直保持着神学化、神秘化、政治化、刑法化的倾向以至于被今天一些人们称为“儒教”或“政教”，所提出的道德主张为什么会演变成政治伦理纲常，并最终随着封建专制制度走向没落而显露出“吃人礼教”的特性，原因也正在这里。

二是就社会道德规则而论，经验主义直接地把规则置于人与人之间、个人与社会群体之间的利益关系之上，运用规则把作为道德基础的各种利益关系的道德价值旨归简单明了地揭示出来，统摄了起来，让人们无须经过什么“内省”就会“按规矩办事”。德性主义尤其是中国的儒学德性主义，自先秦开始就把社会道德规则与个人利益对立起来，将道德与利益的关系诠释为“义”与“利”的关系，实际上是把规则置于相关的利益关系之中，在规则与利益之间宣扬规则的价值，而作为道德基础和诠释对象的各种利益关系却被深深地隐藏了起来。“义利之辩”在中国争论了几千年，直到20世纪末才有了大体一致的看法，认为义利关系应当是义利兼顾、兼长。

根据以上分析，笔者以为，社会道德规则的价值在于体现和维护不同利益之间的关系的道德要求，义利关系的本真态应是社会道德规则与不同利益之间的关系，而不是社会道德规则与特定利益的关系。试设道德为A，一种利益B1，另一种利益为B2，那么，义与利的关系就应是A与B1同B2之间的关系，即：

A(道德规则)
↑↓　　　　，而不应是：A ⟷ B1或A ⟷ B2。
B1(利益) ⟷ B2(利益)

儒学德性主义所构筑的"义利关系"恰恰就是"A ⟷ B1"或"A ⟷ B2"的关系，在这种关系中道德规则存在的逻辑根据就只能是特定利益（B1或B2）的对立物，这在今天自然会引起人们对道德的冷淡甚至嘲弄。一个人需要道德，尊重道德，那是因为当他与别人（包括社会集体）发生利害关系的时候，需要道德来评判，道德价值实现的全部意义正在于此，也仅在于此。似是而非的"义利之辩"，实际上是为德性主义服务的，目的在于贬低和遏制人作为现实存在物的"利己心"。

在人类道德价值的传播和实现过程中，如何看待人的"利己心"，合理阐释"义"与"利"的关系，将社会道德规则转化为人的德性，在人的德性养成中真正实现"良心"与规则、个性与社会性的统一，是一个永恒性的社会课题，在解决这个问题上，经验主义方法的合理性具有普遍的意义。

二、道德价值实现过程中的悖论问题

在道德价值实现过程中，主体是依据经验主义还是依据德性主义来选择自己的行为方式和方向，结果不一样。依据经验主义，就会想到扼制自己的"利己心"的"恶性张力"，按照社会道德规则办事，用假设的社会"均衡点"（"契约"）来调整自己的利益关系境遇，逐渐形成"规则性"的德性，实现个体的道德社会化。而依据德性主义，就只会"为仁由己"，将社会道德规则搁置在一边，也不顾及自己行为结果的实际价值；如果行为出现不良后果，就只会遵循"行有不得，反求诸己"的认识路线，检讨自己德性的缺失。这使得德性主义在引领人们进行道德选择、实现道德价值的过程中会陷入一种“奇异循环”的道德悖论之中。

不妨设置两人分一大一小两只苹果的案例来对此加以分析和说明。在经验理性看来，谁先拿、谁后拿，谁拿大的、谁拿小的，这类问题并不重要，重要的是谁该先拿、谁该拿大的，因此注重的是事先必须要有关于“分苹果”的规则——没有道德规则怎么“分苹果”呢！而在德性论看来，谁先拿、谁后拿，先拿者应拿小的、大的留给对方，这类问题最重要，如果谁先拿并且拿了小的，就是道德的，否则就是不道德的，这是它的规则。在这里，德性论用假设的方式制造了这样一系列矛盾：“先拿”“拿小”者，意味着把“不道德”的问题留给了“后拿”“拿大”者。假如“后拿”“拿大”者也是一个讲道德的人，那么就会出现三种结果：一是两人终因相互谦让而最终“拿”不成；二是“先拿”“拿小”者把“不道德”的恶名强加给了“后拿”“拿大”者——“先拿”“拿小”的道德价值实现是以牺牲“后拿”“拿大”的人的道德人格为前提、为代价的；三是让第三者得利，这叫“两人相让，旁人得利”，使“两人分苹果”失去实际意义。假如“后拿”“拿大”者是一个不讲道德的人，那么“先拿”“拿小”者的行为价值就意味着姑息和纵容甚至培育了“后拿”“拿大”者的不道德意识——讲道德的良果同时造出不讲道德的恶果。这就是道德悖论及其“循环”状态。所谓道德悖论，简言之就是同一道德价值实现的行为选择出现双重结果：既是道德的又是不道德的，或者说既出现道德价值又出现反道德价值，而道德价值只属于“个人”，不道德或反道德价值则留给了他人和社会。

这样，在实际的利益关系调整中，道德悖论就不可避免地总是要塑造三种不同类型的人。第一种是真心实意讲道德的人，这样的人往往吃亏，他们的吃亏只能从社会公平所能给予的补偿中得到回报，如果社会缺乏伦理公平的调节机制，这样的人则要么“乐于吃亏”，要么最终蜕变成第二种人。第二种人是不讲道德的，他们是一些专门利己的人，或者是懒汉、平庸者，经验使他们懂得不讲道德可以占得他人和社会集体的便宜，享用他人讲道德的成果。所以在利益关系需要调整时他们会胸有成竹、耐心地等待别人讲道德，无须为着自家的利益去“争先恐后”，落个“不讲道德”的坏名声。第三种人是伪善者，他们深知发表“先”与“后”的态度的重要性，自己“先”表示“拿小的”甚至“不拿”，待到别人坚持同样的态度的时候才羞羞答答“拿大的”，结果是“德性”与“得利”双赢；假如在别人没有采取同样态度的情况下自己真的“拿”了“小的”，他们也不会后悔，因为他们相信在德性主义营造的环境中自己持这种态度将来终归会有回报的，不仅能够“拿大的”，甚至会能“拿更大的”，这叫“吃小亏占大便宜”，这样的人一般都具有伪善的品性。

就是说，道德悖论在给社会和人带来道德进步的同时，又使这种进步“附带”深刻的道德危机和风险。事实证明，一个社会如果普遍存在道德悖论的现象，道德教育和道德建设就会“事倍功半”，甚至劳而无功。中国儒学德性主义道德论，一方面为中国人追求和谐和理想的社会生活提供着不竭的内在动力，促使中国成为举世闻名的“礼仪之邦”，另一方面又一直制造各种各样的“不道德”和“伪道德”，导致中国人在道德价值的追求中至今依然处在“奇异循环”的悖论之中。

一味追问道德本体的存在并构建子虚乌有的假设本体，使得儒学德性主义从逻辑基础到整个思想体系都具有假设的性质，导致在其价值导向上的道德价值实现必然存在普遍的道德悖论问题。历史上中外德性主义的思想体系有一个共同特点，这就是热衷于在人之外追问道德本体、脱离人的实际需要从独立于人和社会之外的“绝对精神”或“绝对人性善”那里寻找道德的本原，以此来保持与“君权神授”的政治哲学相一致，加强自己思想理论体系的权威性。所谓“天理”实则是“地理”，讲“天理”的目的只是为了讲“地理”，维护“地理”的无上权威。所以，在朱熹那里，“天理”在许多情况下干脆被直接解释为封建社会的政治伦理纲常。而儒学大师阵营内又从来没有出现过笛卡儿、休谟、康德式的人物，后人对前人的定论都未曾有过真正的怀疑和质疑，这就难免会形成注重注释先师的论断而倦于逻辑证明、依附和引证权威而不能勇于创新的不良传统，以至于时至今日有些哲学家谈论其“天命”“天道”“天理”来还津津乐道，有的甚至还要从“畏天命”“天人合一”中发掘出“生态伦理观”。

其实，道德价值的可能形式及其实现的过程和事实，是无须用本体论的方法加以证明的。无疑，伦理学的建构需要借助哲学的方法，但其本身毕竟不是哲学，没有必要追问“道德本体”的问题，建构一个哲学那样的完整体系。生活的经验让人们普遍感受到，以利益关系为基础和说明对象的道德问题就发生在自己身边，与自己息息相关，要不要做“道德人”无须从“天道”或“神性”那里寻得源头根据，也无须反思自己生下来是否具有一颗“善心”。拘泥于本体问题，不仅会导致道德理论神秘化和经院化，导致本为尘世之在和庶民之需的道德要求远离“社会惯例”，而且也易于养成人们高谈阔论道德、借用道德装潢门面和教导他人却不注重把道德看成一种切身的实际需要、用道德修身的不良习气。而这种不良习气是中国伦理思维和道德生活领域内的灰色区域。

在认识论上，儒学德性主义的假设和悖论根源于把一部分人的优良德性普遍化。由于人生的境遇和经历不同，接受教育的途径、方式和程度不同，每个时代都会涌现一批德性高尚、超凡脱俗的“先知先觉”的先进分子，德性主义基本上正是这样一些人的思维和昭示的产物。他们根据自己对道德价值的超越性理解，孜孜不倦于形上层面的挖掘、整理、提炼、阐发，提出自己的伦理学说和道德主张，这使得德性主义所张扬的道德理性往往带有“一家之言”的特征，并不能真实反映特定时代的民众的德性水准和社会生活的实际需要与经验。这就决定了它在传播和世俗化的价值实现的过程中，必然会处于“曲高和寡”的境地，在诉求和借助专制力量的同时希冀和笃信“榜样的力量是无穷的”，片面强调榜样和典范的价值意义，要求民众按照“见贤思齐，见不贤而内自省”的接受方式修身，做“道德人”，于是渐渐地形成依靠一批社会先进分子引领绝大多数人的道德发展和进步模式。在这种演进模式中，道德不是历史的，不是普世的，其结果可能虽然会“引领”出一些学会讲道德的“道德人”，但更可能会“引领”出一批批学会专门享用先进人物讲道德的果实的“自私鬼”，道德价值实现的路径始终是一个“奇异循环”的“迷宫”。

三、道德价值实现与道德智慧

中国人习惯将智慧理解为一种“认识、辨析、判断处理和发明创造的能力”。学界的看法则见仁见智，有的将其归于合乎客观实际的正确认识，认为“智慧即对于真理的认识”[①]，有的认为智慧属于某种“洞察”或“洞见”（insight），它不是一般的认识和能力，而是一种“真知灼见”和“超凡能力”。在笔者看来，不论在何种意义上界定智慧，道德智慧必须是“民众”的，“普世的”，在社会它是一种促使道德价值实现的机制及由此营造的舆论氛围，在主体它是一种正确认识、理解和把握利益关系境遇因而有助于道德价值实现的能力。

一般来说，凡在历史上发生过长久影响的道德理性及其假设体系都是当时代的文化人“洞察”伦理秩序和道德生活现实的“睿智”，都是适应于当时代道德进步的道德智慧，或都反映当时代的人们思索道德问题的智慧因子。但是，随着社会经济政治结构的变迁，伦理秩序和道德生活现实由“应有”演变为“实有”并进而出现呼唤新的“应有”的态势之后，原有的道德智慧因素就会开始减退以至失落，有的“洞见”甚至会蜕变为纯粹的“教条”，走向自己的反面。中国儒学德性主义从形成到强盛再到衰落的历史轨迹，也证明了这个历史辩证法。

因此，一个时代在考量和提出反映它的时代精神的道德智慧时所采用的第一方法论原则应当是促使道德价值实现的机制和过程与经济、政治和法治的价值实现的机制和过程相适应、相协调。在发展市场经济的条件下，这样的机制和过程首先就应当是公平。在经济、政治和法治领域，公平的要义和实质都是关于权利与义务的特定的合理性平衡关系，在道德活动及其价值实现领域对公平也应当作如是观。公平和正义作为一个特定的

① 张岱年主编：《中华的智慧——中国古代哲学思想精粹》，上海：上海人民出版社1989年版，序言第1页。

道德范畴，在西方可以追溯到古希腊的柏拉图时代提出的“四主德”（或“四元德”），它是西方社会处理利益关系矛盾和实现道德价值的一种传统智慧。在中国，公平作为伦理道德问题提出是20世纪80年代中期发生的事情，它的基本标志就是关于道德权利这一新概念的公开提出。从那以后，关注伦理公平问题的文论时而可见诸报刊，但一直没有形成如同研究经济、政治和司法领域里公平问题那样的气候。目前，我国各种伦理学教科书和道德读本极少有阐述伦理公平的内容，公平还没有在伦理学的学科领域内“立户”，社会的道德建设和人们的道德生活远没有形成讲究公平的伦理氛围，没有形成伦理公平的运作机制，这是不正常的。

其实，公平作为一种伦理问题被学界一些人断断续续、反反复复顽强地提出来，是当代中国社会发展要求改造传统德性主义、建立与社会主义市场经济相适应的道德体系的产物，体现了当代中国人在伦理思维和道德建设问题上与时俱进的实践品格和智慧。传统德性主义的核心和灵魂是关于义务论的价值论，它以“大一统”的宗法政治伦理意识和“推己及人”的人伦伦理观念，适应了封建专制统治，维护了中华民族几千年的稳定，培育了中华儿女的礼仪精神，同时又导致漠视人们权利的意识根深蒂固，致使人们习惯于在权利与义务失衡的情况下讲道德及其价值实现问题，以至于认为道德价值的实现就是个人的牺牲与奉献，使得我们这个民族的伦理思维和道德价值实现方式缺少公平意识和机制。如果说这种景况还能与计划经济年代的道德发展模式发生认同的话，那么，到了发展市场经济时期它就缺少与时代对话的资格了。以拾金不昧为例，过去一个人在履行了这样的道德义务之后是不会提出回报（权利）的要求的，社会也不会有这样的舆论支持或相应的机制，彼此都会觉得这是理所当然的。但是，今天如果还是这样看待拾金不昧，那么是否还会有助于继承和发扬这项传统美德呢？这肯定是一个问题，原因就在于义务与权利出现的失衡同当今整个社会发展的公平机制不相适应了。

第二方法论原则就是德性与智慧相统一。从主体的行为选择方式看，道德价值的实现并非完全取决于人的“纯粹德性”，而是取决于人的“德性”与“慧性”的统一。这种统一，集中表现在主体在追求道德价值实现的过程中对其面临的客观环境和条件能够作出正确的判断，适时地将价值判断与事实判断统一起来。对行为选择的“意义是什么”的价值判断，与对行为对象本身“是什么”的事实判断不同，在特定的选择境遇中前者是主观的，后者是客观的，主观只有合乎客观，只有使“意义是什么”与“是什么”一致起来，“意义是什么”才是有意义的。以乐于助人、同情弱者为例：在德性主义义务论的指导下，一个乐于助人、同情弱者的人总是习惯于从自己的“善心”“为仁由己”的价值判断出发去帮助他人，而不问对方是否真的需要帮助和同情，是否应该得到帮助和同情。这样，结果就难免会出现“帮助（同情）不该被帮助（同情）的人”，使自己的行为结果出现道德悖论。人与人之间是需要帮助的，弱者是需要同情的，任何一个社会都应当提倡和实行乐于助人和同情弱者的道德价值标准，但只有确实帮助和同情了需要帮助和同情的人，才具有真实的道德价值意义。要如此，就应当在“帮助（同情）”与“被帮助（同情）”之间建立起统一性关系，把“为仁由己”的道德价值判断与“为仁辨他”的逻辑判断结合起来。这种结合就是把“德性”与“慧性”统一起来，就是一种道德智慧。当然，这并不是等于说，在任何情况下都必须能够做到把两者判断统一起来，因为在有些特殊情况下人们在选择自己的道德价值实现方式的时候，很难适时作出正确的逻辑判断。但尽管如此，作为社会主流的价值导向还是应当提倡把价值判断与逻辑判断统一起来，不能主次不分，本末倒置，能够这样看问题本身也是一种道德智慧。

总之，道德价值实现，一方面需要在全社会提倡将道德权利与道德义务统一起来的伦理公平观念并逐步建立这样的运作机制，另一方面要通过教育和培养促使人们普遍提高道德价值判断和选择的能力，在具体的判断和选择中努力把价值判断与逻辑判断统一起来，尽量避免或减少行为的悖论后果。

第四章　中国古代伦理思想的形成与发展

中国传统伦理思想是一个复杂的概念，学界至今尚没有形成比较一致的看法。不过，既然称为传统伦理思想，那就应当是相对于现代伦理思想而言的，也就是说是相对于“五四”运动以后的伦理思想而言的。因为，“五四”运动以后，中国伦理思想的发展进入一个新的历史时期。在人类伦理文明史上，中国传统伦理思想是一颗璀璨的明珠，它发端于原始社会，形成于奴隶制及奴隶制向封建制过渡时期，经历几千年封建社会时期的发展而形成一种优秀的历史文化。

第一节　中国古代伦理思想的形成

中国传统伦理思想形成于西周。公元前11世纪，周武王灭商，建立了新的奴隶制国家，即西周（公元前11世纪至公元前771年）。西周初年，周公姬旦吸取了商代灭亡的历史教训，提出了“以德配天”“敬德保民”“明德慎罚”的伦理思想，它们既是中国传统伦理思想形成的标志，又是中国传统伦理思想发展的逻辑基础。其中的“德”主要是政治伦理意义上的，含有“孝”“德”“礼”三个方面的思想内容。

一、“天命靡常”与“德”的产生

在商代的卜辞中，“德”写作“值”，与“直”相通。当时同样不具《说文解字》所说的“外得于人，内得于己”的道德含义。到了西周，“德，得也”，具有了道德的含义。它既是统摄“孝”与“礼”的总的道德要求，也是一个具体的德目。

“德”的产生的认识论基础是“天命靡常”的天命观。整个专制统治时期，统治者都以“君权神授”的政治哲学观来解释和宣扬自己政权的合法性和合理性，以提高专制统治对于被统治者的权威性和威慑力。“神”为何物？专制统治者的袭用说法是他们的祖先谢世后都到“天神”身边去了，祖先神与“神”都是神，“君权神授”也就是君权祖宗授。按照这种解释模式，周灭商以后就会碰到一个不可回避的政治哲学意义上的重大难题：商人的先祖怎么会把政权转交给周人呢？周人的解释是“天命靡常”，即“君权神授”的天命是没有常规的，商人把自己的祖宗与“天神”相提并论是错误的，“君权神授”只是“君权天神授”；“天神”并非偏爱偏袒商人，即所谓“皇天无亲，惟德是辅”（天神与谁都没有亲缘关系，他是无私的，并不偏爱谁），其授权是有标准的，这个标准就是看谁有“德”，有“德”者方可获得政权，即“德者，得也”。[①]不难理解，这种解释是把“得”与人所具备的某种“性”联系在一起了，所谓“德”就是可以“得天下”的“性”，德的道德含义由此而生。

作为一个具体的德目，“德”的内涵的形成，与西周初期统治者认真总结商代灭亡的教训直接相关。据历史记载，周公曾对成王说过这样的话：“自汤至于帝乙，无不率祀明德，帝无不配天者。在今后嗣王纣，诞淫厥佚，不顾天及民之从也。”[②]意思是说：从商汤到帝乙，商代没有一个帝王不遵奉美德，也没有一个因失去天道而不能与天相配。但到了商的最

① 《礼记·乐记》。

② 《史记·鲁周公世家》。

后一个帝王纣，却荒淫骄佚，从不顾念顺从天命与民心。这种经验总结，反映了西周初期统治者的政治智慧。从中可以看出，周公所讲的“德”是“配天”之“德”，亦即遵从天命和顺乎民心之“德”。正是在这种意义上，形成了“以德配天”“敬德保民”“明德慎罚”的伦理思想和道德主张。

自西周初期开始，统治者就十分重视彰显“德”的意义，我们甚至可以从周代赋予周王的名号看到这一点。如周文王的“文”，就具有“秉文之德，对越在天”[①]的意思，后来的周昭王的“昭”、周穆王的“穆”、周恭王的“恭”、周懿王的“懿”、周孝王的“孝”等，都明显地具有道德的意思。

后来，“德”与道发生了联姻，出现了道德的范畴，“德”的意思也相应发生了变化，不仅指得道（配）于天命，也指得道于社会，变得宽泛和丰富起来。但是，应当始终注意的是，在中国传统伦理思想的范畴体系里，“德”始终具有得道于天的意蕴，只不过后来的“天”既指天，也指天子、社会，变得宽泛、丰富起来罢了。

二、“孝”的产生和盛行

中华民族在原始社会时期，具有和世界上其他民族处在这个发展阶段的共同特征，即所谓“无衣服履带宫室畜积之便，无器械舟车城郭险阻之备”[②]，“上古穴居而野处”[③]。道德在这个时期，一方面与宗教禁忌浑然一体，多以风俗习惯的形式而存在，另一方面实行原始共产主义，不分个人与群体，不分个人与他人，共同劳动、共同分享劳动果实。不难想见，那时是不可能有“孝”和关于“孝”的伦理思想和观念的。

“孝”字最早见于商代卜辞，仅一处，用于地名，没有道德意思。孝作为道德标准和伦理观念是在西周出现的。金文的“孝”仍然是一个象形

① 《诗经·周颂·清庙》。

② 《吕氏春秋·恃君览》。

③ 《易·系辞》。

字（孝），但已表达出搀扶老人的意思：一个"小孩"（子）在老人的手下，搀扶着老人走路的形状。至简书和秦篆时期，这种象形寓意则更为凸显了。[①]周以后，"孝"的伦理道德意蕴逐渐形成，在中国第一部诗歌总集《诗经》中，甚至已经出现了"善父母为孝，善兄弟为友"的道德教条。"孝"形成之后，既是"德"的一个具体要求，也是"以德配天""敬德保民""明德慎罚"的一个具体方面。

孝的伦理观念及道德标准的形成取决于三个社会历史条件：一是基于血缘关系而产生的"亲亲"关系，二是家族宗法统治的出现，三是家庭经济形式的出现。原始初人告别群婚制以后"亲亲"关系随之出现，但在对偶婚姻阶段"亲亲"关系尚不能产生孝。孝，是在一夫一妻制的婚姻和家庭出现以后才形成的。孝的形成，得益于"亲亲"关系和家庭经济关系的双重作用。家族宗法统治既给孝的形成以重要的社会历史条件，又得益于孝的支持和维系。

在家庭生活中，孝的伦理观念和道德标准所反映的是子女对父母特有的道德良知和情感，其形成的直接原因可以从三个方面来分析。首先，父母对子女具有生身之恩，即所谓"身体发肤，受之父母"，这在子女的心中自幼就会自然而然形成"没有父母就没有我"的孝伦理观念。其次，父母对子女有养身之恩。一个人出世之后，其衣食住行之需由父母供给，是在父母的抚养和呵护下长大成人的。在这一点上，即使不是亲生父母一般也能做到，所以养子女对养父母一般也会自然而然产生孝心。最后，父母对子女有教育之恩。家庭是孩子长大成人的摇篮，父母是孩子的第一任老师，任何人的成长都离不开父母的教育，每个人都是在父母的教育下开始学做人、学做事的。在道德品质的养成方面，父母教给孩子"做人"的基本道理，实行道德的启蒙，为孩子后来自立成人或者系统接受学校实施的道德教育，乃至最终走向社会、实现道德社会化，成为"社会人"和"道德人"奠定了基础。同时，父母作为第一任老师还传授给孩子基本的生活

① 参见高明：《古文字类编》，台北：台湾大通书局1986年版，第52页；陈政：《字源谈趣》，北京：新世界出版社2006年版，第161页。

知识和经验，在农村还承担着传授基本的生产知识和技能的责任，从而使子女学会和掌握基本的生存本领。父母对于子女的这些“恩”，正是孝的观念形成的肥沃土壤。

孝在西周的运用已经相当普遍。西周之孝有“小宗”之孝与“大宗”之孝的区分，前者指孝于现世的父母，后者指孝于祖先，都是对宗法政治伦理关系的肯定。西周统治者认为，唯有具备孝德的人才能“有政”，不具备孝德的人便是“元恶大憝”（奸恶），不仅不可以“有政”，而且要给予惩罚。在整个专制统治时期，孝的伦理观念和道德标准主要属于政治伦理和政治道德范畴，在几千年的专制统治社会里一直充当着维护国家安宁和社会稳定的基石，形成“以孝治家”和“以孝治天下”的伦理传统。

今天，“以孝治天下”的社会历史条件和要求已经不复存在，但作为家庭伦理范畴和道德价值标准，孝依然是不可忽视的。只要家庭存在一天，孝就一天不可或缺。

第二节　孔子对中国古代伦理思想发展的杰出贡献

孔子是中国传统伦理思想的奠基人。在中国历史上，孔子不仅是伟大的教育思想家和教育家，更是伟大的思想革新家，他最杰出的贡献在于顺应春秋战国时期社会激剧变革的客观要求，适时地创建了“仁学”伦理思想体系，以其全新的“仁学”伦理思想对传统奴隶制时代的“周礼”进行了根本性的改造，从而为即将登上政治舞台的新兴地主阶级提供了最适合的统治思想工具。

一、孔子是伟大的思想革新家

孔子说：“周监于二代，郁郁乎文哉，吾从周。”[①]意思是说，周的礼

① 《论语·八佾》。

仪制度是在借鉴夏、商两代的礼仪的基础上发展起来的，丰富多彩，他是主张周朝礼仪的。中国学界一直有人据此认为，孔子是主张恢复奴隶制度的“复古派”，这也曾是“文革”中“批孔”期间列举孔子历史“罪状”的一大证明。其实这是一种误解。身处战乱迭起、“礼崩乐坏”的政治动荡中，孔子所希望和主张的是统治者要“为政以德”，用礼恢复像周代那样的社会秩序，并不是希望和主张用周礼整治当时代的社会秩序，回归周朝。

孔子出生在“周礼尽在鲁”[①]的鲁国，活跃在春秋末期，自幼因好学“知礼”而闻名于世。据《史记·孔子世家》记载，鲁世卿孟僖子称孔子为礼学的“达者”，并留下遗言令其二子师事孔子“而学礼焉”。但孔子时代，周礼已开始“分崩离析”，面临严重挑战。为适应当时代的社会发展，客观上需要批评和重建。身处这种社会大动荡时代的“知礼”“达者”孔子，一方面把“吾从周”作为自己的历史使命和人生追求，另一方面又以积极创建“仁学”伦理文化的实际行动，对传统周礼实行与时俱进的改造，促使其得到丰富和发展。从《论语》的许多言论看，孔子“吾从周”首先是要“从”周人对于夏商之礼的“损益”精神。在孔子看来，礼可以被代代相承相接，“周监于二代”而创建周礼，周以后的“百世”为什么不可以“监于”周礼而创建自己的礼仪制度呢。这是孔子对周礼的社会历史价值所持的基本认识，也是他“吾从周”的基本方法和基本态度。其实，生活在特定时代大凡有所作为的思想家（包括政治家），不论其是否自觉，是否承认，他（们）对于历史的继承总是包含着自己的价值理解和创新，创新的成果总是反映着当时代的某种或某些方面的客观要求，这本是一种历史与逻辑相统一的普遍现象。我们今天强调坚持马克思主义却又同时在发展、丰富以至改造马克思主义，这是我们“从”马克思主义的基本方法和基本态度，当然也是我们“从”一切传统思想的基本方法和基本态度。今人不应望词生义，因为孔子笃志于“吾从周”就以为他是一个“克己复礼”的“复古派”，看不到他创建“仁学”伦理文化、以自己特有

① 《左传·昭公二年》。

的智慧改造、丰富和发展周礼的人生旨趣和历史功绩。

对于传统礼制，孔子存有清醒的历史变革意识，他说："殷因于夏礼，所损益，可知也；周因于殷礼，所损益，可知也；其或继周者，虽百世亦可知。"[①]这里的礼，就是传统的周代礼制，是奴隶制时代的典章制度。它萌芽于原始社会末期的祭祀。祭祀，在当时仅为宗教、迷信性的活动，旨在建立人与神鬼之间的联系。在原始社会末期巫术流行的时候，民神杂糅，人人祭神，家家有巫史，但是"司天""司地"的祭祀活动却由专人控制和独占，与以前已经有了很大的不同。少数人对祭祀的控制和独占，便是礼的萌芽。那时的礼只是祭礼，与后来奴隶制时代普遍实行的礼是存在明显区别的。礼在商殷时期，虽然主要仍为建立人与神鬼之间关系的祭祀活动，但已开始有制，当时的"制"是有甲骨文字记载的。经过夏商既"损"又"益"最终演变为人事。关于这一点，《礼记·表记》有着明确的记载："周人尊礼尚施，事鬼敬神而远之，近人而忠焉。"至此，礼实际上已由"远"鬼神而"近"人事，由单纯或主要建立人与神鬼之间关系的祭祀活动发展成为人"治人""治世"的国家与社会的管理活动，成为奴隶社会国家统治与社会管理的典章制度。当时与礼有关的还有仪。仪，是因礼而出的，是礼的具体化和程式化。据史料记载，周公姬旦总结了夏商特别是商灭亡的教训之后，制定了一系列的礼乐制度，号称"礼仪三百，威仪三千"，这就是最初的较为系统的礼制。虽然传统礼制在奴隶制时代曾经发挥过极为重要的作用，但它并不是一成不变的，而是顺应历史潮流不断得到改造，所以，孔子才说出那样的话。

二、孔子最杰出的历史贡献：以"仁"改造"礼"

孔子改造传统周礼的基本方法就是促使仁与礼合流和"仁政"与"礼政"的贯通，使原为奴隶社会典章制度的礼发生历史性的演变，变得丰富起来：不仅具有政治和法律的内涵，而且具有伦理道德的内涵。在文化学

① 《论语·为政》。

的意义上，这种合流和贯通后来成为封建社会与奴隶社会的分水岭。

孔子强调，想做“仁人”就要以坚定的态度对待仁。颜渊问怎样才能成为一个“仁人”，他说：“克己复礼为仁。一日克己复礼，天下归仁焉。”[①]意思是说，能够控制自己的言行并使之合乎礼，这就是仁。一旦这样做了，天下的人都会赞许你是仁人。何谓仁？“樊迟问仁。子曰：‘爱人’。”樊迟问什么叫仁，孔子说：“爱别人。”他坚持倡导仁学伦理的目的，就是要把“爱别人”的伦理精神在统治者当中推广开来，用以改造由周而来的传统礼制。《论语》阐释“仁”有一个十分独特的现象，这就是：将“仁”与“礼”放在一起讲。《论语》中说到“仁”有109处，说到“礼”有74处，首次明确将“仁”与“礼”联系起来的是《八佾》篇：“人而不仁，如礼何？”做人却不讲“仁”，怎样来对待礼仪制度呢？这样联系起来的目的是非常明确的：以“仁”来改造“礼”，赋予“礼”以“爱人”的道德内涵。所谓“仁政”与“仁人”的标准正是在这样的指导思想下提出来的。孔子毕生致力于他的仁学思想研究、阐发和传播，所追求的正是希望封建统治者成为“仁人”，封建专制的“人治”成为“仁人之治”“有德之治”。

用仁改造礼，使“仁政”与“礼政”贯通起来，丰富了传统礼制的历史内涵。这种改造显然是带有根本性的革命性的改造，其意义在于为新兴地主阶级提供了最合适的统治思想工具。应当说，这是孔子最大的历史功绩。这表明，孔子以后的礼，已不同于其以前的礼，具有政治、法律、道德三个方面的含义。政治上，礼是维系封建专制统治的主导价值观念、执政规则和控制中枢。《左传》有这样的诠释：“礼，经国家，定社稷，序民人，利后嗣者也”“礼所以守其国，行其政令，无失其民者也”，这些都是对礼的政治内涵所作的精要说明。在法律上，礼主要是成文法即刑法的法条，同时也有今日诉讼法的规定。在道德上，礼的含义首先表现在它本身具有“道德性”。在中国古人看来，“礼”本身就是判别是非善恶的根本标准和最概括、最崇高的道德价值形式，“守礼”应被歌功颂德，“悖礼”即

① 《论语·颜渊》。

被视为大逆不道。在具体内容上，各种各样的礼都有许多是关于道德的诠释和规定。孔子所阐述的“礼”的道德含义极为丰富。主要有孝顺、慈爱、中和、祭祀、勤俭、节制、礼貌、谦逊等意思。如樊迟问何谓“孝道”，孔子在礼上作答曰：“生，事之以礼；死，葬之以礼，祭之以礼。”[①]鲁人林放问“礼之本”，即“礼”的根本何在，孔子曰：“大哉问！礼，与其奢也，宁俭；丧，与其易也，宁戚。”[②]孔子到周公庙，每事必请教，有人讥讽他不懂礼，他对曰：“是礼也（这正是礼呀）。”[③]关于礼的道德含义，孔子的这些思想在此后的历史发展中渐渐地凸现了起来。

三、孔子以后的“礼”具有道德、法律和政治三个方面的含义

《礼记》有一段文字较为全面地阐明了“礼”所包容的政治、法律和道德三个方面的含义：“道德仁义，非礼不成；教训正俗，非礼不备；分争辩讼，非礼不决；君臣、上下、父子、兄弟，非礼不定；宦学事师，非礼不亲；班朝治君、莅官行法，非礼威严不行；祷祠祭祀、供给鬼神，非礼不成不庄。是以君子恭敬、撙界、退让以明礼。”这应当是最有权威的解说。

由上可以看出，在中国历史上，礼既是道德范畴，也是政治和法律范畴；“礼制”是“政制”“德制”“法制（刑制）”相融的规范体系；“礼治”是“政治”“德治”“刑治”的统一。历史上中国是一个“依礼治国”，即“政治”“德治”“法治”（“刑治”）并举的国家。这种传统的形成，与孔子作出的突出贡献是密切相关的。

所以，那种认为历史上的中国是一个以德治国的国家的看法是不正确的。道德是以广泛渗透的方式生成和发展的，作为特殊的社会意识形态、特殊的社会价值形态和特殊的生活方式，只具有相对的独立性。因此，道

① 《论语·为政》。
② 《论语·八佾》。
③ 《论语·八佾》。

德在任何时代都不可能成为治国的主旋律，形成一种以德治国的传统。实际上，在中国封建社会，道德是凭借其广泛渗透的存在方式借助封建专制政治和刑法的力量发挥作用的。

孔子创建“仁学”伦理文化并以此改造传统周礼、引导传统周礼发生一次重大的历史性变革，使得“仁学”的伦理思想被包容在“礼学”之中，与政治学、法学思想融为一体。儒家伦理思想内涵之所以极为丰富，堪称博大精深，却一直没有发展为一门独立的伦理学学科，或没有按照相对独立的伦理学范畴建立的学科体系，更没有以“伦理学”命名的专门著作问世，原因与此有关。这一点与西方伦理思想史上的情况有所不同。在西方，早在古希腊时期，就有亚里士多德的《尼各马可伦理学》的专门著作。孔子以后，孟子、荀子发展了孔子创建的“仁学”，并在此基础上较为系统地提出了“仁政”的政治伦理思想和主张，为儒学后来被推上意识形态的“独尊”地位作了理论上的准备。以孔孟为代表的儒家伦理思想在此后的历史发展过程中，虽然经过后世学者特别是宋明理学的代表人物的注释性的改造，得到一些丰富和发展，但其“仁学”的基本精神从未发生过变化。

第三节　明清之际至清代中叶的伦理思想

明清之际至清代中叶近三百年间，可以被看作是中国伦理思想史上一个最富于创造力和鼓舞人心的时期，是继先秦之后的又一个学术繁荣时期。生长着的新的经济因素使得宋明理学“道德绝对主义”的根基发生动摇，弊端日益显现，促使一批思想家不再在朱王学说的世界中踽踽独行，他们对“天理”的至上价值进行反思和批判，对“利欲”的合理性进行肯定和提升，表现出一种与时俱进的历史理性。尽管在清王朝定鼎中原后为巩固专制主义而使以“天理”为标志的道德礼教一度重新抬头，但是这并没有真正阻挡伦理道德观开始发生历史演变的进程。

一、提出“人必有私”的自然人性观

如何看待人的“私心”和“私欲”，是一个涉及伦理学的逻辑基础和起点的问题。

儒学特别是宋明理学的基本价值倾向是反对人的“私心”和“私欲”，圣人和君子都被其视为“忘我”的人。然而经验表明，人生在世不可能没有“私心”和“私欲”，即使是圣人和君子也莫能外。但在朱熹看来，圣人虽也有“人欲”“私心”的混杂，但他们可以“革尽人欲、私心”，从而达到“道心为主，人心听命”的崇高境界，以此否认“私心”和“私欲”存在的合理性。晚明时期，公开反对这种传统观念，鼓吹“人必有私”的代表人物是李贽。

李贽在《德业儒臣后论》中说：“夫私者人之心也，人必有私而后其心乃见，若无私则无心矣。如服田者，私有秋之获而后治田必力；居家者，私积仓之获而后治家必力；为学者，私进取之获而后举业之治也必力。故官人而不私以禄，则虽召之，必不来矣；苟无高爵，则虽劝之，必不至矣。虽有孔子之圣，苟无司寇之任，相事之摄，必不能一日安其身于鲁也决矣。此自然之理，必至之符，非可以架空而臆说也。然则为无私之说者，皆画饼之谈，观场之见。但令隔壁好听，不管脚根虚实，无益于事。祇乱聪耳，不足采也。”[①]李贽把“私”看作人的自然属性，把人们所有的自为的行为与动机都纳入“私”的范畴，使“私”具有了普世的合理性。李贽认为圣人与众人都拥有同样的自然生物躯体，都必须利用物质财富来维护这一躯体的生长、成熟，因此就不可能跳脱出物质利益的束缚，“大圣人亦人耳，既不能高飞远举，弃人间世，则自不能不衣不食，绝粒衣草而自逃荒野也”，“虽大圣人不能无势利之心。则知势利之心，亦吾人禀赋之自然矣”。[②]同时代的冯梦龙就对李贽的观点十分赞同，认为：“人

① 《李贽文集》第3卷，北京：社会科学文献出版社2000年版，第626页。

② 《李贽文集》第7卷，北京：社会科学文献出版社2000年版，第358页。

生于财，死于财，荣辱于财。无钱对菊，彭泽令亦当败兴；倘孔氏绝粮而死，还称大圣人否？无怪乎世俗之营营矣。”[①]不同于宋明理学把道德理性神圣化，李贽认为道德理性是圣凡共有的自然特征，他假借圣人之口说：“故圣人之意若曰：尔勿以尊德性之人为异人也。彼其所为，亦不过众人之所能为而已。人但率性而为，勿以过高视圣人之为可也。尧舜与途人一，圣人与凡人一。”[②]这样，就把圣人从理想天国拉回到了现实人间。这些思想为当时代正在生长的商品经济及商贾人性，进行了合道德性的论证和辩护。

对于李贽“人性自私”的思想，其后的几位思想家都有继承。黄宗羲在其《明夷待访录》中开篇即点明：“有生之初，人各自私也，人各自利也；天下有公利而莫或兴之，有公害而莫或除之。”[③]既然自私、自利乃人的本性，那么强行否定甚至灭绝人的自私、自利，使“天下之人，不敢自私，不敢自利”，势必会受到天下人的“怨恶”。因此他用来批判三代以后专制君主的一条重要理由就是他们“独私其一人一姓”，尽收天下人之利于“一家一姓”的“家天下”政治体制之中。他认为如果一定要否认人的自私自利之心，使那些“兴公利，除公害”的人“又不享其利”，则“必非天下之人情所欲居也”。[④]顾炎武也直言不讳地说，自私是人的本性，如他说“人之有私，固情之所不免矣”，又说“天下之人各怀其家，各私其子，其常情也。为天子为百姓之心，必不如其自为，此在三代以上已然矣”。[⑤]陈确认为私是人的自然本性，也是人的活动动力。普天之下，人人有私。人们从“自私之一念”出发，才“知爱其身”；知爱其身，所以才“能推而致之”，去齐家、治国、平天下，以至于“造乎其极者也”。假如没有私心、私意，也就不会去追求齐、治、平之道。因此他认为“有私所

① 《冯梦龙诗文》，杨君辑注，福州：海峡文艺出版社1985年版，第11页。
② 《李贽文集》第7卷，北京：社会科学文献出版社2000年版，第361页。
③ 黄宗羲：《明夷待访录·原君篇》，北京：中华书局1981年版，第1页。
④ 黄宗羲：《明夷待访录·原君篇》，北京：中华书局1981年版，第2页。
⑤ 顾炎武：《顾亭林诗文集》，北京：中华书局1983年版，第14页。

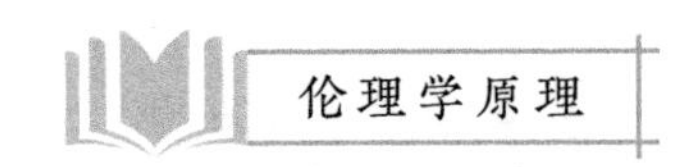

以为君子。惟君子而后能有私，彼小人者恶能有私乎哉!”[①]

二、鼓吹“夫妇人之始”的男女平等观

历史上的专制时代，男女平等问题一直属于政治伦理范畴。男尊女卑、夫为妻纲，是以男权为中心的封建专制制度和宗法统治的基本内涵。一些文学作品深刻地揭示了封建社会普遍存在的这种不平等现象。如“三言二拍”中就有“聪明男子做公卿，女子聪明不出身。若许裙钗应科举，女儿哪见逊公卿?”的诗词，李汝珍在《镜花缘》中通过“女儿国”的艺术假设，为女子参政入仕构想了一幅场景。

从哲学和伦理学的理论层面公开揭露和批评封建社会男女不平等的政治伦理观，并提出新的男女平等观的突出人物依然当首推李贽。李贽在自己《初潭集》一书内容的编排上，先是夫妇，次之是父子，最后才是论君臣，很显然，这是对“三纲”规定的伦理秩序的反叛。所谓“夫妇，人之始也。有夫妇然后有父子，有父子然后有兄弟，有兄弟然后有上下。夫妇正，然后万事万物无不出于正矣。夫妇之为物始也如此”[②]。李贽还认为道德关系也是起源于夫妇关系，他在《夫妇论》中写道：“夫厥初生人，惟是阴阳二气，男女二命耳。初无所谓一与理也，而何太极之有?……故吾究物始，而但见夫妇之为造端也。是故但言夫妇二者而已，更不言一，亦不言理”。[③]这些思想都表明，李贽极力主张夫妇平等，反对夫为妻纲的封建宗法伦理。

李贽还特别批驳了所谓“妇人见短，不堪学道”的谬论。他认为男女之间并没有智商上的差别，现实中的差别是不平等制度造成的。他说：“夫妇人不出阃域，而男子则桑弧蓬矢以射四方，见有长短，不待言也”。[④]所以“谓人有男女则可，谓见有男女岂可乎?谓见有长短则可，谓

① 陈确:《陈确集》,北京:中华书局1979年版,第257页。

②《李贽文集》第5卷,北京:社会科学文献出版社2000年版,第1页。

③《李贽文集》第5卷,北京:社会科学文献出版社2000年版,第1页。

④《李贽文集》第1卷,北京:社会科学文献出版社2000年版,第54页。

男子之见尽长，女人之见尽短，又岂可乎？设使女人其身而男子其见，乐闻正论而知俗语之不足听，乐学出世而知浮世之不足恋，则恐当世男子视之，皆当羞愧流汗，不敢出声矣”[①]。他认为，不可用性别差异作为评判人的见识之长短的批准，真正的评判标准应当是“短见者只见得百年之内，或近而子孙，又近而一身而已。远见则超于形骸之外，出乎生死之表，极于百千万亿劫不可算数譬喻之域是已；短见者衹听得街谈巷议，市井小儿之语；而远见则能深畏乎大人，不敢侮圣言，更不惑于流俗憎爱之口也”[②]。李贽还在《初潭集》中列举了25位才智过人的夫人，并大加称赞道：“此二十五位夫人，才智过人，识见绝甚，中间信有可为干城腹心之托者，其政事何如也。若赵娥以一孤弱无援女儿，报父之仇，影响不见，尤为超卓。李温陵长者叹曰：‘是真男子！是真男子！’已而又叹曰：‘男子不如也’！”[③]他还引用历史上的邑姜、文母这些杰出女性，来证明女子见识完全有超乎平庸男子之上的可能性：“邑姜以一妇人而足九人之数，不妨其与周、召、太公之流并列为十乱；文母以一圣女而正《二南》之风，不嫌其与散宜生、太颠之辈并称为四友。”[④]

三、整合“饮食男女皆义理”的新理欲观

明末清初的一些思想家站在总结明亡教训的立场上，在继续批判程朱理学的“存理灭欲”论的同时，也对李贽的理欲观进行了反思，在此基础上提出了新的理欲观。

黄宗羲在其晚年所写的《明夷待访录》中明确说：“有生之初，人各自私也；……夫以千万倍之勤劳而己又不享其利，必非天下之人情所欲居也。……好逸恶劳，亦犹夫人之情也。”这里他明确肯定了“以千万倍之勤劳”所得的“自私”“自利”，他认为百姓对社会应尽义务，而社会也必

① 《李贽文集》第1卷，北京：社会科学文献出版社2000年版，第54—55页。
② 《李贽文集》第1卷，北京：社会科学文献出版社2000年版，第54页。
③ 《李贽文集》第5卷，北京：社会科学文献出版社2000年版，第16页。
④ 《李贽文集》第1卷，北京：社会科学文献出版社2000年版，第55页。

须给予百姓以权利，维护人们的勤劳所得。与黄宗羲同师同时的思想家陈确在理欲关系上认为“欲，即是人心。生意百善，皆从此生”[①]，断定欲是人类的共性，“真无欲者，除是死人”[②]，且“圣人之心无异常人之心，常人之所欲亦即圣人之所欲也”[③]，不分凡圣，皆有欲求。同李贽一样，他也认定伦理纲常不外于百姓日常生活，“饮食男女皆义理所从出，功名富贵皆道德之攸归”[④]，离开人欲，无所谓道德。他反对理学家们所提倡的“无欲”“灭欲”，批评宋儒“存天理，灭人欲”的学说，指出：“人欲不必过于遏绝，人欲正当处，即天理也。”[⑤]

顾炎武对人的自私本性的论述更为直接也更为系统。他直言不讳地说，自私是人的本性。“世之君子，必曰有公而无私，此后代之美言，非先王之至训”[⑥]，“自天下为家，各亲其亲，各子其子，而人之有私，固情之所不能免矣”[⑦]，人情怀私不仅不是不道德的行为，而且还是完全合乎人之常情的现象。

清初三大思想家之一的王夫之更是从伦理的超越性和伦理的物质性基础的辩证关系入手，从“食色性也”本能的、自然的人欲观上升到把人欲纳入社会需求的范畴进行考虑，针锋相对地批驳了朱熹的“天教我如此”的理论观点。在当时商品经济有了一定发展，生活物资更为丰富的情况下，人绝不可能只过一种动物似的食色生活，必然会对更高层次的生活状态有所企求，“天教我如此”的被动式自然生活不会继续维持下去。王夫之说：“甘食悦色，天地之化机也，老子所谓犹橐籥动而愈出者也，所谓天地以万物为刍狗者也。非天地之以此刍狗万物，万物自效刍狗尔。”[⑧]万物对人的需求而言会随着社会发展由一时的必需而变为过时的东西，人性

① 《瞽言四·无欲作圣辨》。

② 《瞽言四·与刘伯绳书》。

③ 《瞽言四·无欲作圣辨》。

④ 《瞽言四·无欲作圣辨》。

⑤ 《瞽言一·近言集》。

⑥ 《日知录卷三》。

⑦ 《日知录卷三》。

⑧ 王夫子：《思问录》，王新青、刘心明译注，济南：山东友谊出版社2001年版，第52页。

就是在新的社会性欲求中而展开的。

王夫之努力消除宋明理学的“理欲”二元对峙的状态。他认为，第一，天理人欲互体同行。“天理人欲同行异情。异情者，异以变化之机；同行者，同于形色之实。”[①]第二，天理寓于人欲之中。天理人欲二者虽然是统一的，但在这个统一体中，二者的地位和作用并不等同。人欲是天理的基础，“理在欲中”，“故终不离人而别有天，终不离欲而别有理也”[②]。这也批判了理学家们离开人欲，空谈天理的虚无主义倾向。第三：“人欲之大公，即天理之至正；人欲之各得，即天理之大同”[③]，其意思是，使天下之人的共同欲求（“公欲”）都得到满足（“各得”），就是“大同”“至正”的天理，由此填平了天理与人欲的鸿沟。

要指明的是，王夫之虽然把人欲提高到人的本性和历史法则的高度，但他并不赞同李贽等人无节制地去满足人欲的观点，而是主张对欲加以节制。之所以“欲”要有“节”，他提出了两点缘由，一是“公欲”是合于天理的，但“私欲”泛滥则会违背天理。所谓“私意之所驰，必妄引于太过”。二是“人欲”虽是天理的基础，但“天理”之价值高于人欲。他说“礼为人生必不可轻之大闲，生与俱生，死与俱死，人以异于禽兽，君子以异于野人，其视情欲之动、甘食悦色者，犹金之于羽也。夫金之重于羽，岂待辩哉？”[④]意思是说，天理虽以人欲为本，但“礼”（天理）与“食色”（人欲）的比值如同“金”与“羽”的比值，即天理的价值明显大于人欲，所以要以理为饮食之“节”。

四、彰显“不以一人之私害天下之公”的新公私观

在传统价值观念中，“公”“私”的原始含义是“公正”与“偏袒”，要做到“公正”必然就不能谋取一己之利，所以后来二者就转化为“公

① 王夫子:《船山全书》(一),长沙:岳麓书社1988年版,第837页。
② 王夫子:《船山全书》(六),长沙:岳麓书社1988年版,第911页。
③ 王夫子:《船山全书》(六),长沙:岳麓书社1988年版,第639页。
④ 王夫子:《船山全书》(八),长沙:岳麓书社1988年版,第756页。

利”“私欲”之意。“公”是指君主专制国家统治阶级的利益，“私”是指黎民百姓的个体利益，“以君为主，天下为客”是特权阶级一直提倡的。封建统治者给人们灌输“君子喻于义，小人喻于利”“正其谊（义）不谋其利，明其道不计其功”的伦理思想，使人们形成“为公”是“义”的表现，“为私”则是“背义趋利”的小人之举的思维模式。在这种情况下，人们耻于言利，“私”很难得到保护。

在李贽“崇私”的基础上，清初的思想家们用动态的、比较的眼光对传统的“公私”内涵提出了质疑，他们的思想在“公利”与“私欲”的关系上更具有启蒙意义，更直接地与“早期民主思想”相关联。他们认为传统价值观念中的“公”其实质是以皇帝为首的大官僚、大地主阶层的特权者的利益，是以国家名义命名的“一人之大私”。而广大民众的利益更能代表社会共同利益，这才是真正的“天下之大公”。

黄宗羲晚年曾明确说：“有生之初，人各自私也，人各自利也，天下有公利而莫或兴之，有公害而莫或除之。”他认为，历代的专制君主之所以被人们“视之为寇仇，名之为独夫”，其原因就在于要强行否定甚至灭绝人的自私自利之心，使“天下之人，不敢自私，不敢自利”。在他看来，“天下之公”并不是脱离“自私、自利”之外存在的独立价值，“人各得其私，各得其利”才是真正的“天下之公”。而历代专制君主标榜的虚伪的“天下之公”，其实是“以我之大私为天下之大公”。他们在夺取统治地位时，“荼毒天下之肝脑，离散天下之子女，以博我一人之产业，曾不惨然，曰：‘我固为子孙创业也’”。在取得政治权力后，“敲剥天下之骨髓，离散天下之子女，以奉我一人之淫乐，是为当然，曰：‘此我产业之花息也’”[①]。他们为了掩盖这种“以天下之利尽归于己，以天下之害尽归于人”的“大私”，打着“为天下之公”的旗号，愚弄百姓。

顾炎武认为，“缘夫天下之大，非一人之所能治而分治之以群工。故我之出而仕也，为天下，非为君也；为万民，非为一姓也”。同时政治的目标“不在一姓之兴亡，而在万民之忧乐”，如果君主不明白这一政治道

① 黄宗羲：《明夷待访录·原君篇》，北京：中华书局1981年版，第2页。

理把国家视为一种个人所有的莫大产业，按照人性自私的原理，“则市井之间，人人可欲”，即人人都可争夺这份财产。只有当“天下”成为天下人之天下，则人民才会自觉去维护这个“天下”。总之就是“天下为主君为客”。

顾炎武则从“人之有私，固情之所不能免矣”的人性论出发，指出要达到“有公无私”的境界是不现实的，也是不合理的，“世之君子必曰有公而无私，此后代之美言，非先王之至训矣”。在面对这种事实，顺应这种常情的基础上，顾炎武提出了调和公私价值的两个主张：其一是关心和满足人们的私利，使天下人各得其利，各能自为。即使是做官之人，也应使其“禄足以代其耕，田足以供其祭，使之无将母之嗟，室人之谪”。其二是在满足私人利益的基础之上实现公共利益，所谓“合天下之私以成天下之公，此所以为王政也”[①]，这不仅是应确立的价值取向，还是应该采取的治国方略。由此进一步提出了分权的观念：“以天下之权，寄天下之人”。他认为历史上的圣人根本不担心人性自私，“圣人者因而用之，用天下之私，以成一人之公而天下治”[②]。比如人们之所以保卫国家，“效死勿去之守”，“非为天子也，为其私也”，还有“民得其利则财源通，而有益于官；官专其利则利源塞，而必损于民”[③]，所以善为国者应用“天下之私”成“天子之公”，藏富于民而使国富。顾炎武巧妙地验证了“公”与“私”的相通性，把“私”看作是促使公共利益目标得以实现的原动力。也许他还没有通透领悟个人利益与市场经济公共利益二者之间的辩证关系，但他的思想暗合了现代自由主义经济的某些理论。

与黄宗羲和顾炎武不同，王夫之从更为深刻的政治哲学高度论述了“公天下”的理想。他的观点有许多和黄宗羲合拍之处，但也对黄宗羲的一些思想做了补充，他明确提出“民主君客”论，认为“以天下论者，必循天下之公，天下非与夷狄盗逆之所可尸，而抑非一姓之私也”，“不以一

① 顾炎武：《日知录卷三·言私其豵》，长沙：岳麓书社1994年版，第92页。
② 顾炎武：《顾亭林诗文集》，北京：中华书局1983年版，第14页。
③《日知录·言利之臣》，长沙：岳麓书社1994年版，第436页。

人疑天下，不以天下私一人”。[①]重民、利民之意显而易见。

总之，黄宗羲、顾炎武和王夫之三人关于“公私”的新观点使该时代的君臣观发生了巨大的变化。君主专制家天下的那种“君要臣死，臣不得不死”的绝对君权主义开始发生动摇，专制政治格局下的“君主臣仆”的观念遇到了严重的挑战。“君臣之名，从天下而有之者也。吾无天下之责，则吾在君为路人。出而仕于君也，不以天下为事，则君之仆妾也；以天下为事，则君之师友也”[②]，这种新型的君臣观在此后得到了更多的认可。

五、“存理灭欲”的价值回流及启蒙思想的曲折前进

在明清之际动荡的社会环境下，批判封建君主专制的带有早期启蒙意义的伦理思想变化，曾一度迸射出不少火花。但随着清王朝封建政治体制重建的完成，为了稳定社会，在经济上强化了小农经济的生产关系，在思想上大力尊儒崇孔、崇尚程朱理学，人为地阻碍了早期启蒙思想的发展。

清政府为了维护和重振已经趋于衰败的程朱理学的各种观念，使人们的价值意识退回到明代中期以前的水平，采取了许多办法和措施。康熙九年（1670年）颁布了“圣谕十六条”，就是要恢复和重建以“三纲五常”为核心的价值观念体系。康熙曾说：“惟宋儒朱子，注释群经，阐发道理，凡所著作及编纂之书，皆明白精确，归于大中至正。今经五百余年，学者无敢疵议。朕以为孔孟之后，有裨斯文者，朱子之功，最为弘巨。”[③]他不但认为朱熹之书是绝对真理，而且认为书中之道是治世良方，“至于朱夫子，集大成而继千百年绝传之学，开愚蒙而立亿万世一定之规。穷理以致其知，反躬以践其实……非此不能知天人相与之奥，非此不能治万邦与衽席，非此不能仁心仁政施于天下，非此不能内外为一家”[④]。雍正继位后，继续坚持以儒家思想和程朱理学进行道德教化，把朱熹注解的“四书”作

① 《黄书·宰制》。

② 《黄宗羲全集》第1册，杭州：浙江古籍出版社1985年版，第5页。

③ 《清圣祖圣训》卷十二。

④ 《御纂朱子全书·序言》。

为科举取士的标准。清王朝还采取官修的方式，集中力量系统修撰了儒家经典、程朱理学著作，像《春秋传说汇纂》《诗经传说汇纂》《书经传说汇纂》《朱子全书》《性理大全》等。而且在编书的过程中，极力维护儒家正统思想和宋代理学，猛烈剪除“异端人物”的思想，这些对禁锢人们的思想，强化思想统治起到了很大的作用。与此同时，大兴文字狱，残酷镇压具有反清思想和反理学倾向的知识分子。从康熙朝到乾隆朝，前后约120年，文字狱就有90多起。

但是，这种价值回流并不能完全扼杀明清之际开创的启蒙思想，一些进步的知识分子依然在挑战程朱理学的“存理灭欲”的伦理思想传统。戴震是这方面的杰出代表。他认为，人欲是人为了让生命存在而产生的，是人生的根本问题，没有欲，人的生养之道就全废了。“凡出于欲，无非以生以养之事”，“人之生也，莫病于无以遂其生”，“天下必无舍生养之道而得存者”。戴震从“无欲则无人生”这一价值理解原则出发，从三个方面深刻揭露了“存理灭欲”观念的冷酷本质和严重危害。其一，凌卑欺幼。“尊者以理责卑，长者以理责幼，贵者以理责贱，虽失，谓之顺；卑者、幼者、贱者以理争之，虽得，谓之逆。于是，下之人不能以天下之同情、天下所同欲达之于上；上以理责其下，而在下之罪，人人不胜指数。人死于法，犹有怜之者；死于理，其谁怜之！”其二，扼杀个性。“人之为人，舍气禀气质，将以何者谓之人哉？……程、朱乃离人空论夫理”，“人物分于阴阳五行以成性，舍气类，更无性之名。医家用药，在精辨其气类之殊，不别其性，则能杀人”。其三，扭曲人格。理学以无欲为君子，以有欲为小人，“此理欲之辨使君子无完行者”。理学还要求人离欲而求理，要人耻言欲而惟言理，“此理欲之辨适以穷天下之人尽转移为欺伪之人”。[①]这种批判达到了以前任何思想家都没有达到的高度和深度。

综观之，在“存理灭欲”的价值回流中，带有启蒙意义的伦理思想还是有缓慢发展的。它预示着中国传统价值观念面临着风雷激荡的变革，一个旧价值观念崩解、新价值观念孕育的时代必将到来。

---

① 均见《孟子字义疏证》卷上。

第四节　中国古代伦理思想体系的逻辑结构、发展主线及基本特征

西汉初年，汉武帝采纳了董仲舒“罢黜百家，独尊儒术”的建议，孔子创建的儒家伦理学说被推崇到“独尊”的地位。佛教和道教的伦理思想，虽然长期影响中国人的伦理信仰，甚至还曾影响到一些封建帝王，形成另一种具有“源远流长”特色的传统；佛教由于其传播程式较为简单，接近民众，容易世俗化，以至达到“家喻户晓”的程度；但是，它们在中国伦理思想史上都始终没有成为主流意识形态，占据主体地位，发挥过主导作用。古希腊的苏格拉底、柏拉图、亚里士多德等人的哲学和伦理学智慧虽然为后世推崇，影响到整个西方伦理思想发展史，但尚没有哪一位思想家的伦理智慧被推崇到“独尊”的地位。这种“独尊”地位为巩固中国传统伦理思想的逻辑结构及其此后的发展提供了先决条件。

一、中国古代传统伦理思想体系的逻辑结构

可以从如下几个方面来分析中国传统伦理思想的逻辑结构：

其一，体系的核心是以孔子和孟子为代表的儒家伦理学说。孔子以后，儒学经孟子的继承和创新，正式提出“仁政”的政治伦理学说，至此中国传统伦理思想的逻辑结构基本形成。自荀子始历代儒学大师对儒学的发展都作过自己的贡献。荀子在“非十二子”的同时，却又用“礼”包容了先秦儒家、法家等学派的思想，相对于孔孟之道其伦理思想的精髓并没有离经叛道，学界有人甚至因此称其为先秦儒学集大成者。董仲舒继承和发展的是儒家政治伦理思想，具体来说是宗法伦理思想，第一次系统地提出了作为封建专制统治的政治伦理原则“三纲五常”。史称新儒学的宋明理学，在继承孔孟的“仁”“仁政”思想的基础上，又提出了“天理”这个重要的基本范畴，并作了许多发展和创新性的研究，以细致繁琐的推理

证明孔孟之道的天经地义。正因如此，不论是在中国还是在世界，人们在说到儒家伦理思想的时候，首先想到的就是孔子和孟子的伦理思想，以至习惯于把中国传统伦理思想与孔孟的伦理思想看成是同一个意思，同一种学说范畴。

其二，以孔孟为代表的儒学伦理思想的核心是“仁学”。“仁”是以孔孟为代表的儒家伦理思想的基本范畴，也是核心范畴，孔孟伦理思想及其范畴体系是在“仁”的基础上、围绕“仁”建立起来的。后来的儒学大师虽有发挥和创造，但并无本质上的差别，差别多为方法论上的。董仲舒采用的是一种神秘主义。他在“天”的基础上建立了自己的道德论，使“仁”和“礼”都从属于“天”，服从“天”，并在此前提下把适用于人伦伦理的“仁义”与适用于政治伦理的“礼仪”结合起来，为已经走向稳定发展的封建社会提出了“三纲五常”的政治伦理原则体系。宋明理学崇尚“天道”“天理”而轻视“人欲”，反对人对“美味”之类欲望的追求，提倡“存天理，灭人欲”，这使得其内在精神缺少先秦儒学的“仁爱”特质，而价值倾向则离皇权政治甚远，具有一种“元伦理学”的倾向。所以，经过宋明儒者的精心研作，儒家的伦理学说渐渐地走向僵化，终至“吃人的礼教”的死胡同。以朱熹为代表的宋明理学家虽然学富五车、治学精到，但极少有人步入仕途，更无官至宫廷的记载，究其原因与此不无关系。

其三，仁学的最高价值标准是孔孟推崇的“仁政”与“仁人”。“仁政”是政治伦理标准，“仁人”是道德人格标准。在中国历史上，能够实施“仁政”的统治是最好的政治，这样的统治者一向被黎民百姓称为“明君”“明臣”；真正人格高尚的人一定是“仁人”。孔子的“仁政”思想集中体现在他的“仁本礼用”的主张上，它有两层意思。一是“为政以德”，就是要从“爱心”出发，做“爱别人”之事，取得“爱别人”之实绩。只有这样才能得到黎民百姓的拥戴，维护自己的统治，即所谓“为政以德，譬如北辰居其所而众星共之”①。这是“仁政”的第一要义。二是要做“仁人”。孔子认为“为政在人”，统治者个人的道德人格具有至关重要的

①《论语·为政》。

示范作用，它是一种无声的命令："政者，正也。子帅以正，孰敢不正?"[②]"其身正，不令而行；其身不正，虽令不从"，"不能正其身，如正人何?"[①]可见，在孔子那里，"仁人"与"仁政"是一致的，"仁人"内含在"仁政"之中，能够实施"仁政"的统治者一定会是"仁人"，能够做"仁人"的人一定是君子，即人格最优秀的人，必定能够施"仁政"。

概言之，中国传统伦理思想结构上的基本特征是：以孔子和孟子的儒家伦理学说为主体，以仁学为核心，推崇"仁政"和"仁人"。这种结构特征，使得中国传统伦理思想形成了注重诠释和实用而忽视思辨与学科建设的学说倾向。

二、中国古代伦理思想历史发展的基本线索

仁学伦理思想逻辑发展的第一个环节和标志，是孟子正式提出"仁政"的政治策略及其政治伦理学说。孟子在这方面的贡献主要体现在两个方面：一是解构和归纳孔子提出的仁学道德标准体系，简略为仁、义、智、礼。有的学者据此认为，"仁的地位在此有下落的趋向，变为与义、礼、智并列的一种道德条目"[②]。这种看法是需要商榷的。诚然，从形式上看孟子的解构和归纳似乎是要冲淡和降低仁学的经典意义，但只要稍加分析就会发现其实不然。孟子在解说仁、义、智、礼的内涵时说："仁之实，事亲是也；义之实，从兄是也；智之实，知斯二者弗去是也；礼之实，饰文斯二者是也。"[③]由此可以看出，孟子对仁的理解并没有超越孔子，他也没有试图超越孔子的意向。他曾直截了当表明自己的主张："入则孝，出则悌，守先王之道。"[④]孟子的超越之处在于，他在意志层次上强调了"知""识"（认识）仁与义的重要性，以及将仁与义规范化制度化的必要性。他的意思很清楚：对于仁的道德标准，单是说说是不行的，要让

① 《论语·子路》。

② 李霞：《圆融之思——儒道佛及其关系研究》，合肥：安徽大学出版社2005年版，第16页。

③ 《孟子·离娄上》。

④ 《孟子·滕文公下》。

人们知道，形成内心的信念，并且要制定制度将其规范化。应当看到，这是仁学经典思想逻辑发展的重要一步。二是提出“发生论”意义上的人性善猜想，这就是所谓“四端”说。在孟子看来，人之所以会在后天表现出仁、义、礼、智这些善性，就是因为他在先天相应具有四种“善端”，即所谓“恻隐之心，仁之端也；羞恶之心，义之端也；辞让之心，礼之端也；是非之心，智之端也。”[①]何谓“端”？学界一般认为是“开头”和“萌芽”。但笔者以为，联系到孟子关于“四端”在道德发生的意义上存在两种可能性，即“扩而充之”则“可以为善”、“苟不充之”则“不足以事父母”，如果将“端”仅仅理解为善之“开头”和“萌芽”是不合适的，理解为“根”较为适合，因为“根”既“可以为善”，也可能“苟不充之”而为恶。作如是观是很重要的，因为这正表明孟子要对孔子的“行动论”作“发生论”的说明，尽管这种说明是不科学的，但在仁学经典思想的逻辑构想中毕竟赋予人“何能为仁”以学理性的特色。

换言之，孟子对仁学伦理思想逻辑发展所作的贡献，一是设问“怎样为仁”，强调“为仁”须有社会意义上的规范和制度。二是追问“何能为仁”，试图在本体论上作答，用人性本善证明“为仁”的必然性。他的贡献使孔子创建的“何为为仁”的仁学伦理思想，既具有实践可行性，又具有理论上的根据。

董仲舒对仁学伦理思想逻辑发展的贡献，当首推他提出的“推明孔氏，抑黜百家”的政治主张。这一主张本身虽然并不表明其对孔孟仁学经典思想进行了逻辑提升，但在被汉武帝采纳为“罢黜百家，独尊儒术”的政治方略后，却借助专制政治的权威为孔孟仁学经典思想逻辑提升扫清了生存的障碍，赢得了空前的发展空间，产生了久远的影响。如果说，孔孟仁学经典思想在此以前尚属不入主流的学说或学术流派的话，那么，在此以后就上升到国家主流意识形态的地位了。这是一次历史性的飞跃，也是董仲舒对仁学经典思想的发展所作的最大的贡献。史传董仲舒著述很多，但流传下来的不多，他的思想多见于仅存的《举贤良对策》和《春秋繁

---

①《孟子·公孙丑上》。

露》之中。从中可见他对仁学逻辑发展的具体作为主要表现在三个方面。其一，在实践理性的意义上，系统地提出了封建社会的政治伦理原则和道德规范体系，这就是“三纲五常”。其二，在认识理性的意义上提出“性三品”说以补充和修正孔孟的性善说和荀子的性恶说。董仲舒认为，人与生俱来的“性”可分为“圣人之性”“中民之性”和“斗筲之性”三等。“圣人之性”有善（仁）无恶，是上品之性；“斗筲之性”反之，有恶无善（仁），是下品之性；唯“中民之性”是有善（仁）有恶，才真正可谓之为“性”。董仲舒所作的这种补充和修正是把现实的人实际存在的三种“品性”先验化、政治化了，其实是在为封建等级社会的存在和专制统治寻找根据。其三，赋予“天”以至上的本体论地位，并由此出发以“天人相同”“天人合一”的逻辑形式提出人“贵于”他物的根据。他说：“天地之精，所以生物者，莫贵于人。人受命乎天也，故超然有以倚。物疢疾莫能为仁义，唯人独能为仁义。”[①]概言之，仁学经典思想发展到董仲舒这一环节，已经真正成为“统治阶级的意志”，成为规则化的典型的政治伦理了。

以二程、朱熹和王阳明为代表的宋明理学对仁学伦理思想逻辑发展的作为，集中表现在将仁学哲学化，使仁由先前的规则性“语录”转变为具有道德本体意蕴的思辨理性，获得了形而上学的地位。在孔子那里，仁主要是被作为“爱”“爱心”“爱情”来看待的，“樊迟问仁。子曰：‘爱人。’”[②]程颐不赞成将“仁”与“爱”相提并论，他认为仁是一切伦理道德之根本，“爱”是情，而仁是“性”，情是由仁生发的。他说：“孟子曰：‘恻隐之心仁也。’后人遂以爱为仁，恻隐固是爱也。爱自是情，仁自是性，岂可专以爱为仁？”[③]程颢则进一步将仁推至“生生之性”的位置，认为天地之性就是生物之性，而生物之性就是“生生之性”，“生生之性”就是仁。这就将仁由道德本体推向宇宙本体的位置了。后来的朱熹，对仁学经典思想的理解和阐释，虽然有许多通俗具体、近乎啰唆的话语，并扩充

①《春秋繁露·卷十三》。

②《论语·颜渊》。

③《河南程氏遗书·卷十八》。

了传统仁学中的“心性”成分，如他反反复复说的“仁包四德”、仁之所在必有一个“大头脑处”等，但是其基本的思想实际上并没有偏离二程的思维路向，恪守天地之性就是生生之性来解释仁学思想。王阳明尽情发挥了其前人仁学伦理思想体系中的心学成分，建立了良知心学体系，从主观上预设了仁学经典思想的形而上学本体。

纵观之，从孔子到王阳明，仁学伦理思想的逻辑发展是一个由实用走向思辨的发展过程，由伦理思维转向哲学思维的发展过程。在这个过程中，仁学伦理思想体系及其解读范式渐渐演变得十分精细和完美，同时也渐渐地失去其原有的价值魅力，以悖论的方式走上“穷途末路”。

三、中国古代伦理思想的基本特征

从根本上来说，仁学伦理思想之所以在明清时期没有适时转型，跟上时代步伐并为历史的发展进步提供文化支持，致使自己走上“穷途末路”，是由封建专制社会的结构模式所存在的历史局限性决定的。普遍分散、汪洋大海式的小农经济，在政治上必然要求专制统治与其相适应；衍生和蔓延在小农经济温床上的“各人自扫门前雪，休管他人瓦上霜”的自私自利意识，在伦理文化上必然要求以“推己及人”和“大一统”的道德教化与其相适应。儒学的仁学经典思想就是在这样的社会结构模式的基础上，应运而生的。“为政以德”——仁政的政治伦理主张是针对封建专制统治尤其是“苛政”而创设的，“推己及人”——仁人的人伦伦理主张是针对自私自利的小农意识而创建的。由此而决定了仁学伦理思想具有如下两个鲜明的理论特征。

一是规避人的“利己心”或“利己本性”的真实存在，与当时正在生长的资本主义萌芽需要张扬人的“利己本性”的客观要求相悖。在西方伦理思想史上，第一个提出较为系统的为资本主义辩护的伦理学说的杰出代表人物是霍布斯，而他的伦理学说的理论前提就是人的“利己本性”，他称其为人的“自然权利”。从这个逻辑前提出发，他认为人的本质都是自私的人性论，提出了一系列旨在“每个人按照自己所愿意的方式运用自己的力量保全自己的天性——也就是保全自己的生命——的自由”的“自然法则”，如利用一切办法来保卫我们自己的法则、“在别人也愿意这样做的条件下，当一个人为了和平与自卫的目的认为必要时，会自愿放弃这种对一切事物的权利”[①]的法则等，都是以个人利益为轴心的。这可以视作个人主义的最早表述形式，即所谓经验个人主义或经济个人主义。霍布斯之后至杜威提出“新个人主义”，个人主义在西方伦理思想史上经历了功利主义、合理利己主义、自由主义的几个发展阶段，内容和形式都有所变化，但其基本的理论前提一直没有变化，这就是充分肯定人的“利己本性”；与此同时还有一点也没有发生变化，这就是始终充当着维护资本主义秩序的道德说明书和“工具理性”。可以说，整个资本主义的伦理学说及其意识形态倾向，皆与高扬“利己本性”及“竖立其上”的个人主义伦理学说密切相关。

仁学规避人的“利己本性”的真实性和普遍性，就在基本理论前提和道义上铲除了资本主义存在的合理性，为明清时期资本主义的发展设置了根本性的伦理文化障碍，也使自己失去了实行适时转型的历史机遇。实际上，“利己本性”人皆有之，在社会的伦理构建和人的道德养成中存在两种不同的价值走向，或者走向利己主义，或者走向合理利己主义甚至是社会主义的集体主义，究竟如何，取决于社会经济制度及“竖立其上”的上层建筑和社会意识形态。

二是带有明显的假说特性，在指导人们选择道德行为和实现道德价值的过程中不可避免地会引发普遍的道德悖论。一般说来，社会提倡的道德要求都带有假说的性质，通常的命令方式是“应当”，在这种意义上可以说没有假说和应当就没有道德。但是，假说历来存在科学与否的差别，科学的道德假说引导人们走向文明和崇高，不科学的道德假说会引导人们走向悖论，即在做了“善事”的同时又做了“恶事”，出现两种截然不同的结果。仁学伦理学说由于极力规避人的“利己本性”，主张既不能进行逻

① [英]霍布斯:《利维坦》，黎思复译，北京：商务印书馆1985年版，第97、98页。

辑推理又不能实行事实确证的“人性善”和“天理”论，所以假说的倾向十分明显。实际上，人的本性本无善恶之别，人的道德德性和德行并不是天生的；“天”上并不存在什么可以派生人间伦理、决定人的德性和支配人们的德行的“理”。既然如此，强调从“善心”出发或遵循“天理”，“推己及人”，选择“善举”，做“善事”，就难免会发生不识所“及”之“人”的真实面貌或脱离道德选择的实际情境的情况，因而在做“善事”的同时又做了“恶事”，出现善恶同在的悖论结果。

第五章　中国近现代伦理思想的演变与发展

中国近现代伦理思想的演变，是一个内涵十分丰富又相当复杂的研究课题。自明清之际始博大精深的传统儒学就受到挑战。鸦片战争以后，中国进入半殖民地半封建的历史发展阶段，为了拯救民族危亡，革新图强成了各个阶级阶层关注的焦点，各个阶级阶层的代表者纷纷表达他们的政治主张和学说思想，学说思想中不乏伦理思想。新中国成立后，马克思主义伦理思想在探索中发展，走过一段曲折的道路，改革开放以来在恢复其应有的指导和主导地位以后，带动了应用伦理思想的快速发展和相关门类的应用伦理学学科的相继建立，从而使得中国伦理思想的发展出现了前所未有的盛况和良好的发展势头。

第一节　鸦片战争至“五四”运动的伦理思想

1840年鸦片战争之后，中国逐步沦为半殖民地半封建社会，西方列强的军事、经济、政治和思想文化的侵略逐渐加深，中国传统儒学伦理思想受到前所未有的挑战，至“五四”运动提出“打倒孔家店”的口号，出现多次革新伦理思想的热潮。

一、鸦片战争时期地主阶级革新派的伦理思想

鸦片战争时期，一批有识之士对士大夫阶层的士风卑下、道德堕落的状况深恶痛绝，要求抵御外来侵略，实行包括伦理思想创新在内的社会改革。龚自珍、魏源等是这方面的主要代表人物。

梁启超曾赞誉龚自珍道："晚清思想之解放，自珍确与有功焉。"[①]龚自珍伦理思想最值得我们关注的是他对"我"和"私"的极度肯定。他说："众人之宰，非道非极，自名曰我。"[②]他以"众我"造天地的观点批评自奴隶制时期开始传承几千年的王权天命决定观，反对圣人创造历史的专制伦理观。他认为，世界是由"众人"创造的，"众人"是由"我"组成的，所以"我"是"世界"的本原。他说："天地，人所造，众人自造，非圣人所造。圣人也者，与众人对立，与众人为无尽。"[③]在他看来，"忠臣何以不忠他人之君，而忠其君？孝子何以不慈他人之亲，而慈其亲？寡妻贞妇何以不公此身于都市，乃私自贞私自葆也？"他甚至将"私"泛化为天地日月之性，即所谓："天有私也""地有私也""日月有私也"。[④]不难看出，在龚自珍那里，"我"与"私"都不是严格意义上的伦理道德范畴，而是经验论意义上的社会历史观范畴，具有明显的泛化倾向。尽管如此，龚自珍关于"我"和"私"的思想与明清之际的李贽的"人必有私"论、顾炎武的"合私成公"说相比较，是一脉相承的，不仅具有内在的逻辑联系，而且还具有欲将其推向极致的倾向，与此后进步的伦理思想的发展也是一致的，在中国近代伦理思想发展史上具有某种承上启下的意义。

反对封建思想的束缚，提倡个性解放，是我国近代伦理思想的一个重要特点。先进的革命家们深刻感受到了封建社会对人们思想的禁锢和个性的摧残，力图摆脱封建政治和精神的枷锁，谋求个性解放和政治民主，富

① 梁启超:《清代学术概论》,夏晓红点校,北京:中国人民大学出版社2004年版,第197页。

②《龚自珍全集》,上海:上海人民出版社1975年版,第12页。

③《龚自珍全集》,上海:上海人民出版社1975年版,第12页。

④《龚自珍全集》,上海:上海人民出版社1975年版,第92页。

有时代气息。龚自珍对于个性解放的要求比较曲折隐讳，主要体现在他的杂文《病梅馆记》中，他说："江宁之龙蟠，苏州之邓尉，杭州之西溪，皆产梅。或曰：梅以曲为美，直则无姿；以欹为美，正则无景；梅以疏为美，密则无态。固也。此文人画士，心知其意，未可明诏大号以绳天下之梅也；又不可以使天下之民，斫直，删密，锄正，以夭梅、病梅为业以求钱也。梅之欹、之疏、之曲，又非蠢蠢求钱之民能以其智力为也。有以文人画士孤癖之隐，明告鬻梅者，斫其正，养其旁条，删其密，夭其稚枝，锄其直，遏其生气，以求重价，而江、浙之梅皆病。文人画士之祸之烈至此哉！"他借梅喻人，借"疗梅"喻"疗人"。他呼吁"纵之、顺之，毁其盆，悉埋于地，解其棕缚"，实则呼吁人的个性解放，使人的个性能"复之全之"。[①]虽然他的呼声比较微弱，但在当时的社会条件下有其历史进步意义，并对后来的思想解放起了推动作用。

魏源把整肃人心作为挽救社会危机的根本方法，提出："事必本乎心"，"法必本乎人"，"物必本乎我"[②]，认为心是决定一切的。在魏源看来，人的先天才能对认识起决定作用，人的精神与天地精神相通，人要认识事物，只需用"回光返照"的方法，就能"独知独觉；彻悟心源，万物备我，则为大知大觉"[③]，达到天人合一，继而可以达到"灵魂自悟"[④]的境界，这样的人不仅可以造化自我，而且能够"造命"，"胜天"。"是故人能与造化相通，则可自造自化"[⑤]。人达到了"自造自化"的地步，则天地也不能限制他，他的主观意志力量就可以得到充分的发挥，于是便能"胜天"。魏源讲"造化自我"，具有新的时代特征，他这种强调个人主观努力、强调意志力量的思想，打破了传统"天命论"的桎梏，虽然这种观点是唯心主义的，但由此引申出来的人造天命，人定胜天的思想具有积极的进步意义。同龚自珍一样，魏源也竭力呼吁个性解放，提出了"才智自

① 《龚自珍全集》，上海：上海人民出版社1975年版，第186页。

② 魏源：《魏源诗文选》，杨积庆选注，上海：华东师范大学出版社1990年版，第21页。

③ 魏源：《默觚：魏源集》，赵丽霞选注，沈阳：辽宁人民出版社1994年版，第16页。

④ 魏源：《默觚：魏源集》，赵丽霞选注，沈阳：辽宁人民出版社1994年版，第6页。

⑤ 魏源：《魏源诗文选》，杨积庆选注，上海：华东师范大学出版社1990年版，第1页。

雄，自造自化”[①]，突出人的主观能动性，他相信“人定胜天”，反对宿命论，这些思想在当时具有很大的启蒙作用。

二、太平天国时期的伦理思想

1851年爆发的太平天国运动，在猛烈冲击封建纲常礼教和等级秩序的过程中提出的伦理主张，尽管带有时代和阶级的局限，甚至受到西方宗教的影响，但仍然不乏革新精神，不失为一种伦理思想的遗产。

(一)“无分贵贱”的平等观

太平天国以基督教的上帝“创世说”为依据，结合中国农民革命传统中的“等贵贱、均贫富”思想，提出了人人平等、无分贵贱的平等观念。洪秀全认为:“自人肉体论，各有父母姓氏，似有此疆彼界之分，而万姓同出一姓，一姓同出一祖，其原亦未始不同。若自人灵魂论，其各灵魂从何以生？从何以出？皆禀皇上帝一元之气以生以出，所谓一本散为万殊，万殊总归一本。”[②]又说:“予想夫天下凡间，人民虽众，总为皇上帝所化所生，生于皇上帝，长亦皇上帝，一衣一食并赖皇上帝。皇上帝天下凡间大共之父也，死生祸福由其主宰，服食器用皆其造成”[③]，“普天之下皆兄弟，灵魂同是自天来。上帝视之皆赤子。”[④]他“无分贵贱”的思想还包含男女平等的观念，如他说:“天下多男人，尽是兄弟之辈，天下多女子，尽是姊妹之群。”[⑤]洪秀全的伦理思想基本上属于政治伦理范畴，概言之就

---

① 魏源:《默觚:魏源集》,赵丽霞选注,沈阳:辽宁人民出版社1994年版,第7页。

② 广东省太平天国研究会、广州市社会科学研究所编:《洪秀全集》,广州:广东人民出版社1985年版,第13页。

③ 广东省太平天国研究会、广州市社会科学研究所编:《洪秀全集》,广州:广东人民出版社1985年版,第16页。

④ 广东省太平天国研究会、广州市社会科学研究所编:《洪秀全集》,广州:广东人民出版社1985年版,第7页。

⑤ 广东省太平天国研究会、广州市社会科学研究所编:《洪秀全集》,广州:广东人民出版社1985年版,第12页。

是：上帝面前人人平等。

从这种带有人权性质的平等观念出发，太平天国把“无分贵贱”的政治伦理观扩充到经济制度和经济主张方面。《天朝田亩制度》规定：“凡天下田，天下人同耕，此处不足则迁至彼处，彼处不足则迁至此处”；“有田同耕，有饭同食，有衣同穿，有钱同使，无处不均匀，无处不保暖。”[①]同时还明确规定：“凡分田照人口，不论男妇。”[②]同时，太平天国还规定“凡天下婚姻不论财”[③]、禁裹足、禁娼妓，女性可以任官、当兵，这些都有利于女性解放，提高了女性在社会中的地位，有力地冲击了宗法制度。

在中国伦理思想史上，太平天国“无分贵贱”的伦理主张第一次系统地反映了农民阶级翻身求解放的要求，所反映的本质上还是农民阶级绝对平均主义的道德主张，是根本不可能实现的。

（二）带有宗教色彩的道德教育

太平天国运动十分重视道德教育。浓厚的宗教色彩是太平天国道德教育的特点，基督教“自知悔改”的忏悔说，是太平军内部进行道德教育和道德修养的基本方法，强调全体军民要“修好炼正”“去邪从正”“回心向道”（《天情道理书》）。他们宣扬基督教的“原罪”说，否认世间有天生的圣洁者，“第问天下宇宙间，谁为无污而圣洁者？既自问不敢谓无污，则又当何如以爱己身乎？惟悔改不贰过而已。”（《钦定军次实录》）劝导人们“赎罪”，靠道德来对人们进行约束，声称：“世上之人，但有能知觉自罪，痛恨悔改之者，可以求此生路，脱出地狱之门，就可以仰获来生之永福。”（《劝世良言》）太平天国力行的道德教育对推动战争的顺利发展

① 广东省太平天国研究会、广州市社会科学研究所编：《洪秀全集》，广州：广东人民出版社1985年版，第168页。

② 广东省太平天国研究会、广州市社会科学研究所编：《洪秀全集》，广州：广东人民出版社1985年版，第167页。

③ 广东省太平天国研究会、广州市社会科学研究所编：《洪秀全集》，广州：广东人民出版社1985年版，第168页。

起了一定的作用，收到了一定的效果。[①]

（三）鼓吹“斩邪留正”的善恶观

太平天国的伦理思想虽然具有宗教色彩，但我们不能把太平天国的伦理思想简单等同于基督教的伦理思想，太平天国的领袖们对基督教教义并非照搬照抄，而是按照革命需要对它进行了一定的改造。在善恶观上，洪秀全将基督教中“逆来顺受”的思想进行改造，提出了“斩邪留正”的口号，要求人们通过斗争来建立地上的“天国”，赋予它革命性的一面，适应了革命发展的需要。在他看来，皇帝就是“阎罗妖”，朝廷中的大小官吏是“妖徒鬼卒”，他们都是“邪”和“恶”的代表，而广大劳动大众是“皇上帝子女”，是“正”和“善”的代表，号召人民“斩邪留正”，同以“阎罗妖”为首的“妖徒鬼卒”做殊死的搏斗，以建立“永远万万年”的“天国江山”。[②]这种“斩邪留正”的善恶观在群众中起到了解放思想的作用。

三、戊戌维新时期资产阶级维新派的伦理思想

在中国民族资本主义发展和早期民族资产阶级产生的过程中，一些知识分子向西方寻求治国图强的真理，成为资产阶级维新派的代表人物。他们在批判封建纲常的同时，积极吸收和宣传资产阶级的伦理学说，明确提出要用资产阶级的道德观念和价值标准改造、取代封建道德的主张。虽然他们的批判由于时代和阶级的局限并不彻底，但对中国近代以来伦理思想的演变和发展却起到了重要的推动作用。

---

① 转引自沈善洪、王凤贤:《中国伦理学说史》下册，杭州：浙江人民出版社1988年版，第658—659页。

② 广东省太平天国研究会、广州市社会科学研究所编:《洪秀全集》，广州：广东人民出版社1985年版，第18—20页。

（一）“性无善恶”的人性观

在中国伦理思想史上，“性无善恶”的人性观在先秦时期就出现过。资产阶级维新派提出的“性无善恶”的人性观与之相比较有三点不同之处。一是强调“性”的绝对“天生”性质，二是泛性化倾向，三是把“性”与情区分开来。

康有为说：“性者，生之质也，未有善恶”，“凡论性之说皆告子是而孟子非”。[①]“夫性者，受天命之自然，至顺者也。”“性，不独人有之，禽兽有之，草木亦有之”。[②]康有为从其人性观出发，对我国传统的各派人性论提出了评议。在他看来“孟子言性善、荀子言性恶，杨子言善恶混，韩子强为之说曰三品，程朱则以为‘性本善，而其恶者情也’，皆不知性情者也”。[③]针对宋明理学的“存天理，灭人欲”，他提出“人生有欲，必不能免”的命题，把“爱”“恶”视为人性之自然，认为“欲”“情”是人生之“必不可免”，认为“普天之下，有生之徒，皆以求乐免苦而已，无他道矣”。[④]以此倡人欲反天理，反对封建禁欲主义，进而推演出人性平等论。

谭嗣同则认为，“言性善，斯情亦善”，“性、情欲皆善”，并以人性与情欲皆善理论为武器，对“存天理，灭人欲”的禁欲主义进行批判，指出：“世俗小儒，以天理为善，以人欲为恶，不知人无欲，尚安得有天理？吾故悲夫世之妄生分别也。夫天理善也，人欲亦善也。”[⑤]这种人性与情欲皆善的理论，也是其论证资本主义自由发展的依据。

---

① 《康有为学术著作选》，楼宇烈整理，北京：中华书局1988年版，第147页。

② 汤志钧编：《康有为政论集》，北京：中华书局1981年版，第88页。

③ 汤志钧编：《康有为政论集》，北京：中华书局1981年版，第10页。

④ 康有为：《大同书》，汤志钧导读，上海：上海古籍出版社2005年版，第6页。

⑤ 《谭嗣同全集》（下册），北京：中华书局1990年版，第301页。

(二)“身贵自由，国贵自主”的政治伦理观

康有为虽然没有明确地用“自由”概念，但他用“人有自主之权”[①]的命题表达了他的自由意识，他从“天赋人权”的观点出发，提出了人人平等的主张。在他看来，封建社会压抑摧残个性自由，势必造成闭关锁国，而社会的进步、文明的发展要求个性解放，所以他竭力主张广开民智，反对将人“束缚于八股帖括之中”[②]。

对自由，梁启超有自己的理解：“自由者，天下之公理，人生之要具，无往而不适者。”[③]自由即“排除他力之妨碍，以得己之所欲”[④]。在他看来，西欧北美诸国的革命，正是为了争取人的自由和尊严而掀起的“狂风怒潮”。近代人所追求的自由，虽然是从西方观念中输入的，但自由论却有自己的民族特点。首先，它是中华民族对帝国主义的自由，争取个人自由实质上是争取民族自由。其次，个人自由要服从民族自由的需要，为了民族自由必要时应当奉献个人的自由。因此，“损社会以利一己者固非，损一己以利社会者亦谬”[⑤]。最后，个人自由需与他人自由统一起来，即所谓“人人有自由而不侵人之自由为界”[⑥]。梁启超还认为，一个人要想获得自由就必须“自除心中之奴隶性格”[⑦]。因为“数千年之腐败，其祸极于今日，推其大原，皆必自奴性来，不除此性，中国万不可能立于世界之间”[⑧]。

严复认为西方之所以富强，根本原因在于“以自由为体，以民主为用”[⑨]，提出了“民之自由，天之所界也”（《辟韩》）。他从“身贵自由，

---

① 《康有为全集》第1卷，上海：上海古籍出版社1978年版，第279页。

② 汤志钧编：《康有为政论集》，北京：中华书局1981年版，第264页。

③ 《梁启超选集》，上海：上海人民出版社1984年版，第223页。

④ 梁启超：《饮冰室合集·专集》第2册，上海：中华书局1941年版，第30页。

⑤ 《新青年》，1915年1卷3号。

⑥ 梁启超：《新民说》，宋志明选注，沈阳：辽宁人民出版社1994年版，第60页。

⑦ 梁启超：《饮冰室合集·专集》第4册，北京：中华书局1989年版，第47页。

⑧ 《梁启超文集》，北京：燕山出版社1997年版，第689页。

⑨ 《严复集》第1册(上)，北京：中华书局1986年版，第132—133页。

国贵自主”[①]的观念出发，主张塑造“新民德”的新型的道德人格，培养人民的爱国心和社会公德。在他看来，由于封建统治阶级把人民看作奴隶，“国家之事，惟君若吏得以问之，使民而图社会之事，斯为不安本分之小人，吏虽中之以危法可也”[②]，不仅“上既以奴虏待民”，而且“民亦以奴虏自待”。[③]以奴虏自待的人民，自然不会有自觉的爱国心和对社会国家自觉的义务观念。因此，严复指出：“欲进吾民之德，于以同力合志，联一气而御外敌，则非有道焉使各私中国不可也……然则使各私中国奈何？曰：设议院于京师，而令天下郡县各公举其守宰。”[④]梁启超则尖锐地指出中国国民性格中的爱国心薄弱、公共心缺乏、自治力欠缺的弱点，强调要兴四万万人的民德民智民力，把中华民族的优秀传统与西方民族的长处结合起来。

（三）大同思想

近代的大同理想是在反封建的斗争中吸收基督教“天国在人间”的博爱思想提出来的。它与古代大同理想最大的区别在于，古代讲大同，理想社会是在远古；近代讲大同，理想社会不是在远古，而是在未来，鼓舞人们为未来的社会而奋斗。

康有为的《大同书》集中反映了近代的大同思想。他所描述的“大同之世，天下为公，无有阶级，一切平等”的理想社会，反映了在封建专制统治下深受苦难的广大劳动人民的心声。在《大同书》中，康有为对封建社会进行了全面而深刻的揭露，他把整个封建社会比喻成一个“大杀场”“大牢狱”：“盖全世界皆忧患之世而已，普天下人皆忧患之人而已，普天下众生皆戕杀之众生而已；苍苍者天，抟抟者地，不过一大杀场大牢狱而已。”[⑤]他认为，封建专制制度则成为实现“大同之乐”的最大障碍：“所

① 《严复集》第1册（上），北京：中华书局1986年版，第31—32页。

② 《孟德斯鸠法意》第十九卷第二十章案语。

③ 《严复集》第1册（上），北京：中华书局1986年版，第31页。

④ 《严复集》第1册（上），北京：中华书局1986年版，第31—32页。

⑤ 康有为：《大同书》，汤志钧导读，上海：上海古籍出版社2005年版，第2页。

有压制，而欲人道至于太平，享大同之乐，亦最为巨碍而不得不除之也。”[①]

四、辛亥革命时期资产阶级革命派的伦理思想

与戊戌维新时期资产阶级维新派不同，辛亥革命时期的资产阶级革命派已经意识到，单靠引进西方的先进思想和科学技术已经不能救中国，中国的前途在于通过革命的方式推翻清政府，彻底批判封建旧道德。因此，他们的伦理思想多带有资产阶级革命的色彩。

（一）强调革命道德对革命的重要作用

辛亥革命时期的资产阶级革命派都十分重视道德的作用，认为道德不仅决定国家民族的兴衰，也决定革命的成败。

章太炎在总结戊戌变法失败的经验教训基础上，认为革命事业要取得胜利，革命党人必须提高道德素质，他特别关注和重视革命党自身的建设，提出“无道德者不能革命”[②]的观点。他说：“吾于是知道德衰亡，诚亡国灭种之根极也。”[③]又说：“且道德之为用，非特革命而已，事有易于革命者，而无道德亦不可就。一于戊戌变法党人见之，二于庚子保皇党人见之。……戊戌之变，戊戌党人不道德致之也。”[④]章太炎指出，革命事业极为艰苦，要取得胜利，革命党人必须维护革命队伍内部的团结，不可“彼此互相猜防”[⑤]，更不可“没于利禄，耽于妻子”。[⑥]同时他特别强调革命党领袖的道德问题，如果领袖没有高尚的道德，是无法推动革命向前发展的，并以戊戌变法为例，强调革命党领袖具备高尚的道德品质的重要作

① 康有为:《大同书》,汤志钧导读,上海:上海古籍出版社2005年版,第44页。
② 汤志钧编:《章太炎政论选集》,北京:中华书局1977年版,第313页。
③ 汤志钧编:《章太炎政论选集》,北京:中华书局1977年版,第310页。
④ 汤志钧编:《章太炎政论选集》,北京:中华书局1977年版,第313—314页。
⑤ 汤志钧编:《章太炎政论选集》,北京:中华书局1977年版,第312页。
⑥ 汤志钧编:《章太炎政论选集》,北京:中华书局1977年版,第314页。

用。在此基础上，章太炎提出四点振兴道德的方法：一曰知耻，二曰重厚，三曰耿介，四曰必信。他说："若能则而行之，率履不越，则所谓确固坚厉，重然诺，轻死生者，于是乎在。"认为真正的道德就在于能够坚持原则，言必信，行必果，为革命和民族大义不怕牺牲生命。

孙中山认为，"政党之发展，不在乎势力强弱以为进退，全视乎党人智能道德之高下以定结果之胜负"[①]，"故革命在乎精神，革命精神者，革命事业之所以由产出也"[②]。同时，他号召国民要身体力行，"造成顶好的人格"[③]。所谓"造成顶好的人格"，就是高尚的革命情操，坚定的革命意志，救国救民的责任心。

（二）批判吸收"自由、平等、博爱"的思想

蔡元培明确主张要以西方资产阶级的"自由、博爱、平等"为学校道德教育的内容。他说："何谓公民道德？曰，法兰西之革命也，所标揭者，曰自由、平等、亲爱。德育之要旨，尽于是矣。"[④]在他看来，在这三者之中，自由、平等是消极的道德，亲爱是积极的道德，因为人生来不平等，所以真正的自由平等很难实现，因此需要发扬亲爱的精神，即孔子所提倡的"己欲立而立人，己欲达而达人"来弥补。他指出，每个民族的道德传统和习惯都有长有短，中国儒家传统的仁恕之道可以弥补西方的抽象的自由平等道德的不足。

平等、自由和博爱，是孙中山伦理思想的重要内容。他曾公开宣称："我等今日与前代殊，于驱除鞑虏、恢复中华之外，国体民生尚当与民变革，虽纬经万端，要其一贯之精神，则为自由、平等、博爱。"[⑤]他创造性地将自由平等观念融入三民主义之中，认为三民主义"皆平等自由主义"。

① 转引自张锡勤、饶良伦、杨忠义编著：《中国近现代伦理思想史》，哈尔滨：黑龙江人民出版社1984年版，第182页。

②《孙中山全集》第6集，北京：中华书局1985年版，第13页。

③ 转引自张锡勤、饶良伦、杨忠义编著：《中国近现代伦理思想史》，哈尔滨：黑龙江人民出版社1984年版，第183页。

④《蔡元培选集》，北京：中华书局1959年版，第9页。

⑤《孙中山选集》，北京：人民出版社1981年版，第77页。

他把不平等分为“天生的不平等”与“人为的不平等”[①]两种基本类型，说：“天生人类本来是不平等的”，“专制帝王尤其变本加厉”造成“人为的不平等”。他主张民权革命就是要打破“人为的不平等”，实现“政治上的地位平等”。[②]孙中山认为，欧美资产阶级取得革命胜利是依靠人民奋斗争取的，中国的革命只有依靠人民群众才能取得胜利，在这个基本认识的前提下，他强调自由与平等都应服从于民权。

（三）爱国主义的转变

这种转变可以追溯到辛亥革命之前，基本标志是打破了古代奉行的“忠君”与“爱国”的一致性。古代爱国主义的局限，一方面表现在“夷夏之防”，促成了以汉族为中心的观念，另一方面表现在“忠君”与“爱国”几乎是同义词，“忠君”就是“爱国”，“爱国”就必须“忠君”，把“忠君”视作人生最高道德品格。

鸦片战争后，中国处于帝国主义与封建主义双重压迫之下，新兴资产阶级的代表人物以振兴中华、再造中华文明为己任，积极向西方学习，把“爱国、爱群、爱真理”三者统一为最高价值取向。这种人生价值观同封建时代倡导的“立言、立德、立功”的人生价值观形成了鲜明的对照，从而赋予爱国主义新的内涵。

梁启超在总结维新失败所写的《新民说》中指出：“言忠国则其义完，言忠君则其义偏。”[③]这是近代人从历史的教训中得到的新爱国主义的认识。他认为，中国之所以贫弱不振，重要的原因之一，是由于国民缺乏“国家思想”[④]，指出：“非利群则不能利己”[⑤]，“保己之利使永不失，则非养成国家思想不能为功也”[⑥]，“今世大夫谈维新者，诸事皆敢言，惟不

① 《孙中山选集》，北京：人民出版社1981年版，第725页。

② 《孙中山选集》，北京：人民出版社1981年版，第724—740页。

③ 梁启超：《新民说》，宋志明选注，沈阳：辽宁人民出版社1994年版，第26页。

④ 梁启超：《新民说》，宋志明选注，沈阳：辽宁人民出版社1994年版，第25页。

⑤ 梁启超：《新民说》，宋志明选注，沈阳：辽宁人民出版社1994年版，第23页。

⑥ 梁启超：《新民说》，宋志明选注，沈阳：辽宁人民出版社1994年版，第31页。

敢言新道德，此由学界之奴性未去，爱群、爱国、爱真理之心未诚也”。[①]强调“国家思想”的重要性，把爱群、爱国、爱真理作为最高的道德境界提出来。在《论国家思想》中，梁启超认为爱国主义的“国家思想”应有四层含义，即：一是对于一身而知有国家，二是对于朝廷而知有国家，三是对于外族而知有国家，四是对于世界而知有国家。[②]他认为中国人“无国家思想”主要表现在：一是知有天下而不知有国家，二是知有一己而不知有国家。[③]在这中间，梁启超着重划清了“爱朝廷”与“爱国家”的界限。他指出，朝廷为国家之代表，如果能真正代表国家和民族的利益，那么“爱朝廷即所以爱国家也”，二者是统一的，反之，则“正朝廷乃所以爱国家也”。[④]

孙中山反复强调要有“爱国心”，认为国民的“爱国心重，其国必强，反是必弱”，提出了以忠于人民代替“忠君”的主张，他说：“不忠于君，要忠于国，要忠于人民，为四万万人去效忠，为四万万人效忠，比较为一人效忠，自然高尚的多。”[⑤]在此基础上，他设计了中华民国的特征是一种“无君”的共和国，“无君论”与“爱国主义”是统一的。他对忠君之忠是断然否定的，并对它进行了改造，赋予了新的、资产阶级的内容，他说：“现在一般人民的思想，以为到了民国，便可以不讲忠字，以为以前讲忠字是对于君的，所谓忠君，现在民国没有君主，忠字便可以不用……这种理论，实在是误解。因为在国家之内，君主可以不要，忠字是不能不要的，如果说忠字可以不要，试问我们有没有国呢？我们的忠字可不可以用之于国呢？……我们做一件事情，总要始终不渝，做到成功，如果做不成功，就是把性命去牺牲，亦所不惜，这便是忠。”[⑥]在这里，孙中山所谓的忠，是忠于国家，忠于人民，忠于事业，忠于职守的新道德，把忠赋予了

① 梁启超:《新民说》,宋志明选注,沈阳:辽宁人民出版社1994年版,第21页。
② 梁启超:《新民说》,宋志明选注,沈阳:辽宁人民出版社1994年版,第22页。
③ 梁启超:《新民说》,宋志明选注,沈阳:辽宁人民出版社1994年版,第28页。
④ 梁启超:《新民说》,宋志明选注,沈阳:辽宁人民出版社1994年版,第24页。
⑤《孙中山选集》,北京:人民出版社1981年版,第681页。
⑥《孙中山选集》,北京:人民出版社1981年版,第681页。

新的含义。

第二节　“五四”之后三种有代表性的伦理思想

“五四”运动之后的30年间，文明古国经过激烈的震荡，最终获得了新生——中华人民共和国成立。其间，一批又一批忧国忧民、探究民族振兴强盛的中国知识分子，围绕着中国传统伦理如何走出源远流长的封建传统、实现近代化和走向现代化的重大历史课题，苦苦地追问和探索着，孕育和引发了空前活跃的伦理思想。其中，最具代表性的是自由主义西化派伦理思想、现代新儒家伦理思想和马克思主义伦理思想。

一、自由主义西化派伦理思想

鸦片战争后，帝国主义列强的入侵和西学东渐，造成了冲击中国传统文化特别是传统伦理文化的态势，在一批知识分子中引发了关于中国传统伦理文化的深刻危机感及其变革问题的深刻思考，一种批判当先、以批判传统求生存和图革新的伦理思潮渐起，这就是自由主义西化派伦理思想。

自由主义西化派伦理思想形成于19世纪末的维新变法时期，其代表人物最早可以追溯到早期改良派冯桂芳、王韬、郑观应、郭嵩焘等人。面对严重的民族危机和西方文化如潮水般涌入中国，目睹数次鸦片战争的惨败，他们认为中国之所以屡屡受西方列强欺凌，主要不是因为科学技术和军事装备的落后，而是因为中国政治的腐败，而政治腐败又与伦理文化传统存在着根本的缺陷很有关系。他们将中国的“仁、义、礼、智、信”与西方的“自由、平等、博爱”相比较，得出了中国的伦理道德远不如西方的伦理道德，要解救中国伦理道德的危机就必须走西方伦理道德之路的结论。显然，这是一种改良主义的主张，正是这种改良主义主张为维新变法时期自由主义西化派伦理思想的形成奠定了思想基础。

维新变法运动中，西方自由主义学说思想被大量介绍到中国来，从而催生了中国自由主义西化派伦理思想。这一时期，严复、梁启超大力宣传和介绍西方自由主义的政治伦理学说，康有为、谭嗣同也在自己的著作中倡导和宣扬自由主义的价值观念。此后十多年中，许多资产阶级革命派的有识之士也格外注重伦理启蒙工作，其中代表人物有陈天华、邹容、唐才常等。“五四”新文化运动时期，是自由主义西化派伦理思想发展的高峰时期。以陈独秀、吴虞、胡适、易白沙等为代表的一批青年知识分子发起了反对旧道德，提倡新道德，反对旧文化，提倡新文化的思想启蒙运动。新中国成立后，自由主义西化派伦理思想在中国台湾得以存续和发展，比较有影响的代表人物是殷海光、韦政通等。

以上是中国近代史上自由主义西化派思想发展的大体历程，尽管每一个时期的伦理思想有所差异，但都有一个共同的特征，这就是都从对中国古代传统伦理思想进行猛烈批判与全盘否定起步，宣扬和推崇西方自由主义或个人主义伦理价值观，认为只有全盘西化才能复兴我们的民族和国家，使之走向现代化。其具体的理论主张也是从这两个方面展开的。一方面，猛烈抨击中国传统伦理文化和道德，特别是对以孔子和孟子为代表的儒家伦理思想展开了深刻辛辣的批判，认为中国传统文化和道德是造成中国落后的根本原因，是使中国人不成其为人的罪魁祸首，依照中国传统道德中国绝对不会强大。另一方面，竭力介绍和传播西方近代的伦理思想和道德主张，强调必须以自然主义对抗“德性主义”，以个人本位取代家庭本位，以功利主义取代“义务主义”，以自由平等取代等级服从。认为只有树立了自然主义的伦理观，才能从根本上解除中国伦理道德的沉疴，建成健全的个人和健全的社会，才能解放中华民族的民族精神，实现中华伦理文化的现代化。

从理论特征上来看，自由主义西化派伦理思想从一开始就具有科学主义、个人主义、功利主义和道德相对主义的特质和特点。但是不能因此认为，20世纪早期中国的自由主义西化派伦理思想就是西方的自由主义学说。从发生机制看，西方自由主义是社会历史前进的产物，中国近代史上的自由主义则是西方文化东进的产物，缺乏必要的本土文化的根基；从价值取向看，西方自由主义把自由当作价值理性来看待，中国近代史上的自由主义则把自由当作工具理性来看待；从伦理类型来说，西方的自由主义是一种信念伦理，强调个人的绝对自由和发展的权利，以及对现实的批评精神，中国近代史上的自由主义是一种责任伦理，其代表人物恰恰是从救亡图存、变革振兴的国家和民族责任感出发的。

二、现代新儒家伦理思想

现代新儒家是相对于宋明理学的新儒家而言的，实际上是应战自由主义西化派思想的产物。面对自由主义西化派猛烈地批判中国传统的儒学伦理文化和传统道德，欢呼西方文化潮水般涌入的形势，一批知识分子运用西学的方法力图重新肯定儒学的价值系统，恢复儒家传统在中华民族文化体系中的本体和主导地位；在此前提之下吸纳、融合、贯通西学的有益成分，以谋求中华伦理和中国社会的现代化出路。

现代新儒家形成于20世纪20年代初，梁漱溟、熊十力等被认为是这种伦理思想最有影响的开启者和奠基人。梁漱溟运用柏格森的生命哲学的方法，对儒学伦理价值观进行了新的诠释，这集中体现在他关于直觉的学说中。他认为，直觉是认识宇宙、社会和人生唯一可靠的手段，是人们行为的原动力。他说："我们的行为动作，实际上都是直觉支配的"，"其实我们生活中处处受直觉的支配，实在说不上来'为什么'的。你一笑、一哭，都有一个'为什么'，都有一个'用处'吗？这都是随感而应的直觉而已。那孝也不过是儿女对其父母所有的一直觉而已。"[1]他把孔子的仁、孟子的良知良能，都归结为直觉，一种求善的本能，认为"此敏锐的直觉，就是孔子所谓仁"[2]，"孟子所说的不虑而知的良知，不学而能的良

① 《梁漱溟全集》第1卷，济南：山东人民出版社1989年版，第461页。

② 《梁漱溟全集》第1卷，济南：山东人民出版社1989年版，第453页。

能，在今日我们谓之直觉”，是“人人都具有的”。[①]梁漱溟在诠释儒学伦理文化的过程中，已经把人的道德意识和道德选择能力完全归于人生而有之的求善本能，从根本上否定了人在后天对道德理性的接受和追求。熊十力诠释儒学伦理文化，把注意力放在儒学关于道德修养的学说方面，提出了“即习成性”的伦理学命题，认为人要恢复自己的本性就得经过艰苦的修养和修炼。在他看来，人把握心、性、体，不是靠才智，而是靠性智。所谓性智，就是常守本心，不为物所累，实则是一种反求诸己的悟性和能力。如果说梁漱溟注重的是从道德认识论的角度诠释传统儒学，那么，熊十力注重的则是从道德修身或道德实践的角度诠释传统儒学。两人的学说观点和方法是具有一定的代表性的。

20世纪三四十年代，新儒家伦理思想获得了最为充分的发展，其杰出代表当首推冯友兰。冯友兰诠释和提升儒学伦理思想的成就表现在许多方面，其中最有成就的是他的人生境界说。他认为，人的一生应当有一种境界追求。他把人生的境界分为四种，即“自然境界、功利境界的人，是人现在就是的人；道德境界、天地境界的人，是人应该成为的人。前两者是自然的产物，后两者是精神的创造。……道德境界有道德价值，天地境界有超道德价值。”[②]在他所划分的四种境界中，他推崇的是道德境界和天地境界。在他看来，道德境界就是自觉地“行义”，即追求他人利益、社会利益的境界，能够把个人追求与社会追求统一起来的境界。他说：“在道德境界中底人，‘富贵不能淫，贫贱不能移，威武不能屈’。他并不是不知富贵是可欲底，贫贱是可厌底，威武是可畏底。……生亦所欲、义亦所欲，如二者不可得兼，即舍生而取义。这种取舍之间，有一种特别有意底选择，有一种努力。”[③]因此，他强调以“内圣”驭“外王”，以提高人的精神境界，塑造完美的人格为道德、哲学的根本任务。至于天地境界，冯友兰认为那是一种“知天”“事天”“乐天”“同天”的境界，并不是什么

① 《梁漱溟全集》第1卷，济南：山东人民出版社1989年版，第452页。

② 冯友兰：《中国哲学简史》，涂又光译，北京：北京大学出版社1985年版，第390—391页。

③ 冯友兰：《贞元六书》，上海：华东师范大学出版社1996年版，第642—643页。

人都可以达到的，惟有具有哲学修养的人才可以获得。在这一时期，同时有影响的现代新儒家代表人物，尚有牟宗三、钱穆、贺麟、唐君毅、徐复观等，他们大力宣扬中国传统文化特别是传统伦理文化，主张对中国近代以来特别是“五四”以来的各种思潮进行反思，并试图把儒学与康德哲学贯通起来，以实现民族文化的自我觉醒，逐步走向现代化。

中华人民共和国成立后，马克思主义伦理思想成为大陆占统治地位的伦理学说，现代新儒家的第一代人物发生了分流，或归于马克思主义，或退出学坛，而第二代人物大多流落到港台。在现代新儒家伦理思想的第二期发展中，牟宗三的道德理想主义，徐复观的德性主义人性学说以及方东美的生命伦理思想体系均占有着不可或缺的地位，对推动现代新儒家伦理思想的发展起着十分重要的作用。而在境外的一些华人学者，如杜维明等，则强调要开展儒学与诠释学、存在主义哲学、弗洛伊德的学说的对话，并热衷于在世界范围内传播他们对儒学的新理解。

20世纪80年代以来，随着国际哲学界对现代新儒家的兴趣与重视的递增，特别是战后日本经济的迅速发展，以及泰国、马来西亚、印度尼西亚和菲律宾华人集团在经济发展方面取得的成功，使得人们不约而同地对儒家伦理产生了兴趣。第三期代表人物杜维明、成中英、余英明、刘述选、蔡仁厚、王邦雄、曾昭旭等留学国外，使现代新儒家的伦理主张成为一种当代国际社会的伦理思想。

综观现代新儒家伦理思想的发展历程，从学脉传承上来看，具有尊孔崇儒、以儒家伦理学说为中国伦理文化正统和主干的特征；从思想格局来看，具有以儒家心性学为中国学术文化之本源大流，强调以“内圣”驭“外王”，通过提高道德修养来追求文人合一的精神境界，从而建构新的道德形而上学的基本特征；从时代风格上看，与援佛入儒的宋明儒学相比，它具有援西学入儒的特征；从致思倾向上看，具有推崇内省的道德认识和以直觉为主的道德思维的特征。

三、马克思主义伦理思想

1917年俄国十月社会主义革命胜利以后，马克思主义开始传入中国，与此同时，马克思主义伦理思想也开始传入中国。是年冬季，担任北京大学图书馆馆长的李大钊，大量扩充有关民族解放和宣传马克思主义的书籍，包括一些英文、法文和德文版的马克思主义的原著，并秘密成立了“马克思学说研究会”（时称“马尔格士学说研究会”）。从此以后，特别是中国共产党成立后，经过中国共产党人的大力提倡和推动，马克思主义伦理思想逐渐传播开来，并得到了快速的发展，形成了一种最具生命力和影响力的伦理思潮，中国伦理思想的发展由此而进入一个崭新的阶段。

“五四”运动前的1918年，李大钊发表了两篇著名的文论——《庶民的胜利》和《布尔什维主义的胜利》，歌颂了十月革命的伟大胜利及其道义精神。“五四”运动后的一年内，李大钊先后发表了《我的马克思主义观》《物质变动与道德变动》《由经济上解释中国近代思想变动的原因》等文章，在中国第一次用唯物史观论述了道德的起源、本质和发展规律等问题。他坚决反对用“个人的经验”“利己心”“同情心”“天神的宠赐”等来说明道德的起源和本质，指出道德由经济基础决定并随着经济结构的变化而变化。他也是一位彻底的反对儒学伦理传统的人物，认为“孔门的道德是与治者以绝对的权力，责被治者以片面的义务的道德”。[①]同时，他也批判资产阶级道德，指出中国已经发生了“‘劳工神圣’的新伦理”。继李大钊之后，李达在其《社会学大纲》《社会学之基础知识》《法理学大纲》等著作中，阐述了马克思主义关于道德的本质、发展、变化等原理，指出在阶级对立的社会“各阶级之间没有通用的道德原则”，封建婚姻家庭道德“简直是牢狱，是桎梏”。[②]在马克思主义伦理思想的传播过程中，李达最先向中国人介绍了马克思主义的人性论。他把劳动看作区分人和动物的标志，指出人是社会生活中的人，

---

①《李大钊选集》，北京：人民出版社1959年版，第297页。

② 转引自许启贤主编：《伦理学研究初探》，天津：天津教育出版社1989年版，第83页。

人的本性会随着社会的不断发展变化而不断发生变化。

毛泽东对马克思主义伦理思想在中国的传播和发展所作的贡献最为突出，也最为持久。他早年在北京大学图书馆任职期间，曾仔细研读过包尔生的《伦理学原理》，并作了许多批注，接触到人本主义的伦理思想。在第一、二次革命战争期间，他所发表的《关于纠正党内的错误思想》《湖南农民运动考察报告》《中国共产党在民族战争中的地位》《为人民服务》《纪念白求恩》《在延安文艺座谈会上的讲话》《新民主主义论》《论联合政府》等著名篇章，传播、丰富和发展了马克思主义的伦理思想。毛泽东十分重视道德意识和道德情感的能动作用。他提出了"为人民服务"这一共产党人的政治宗旨和道德目标，说："全心全意地为人民服务，一刻也不脱离群众；一切从人民的利益出发，而不是从个人或小集团的利益出发；向人民负责和向党的领导机关负责的一致性；这些就是我们的出发点。"[①]他明确了无产阶级的革命功利主义思想，指出："世界上没有什么超功利主义，在阶级社会里，不是这一阶级的功利主义，就是那一阶级的功利主义。"[②]他对集体主义、爱国主义和国际主义等共产主义道德原则和规范的内容作了新的补充。他以是否有利于人民大众、是否有利于生产力的发展为道德评价的标准，要求把动机与效果统一起来，发展了马克思主义关于道德评价的理论。他对文化遗产的批判与继承、人性论、革命人道主义等问题，也都作了科学的回答。在中国共产党领导中国人民进行艰苦卓绝的革命斗争中，他的光辉的伦理思想起到了教育和团结共产党人和革命军人乃至广大人民群众的巨大作用。在这种意义上我们完全可以说，中国革命的胜利也是马克思主义伦理思想在中国传播和发展的结果。

刘少奇在《论共产党员的修养》《论人的阶级性》《人为什么会犯错误?》等著作和文章中，对马克思主义伦理学关于思想品德修养的必要性、修养的标准、内容、实质、目的和方法等问题都作了系统而深刻的阐述。他论述了共产主义道德与物质利益的关系等问题，认为"这种道德，不是

---

① 《毛泽东选集》第3卷，北京：人民出版社1991年版，第1094—1095页。

② 《毛泽东选集》第3卷，北京：人民出版社1991年版，第864页。

建筑在保护个人和少数剥削者的利益的基础上，而是建筑在无产阶级和广大劳动人民的利益的基础上”[1]。他认为，人有两种本质：自然本质和社会本质。在阶级社会中，一切人都作为阶级的人而存在，由此，人的本质就由人的阶级地位决定。由于阶级地位不同，人们的是非、善恶观念也就不同。周恩来早在中学求学时，就号召“所有的人都向‘觉悟’道上走，努力！奋斗！”在《论中国的法西斯主义——新专制主义》等文章中，他对蒋介石宣扬的封建法西斯道德进行了尖锐的揭露和批判，指出蒋介石及其集团“抗战不勇，内战当先，还谈什么忠孝！捆上疆场，官逼民反，还谈什么仁爱！”“他这套唯心主义的道德观都是虚伪的”。[2]

总的来看，20世纪马克思主义伦理思想在中国的传播和发展，是中国封建社会的道德已经解体，资本主义社会的道德不能解决中国社会近代以来所发生的全面深刻的道德危机，而中国人民又迫切需要一种既能反帝又能反封建的伦理思想的历史文化条件下开始的。一批革命先驱者也是马克思主义伦理思想的先驱者，他们在思考中华民族救亡图存、推翻旧制度和建立新中国的过程中，也深入思考了中国传统伦理道德的变革问题。他们既反对自由主义西化派伦理思潮全盘否定民族传统的伦理虚无主义，也反对现代新儒家的伦理保守主义，主张超越二者的对立，在马克思主义社会历史观的指导下走一条适合中国国情的伦理现代化道路。

第三节　中国传统儒学伦理思想向国外传播的基本情况

中国传统儒学伦理向国外传播，可视为中国近现代伦理思想演变与发展史的一个“支流”，因此应作为中国近现代伦理思想发展的题中之义来研究。不过需要指出的是，这种发展是从超越疆土的文化交流和异域境内的文化融合的意义上说的，不可与中国本土的发展情况相提并论。

---

① 《刘少奇选集》(上)，北京：人民出版社1981年版，第133页。

② 《周恩来选集》上卷，北京：人民出版社1980年版，第147页。

中国传统儒学伦理向国外的传播式发展，最早究竟起于何时，学界没有定说，但对传播的时序和范围的看法却大体上是一致的。传播的时序是由近及远，传播的范围不仅涉及中国的周边诸国，如朝鲜、日本、越南、新加坡等，而且远至德国、法国、英国、美国等一些欧美国家。

一、传播的基本途径和方式

中国传统儒学向国外传播，大体上可以分为汉人移居或出使别国传播和汉文字输出传播两种途径和方式。

汉人移居传播方式和途径，最早发生在公元前3世纪。公元前221年，秦始皇统一天下后建立了中央集权的封建国家，随即派50万大军南征，于公元前214年平定了五岭以南的广大地区，在被征服的区域设置了南海、桂林、象郡，其中象郡包括后来的越南的北部和中部地区。此后，秦始皇命令南征军中的幸存者留在原地“谪戍”，防守边疆，并随后在内地征调15000多名未婚女子到岭南，与“谪戍”的军人组建家庭。在此以后，又有更多的中原人移居岭南，其中包括一些落魄的儒生。这些儒生，无疑会带去儒学伦理的价值观念和行为方式，他们开启了儒学向越南传播的历史，也开启了汉人以移居方式传播儒学伦理文化的先河。公元前108年，汉武帝灭卫氏朝鲜后在其地设了乐浪、玄菟、直蕃、临屯四个郡，各郡派有汉人官吏做太守，并移居汉民，建立了与当地居民的通商关系，儒学伦理思想随之传播到朝鲜。向朝鲜的传播，是以汉人移居方式传播儒学伦理文化的典型方式，最具有代表性。汉人移居别国的传播方式，较晚的是向新加坡的传播。19世纪，一些华人从广东、福建等地移居新加坡，成为新加坡最早的拓荒者和开发者，也是最早的儒学伦理文化的传播者。华人企业家郭松年说：“从小我们就被灌输儒家的道德价值观。老人们经常教育我们要讲商业道德、重视荣誉、言而有信，这一切都深深印在我心里。”①

如果说，以汉人移居别国的方式传播是一种不自觉的传播、只是移居行动

① [美]约翰·奈斯比特:《亚洲大趋势》,蔚文译,北京:外文出版社1996年版,第19页。

的“副产品”的话，那么以汉文字的形式向别国传播则是一种自觉的行动。

以汉文字——多为儒学经典的方式向国外传播，一般都与国际的政治文化交流相伴随。这是一种主动自觉的传播，其中又有两种不同情况。第一种情况是由汉人携带汉文字（一般为儒学经典）出使别国的传播。这种情况最早发生在向日本的传播。据《日本属纪》记载，公元285年，百济博士王仁东渡日本，将其携带的《论语》和《千字文》献于应神天皇作为皇太子的教科书，并被聘为皇太子的老师。此后，又有五经博士王柳贵、王保孙、王有俊，易经博士王道良等人相继东渡日本，传播儒学经典和儒学伦理思想。

第二种传播情况是由外国人向西方介绍儒学经典，或直接携带儒学经典归国。这种传播方式和途径的出现，与13世纪末至20世纪初《马可·波罗游记》在欧洲成为畅销书有关。这本书所记载的虽然只是中国的物质文明，并没有直接涉及中国的精神文明，尤其是儒学的伦理文明，但却拓展了西方人了解中国的国际视野，激发了西方人认识中国的极大兴趣，为后来西方人引进中国儒学文明开启了畅通之路。明清之际，欧洲资本主义兴起，跟随着新兴资本主义殖民扩张的脚步，一批批传教士纷至沓来，在传播基督教教义的同时，研究并向西方世界介绍包括儒学在内的中国传统文化。据有关记载，第一本西传译本是明代范立本所编撰的《明心宝鉴》。这本书大量收录了孔子、孟子、荀子、老子、庄子、朱熹等儒学大师的论述和格言，后由西班牙人高母羡（Juan Cobo）翻译介绍给西方人。[①]据有关史料称，16世纪，意大利人利玛窦，是在中国本土第一个翻译儒学经典“四书”的人，他在将“四书”翻译成拉丁文后寄回本国。后来，法国人金尼阁又将“五经”翻译成拉丁文，并在杭州刊印。

人类进入19世纪以后，随着资本主义和殖民主义的扩张，不同国家和民族间的政治文化交流日益频繁。一方面，殖民主义者为了巩固其殖民统治，需要研究被占领和掠夺国的文化，另一方面，被占领和掠夺国需要学习资本主义和殖民主义国家的科学技术、文化价值理论，乃至政治和军事。中国在19世纪中叶鸦片战争失败、沦为半封建半殖民地的社会以后，在受到

① 参见张西平：《中国与欧洲早期宗教和哲学交流史》，北京：东方出版社2001年版，第298页。

经济掠夺和政治压迫的同时，一方面受到殖民主义的文化侵略，另一方面也为“中学西进”提供了前所未有的条件，中国传统文化特别是儒学伦理文化向国外的传播也因此而获得前所未有的机遇。西方人对中国传统伦理道德和民族精神较为全面的了解和认识，其实是在近现代社会以来的事情。

二、传播的主要内容与影响

中国传统儒学伦理文化向国外传播的主要内容多为儒学经典，涉及《春秋》《礼记》《诗经》《易经》《书经》《论语》《孟子》《孝经》，王阳明的《传习录》和《王阳明文集》、朱熹的《大学或问》和《论语精义》等，除此之外尚有《史记》《汉书》《后汉书》等中国古代经典史书。这些儒学经典传播到国外之后，所在国的学者都依照本国的国情和需要作了新的诠释、理解和阐发，但基本上都保持了儒学的原典精神，由此而对相关国家产生深刻的影响。

高丽王朝末期，李成桂凭借其铲平倭寇的强势军威于1392年篡权建立李氏王朝，此后五百年间尊孔子为“素王”，儒学为“国教”，被一些学者称为“儒教王朝”。伦理道德观上，信奉“三纲五常”，尤其推崇“孝”，将“孝”推演和提升到“忠”的地位，用忠孝一致的政治伦理思想教化百姓，治理天下。太祖李成桂登上王位第八天便颁发“教书”，规定褒奖忠孝节义：“忠臣孝子，义夫节妇，关系风俗，在所奖励，令所在官司，询访申闻，优加擢用，旌表门闾。”[①]李氏王朝灭亡后，在日本军国主义统治下，儒学渐渐失去其往日的正统地位，但其忠孝节义的伦理道德观念和价值标准由于早已深入人心，成为一种国情和民心，而成为朝鲜和韩国一种重要的传统，以至韩国历届总统每逢年初还要邀请400名孝子和孝妇到其居住的青瓦台做客。[②]

儒学对古代日本发生的影响大体与对朝鲜的影响相同。这种影响在西

① [韩]崔根德:《韩国儒学思想研究》,北京:学苑出版社1998年版,第211页。

② 参见陈光曼:《儒家思想在韩国》,《光明日报》1995年12月15日。

学于16世纪中叶传入日本之后渐行衰落。西学的大量传入给日本的经济和社会发展带来了巨大的推动力，同时也造成大量的社会道德问题，在19世纪中叶曾引起一些有识之士的重视，主张重新审视儒学的伦理价值，这样的反思同时也曾引起日本统治者的高度重视，但至明治维新后又成了历史的声音了。日本著名学者沟口雄三指出："关于明治以后，如前所述，大概现在的日本人都不会承认日本属于中华文明圈。绝大多数的日本知识分子认为，欧洲文明才是人类文明中真正先进的文明，他们以此为价值标准，把中华文明视为已经逝去了的历史，甚至还出现了蔑视中华文明的风潮。"①尽管如此，儒学对日本伦理文化的影响依然存在。在如今日本的企业和公共生活中广泛存在的重视"团体主义精神"和人际和谐的风尚，其价值理念和标准还是以家族为中心、讲信修睦、推己及人的儒学精神，只不过是已经经过"日本化"罢了。儒学对近代以来的日本所发生的"日本化"的影响，对其本土的中国人来说是具有启发意义的。

儒学是伴随着17—18世纪启蒙运动中出现的"中国文化热"传到欧洲的，其影响突出表现在作为"外来成分"充当了启蒙理性反对封建专制和宗教神学统治的同盟军。正如一位英国学者指出的那样："所以孔子的思想在这时便成为某些人反对宗教文化之一个武器，孔子哲学的研究也不限于宗教界，尤其在当时一些自由思想家之中。即因这个缘故，遂使中国的哲学文化成为十八世纪欧洲思想所吸取的外来成分。"②之所以会如此，是因为启蒙运动的哲学与儒学存在某种内在的认同特性，正如赫德逊指出的那样："十八世纪的法国'哲学家'，不论在政治上是自由主义者或新君主义者，几乎都是自然神论者，他们相信没有奇迹、启示或圣事的常识的'自然宗教'，这种宗教能够为道德提供基础而不给教权主义者和教士权术以可乘之机。……但是在欧洲异教的古代没有一个国家像中国那样地采纳过这类的哲学。法国的自然神教者相信他们在中国看到了这种作为全国崇拜的'哲学家的宗教'。"③

① [日]沟口雄三:《日本中国学的课题》(上),隽雪艳、贺洁译,《文史知识》1996年第11期。

② 朱谦之:《中国哲学对于欧洲的影响》,福州:福建人民出版社1985年版,第191页。

③ [英]赫德逊:《欧洲与中国》,王遵仲译,北京:中华书局1995年版,第293页。

儒学伦理文明对现代西方社会产生影响是在第二次世界大战之后。工业革命和蒸汽机的普遍使用促使资本主义快速发展，欧洲人渐渐淡化了对中国文化包括儒学伦理文化的热情，产生了前所未有的优越感，形成了欧洲中心主义的观念，而在这期间古老文明的中国却渐渐地落在了资本主义文明的后面。二战后，战败国日本迅速崛起，中国等亚洲其他国家纷纷独立，也先后走上快速发展的道路，而与此同时西方国家在现代化进程中却普遍出现了高度发达的物质文明与日渐衰落的精神文明不协调的现象。这种落差引起西方人重新思考儒学伦理文化的时代价值。如：法籍汉学家白乐日（Etienne Balazs）认为，研究中国传统文化对认识宗教具有重大的参考价值；美国汉学家卜德（Derk Bodde）在20世纪50年代发表的《论中国哲学的和谐与冲突》一文中指出，对中国传统思想不仅要研究，而且要将其与西方思想进行比较，在比较中互见长短，相互学习。法国自1974年起还每三年举行一次启蒙时期中国与欧洲关系的研讨会。[①]为中国哲学和伦理学界所熟悉的德国著名学者马克斯·韦伯（Max Weber，1864—1920）在发表不朽之作《新教伦理与资本主义精神》之后10年，又出版了《中国的宗教：儒教与道教》，后者是对前者中心论点作支撑和旁证的，由此可见儒学对现代西方文明所产生的影响。

儒学传播到国外所产生的影响是一个相当复杂的问题，不可能也没有必要一一加以考察和介绍。但总的来说应当看到，这种影响多不是“主动输出”式的影响，更不带有“文化扩张”的特性，在近代以来的资本主义世界的传播更是这样。在当代国际社会，随着经济全球化的趋势出现，一些资本主义国家极力进行他们的文化扩张和渗透，推行文化霸权，试图以此与他们的经济、政治和军事霸权相匹配。在这种情况下，发扬儒学注重“推己及人”和人际和谐的精神，同时将其张扬开去，影响世界，对于抵制外来某些腐朽文化的影响，表达中国传统伦理精神的世界性价值，为人类的文明进步作出应有的贡献，无疑是十分必要的。

---

① 参见姜林祥:《儒学在国外的传播与影响》,济南:齐鲁书社2004年版,第311—317页。

第六章 中国传统道德及其当代传承与创新

传统道德是在历史上的经济结构、政治结构和观念结构的基础上，经过一定的伦理思想及其演化的道德观念和标准的长期教化之下而形成的。中国传统道德总体上包含两个部分：一是在几千年的封建社会中形成和演变的中华民族的传统道德，二是中国共产党在领导中国人民开展革命斗争中形成的革命传统道德。前者的形成和发展无疑受到以孔子和孟子为代表的儒学伦理思想的深刻影响，后者是中国传统道德的特殊形式，它是在马克思主义观念形态的指导下，在特定的历史条件下继承和创新民族传统伦理思想和传统道德的结晶，也是马克思主义伦理思想中国化成果的一个有机组成部分。中肯分析和科学认识中国传统道德，既是传承中国传统伦理思想和传统道德的需要，也是把握当代中国伦理学和道德建设的一个基本的方法论路径。

第一节 中华民族传统道德的双重价值结构

中国封建社会，一方面是普遍分散的小农经济，另一方面是与小农经济相适应的高度集权的专制政治，这种社会结构模式必然在根本上决定了中华民族道德的价值观念是一种双重价值结构。对此，我们可以从如下几个方面进行分析。

一、公私观念结构："大一统"的整体观念与小私有观念共存

公私观念，指的是人们在看待和处理集体（整体）与个人之间的利益关系问题上表现出来的道德观念和行为方式，它是社会的道德体系和人的道德观念的思想基础和价值核心，在任何社会里都是道德评价的基本标准。中国传统道德的公私观念，是一种"大一统"的整体意识与一家一户的私有意识共存的双重结构。

整体是集体的最高层次和形式，整体观念也是集体观念的最高层次和形式。在一定的社会里，整体特指整个国家和民族，整体观念一般是指国家观念和民族观念，它反映和调整的是个人与国家、民族之间的利益关系，除此之外并不涉及其他的利益关系。在中国几千年的封建社会里，除了整体观念之外几乎没有什么其他的集体观念可言。这是中国传统道德的一大特征。

中国传统道德中的整体观念，主要是关于封建专制国家的"大一统"观念，通常表现为作为政治伦理观念的"天下" 观念。中国古人将仰视所见的苍穹称为"天"，"天上"无边无际，高远莫测，而"天下"则"普天之下，莫非王土"，是有边有际，可知可为的。这才有"得民心者得天下"之类的政治伦理观念，才有"天下为公"，"不以天下之大私其子孙"，"天下兴亡，匹夫有责"，"先天下之忧而忧，后天下之乐而乐"等"大一统"的道德价值观念。中国传统道德中的"大一统"整体观念，主要属于"君臣"及其"士"阶层即部分知识分子的政治伦理观和人生价值观。广大的农民群众是没有"天下"观念的，他们充其量只有"国家"观念。他们日出而作，日落而歇，关心的只是自己的"家"及与此相关的"国"。正因如此，中国传统道德中的爱国主义精神具有两种基本形态，一种是爱国与爱君相一致，另一种是爱家与爱国相一致，由此而存在"忠君报国"与"保家卫国"的分野。这两者的共同之处在于，当"天下"和"国家"

面临外敌入侵时，人们会闻风而动，保家卫国，保天下。这是中国传统道德中公有观念的基本特征。

私有观念在中国传统道德的价值结构中根深蒂固，其基本特征表现在如下几个方面：其一，总的来看，不是表现为对一己私利的关注，而是表现为对一家一户利益的关注。在有限的人际交往和公共生活领域，人们或许会把一家一户的私有利益置于脑后而只是关注一己之私利，但这样的情况很少，而且是暂时的。其二，具有鲜明的自保、自立的保守倾向。这种倾向，作为文字文化形式有杨朱的“拔一毛以利天下，而不为也”的公开主张，作为俗文化形式则是“人不为己，天诛地灭”，“事不关己，高高挂起”，“各人自扫门前雪，休管他人瓦上霜”的普遍认同。与此相关的人生态度和行为方式，便是安分守己、不损他人、不思进取、不谋发达等。其三，一般并不表现出侵害性、攻击性的特征，这与自保、自立的保守倾向直接相关。利己不害人，是中国传统道德价值结构中的私有意识的最重要特征。这表明，不可将传统意义上的中国人的私有观念与西方的个人主义、利己主义相提并论。个人主义和利己主义是资本主义私有制的产物，是系统化了的社会历史观和道德价值论，而中国人传统的私有观念则是根源于汪洋大海式的小农经济，多以自发性的“伦理观念”方式存在，并不具有社会历史观和道德价值论的理论形态，在体现国家意志的理论形态上恰恰是“推己及人”和“大一统”的公有观念。就是说，中国没有个人主义和利己主义的道德传统。

正因如此，在几千年的历史发展过程中，中国人的整体观念和私有观念能够以双重结构的方式共存，共同对维护封建社会的稳定和人伦秩序发挥巨大的调节作用。

二、人际观念结构：注重人际和谐与不讲是非原则共存

中国传统道德体系中注重人际和谐的观念具有内含恰当与适中、和睦与团结、附和与随同等意思，价值倾向是强调存在差别和矛盾的各种不同

的社会关系处于相依共存、协调发展的状态。

“和”在春秋以前具有多方面的含义，经过孔子的创新和梳理其伦理含义才凸显出来。《论语》讲“和”有8处，三种意思。一是恰当与适中，是针对“过”与“不及”而言的，如“礼之用，和为贵”[①]。意思是说，“依礼（治世）”和“守礼（做人）”最重要的是要适中，恰到好处，不可出现偏差，更不可走极端。二是和睦与团结，是针对不“合群”或不当“合群”而言的，如“和无寡”[②]，“君子和而不同，小人同而不和”[③]。前一句的意思是说，与人相处要注意讲和睦与团结，这样就不会使自己落于孤单（成为“孤家寡人”）；后一句的意思是说，君子与人相处注重和睦与团结，但并不与人苟同，小人恰恰相反，注重的是苟同而不是真正的和睦与团结。三是附和与随同，是针对盲从而言的，如“子与人歌而善，必使反之，而后和之”[④]。意思是说，孔子听人歌唱时如果感觉好，首先要反问自己好在何处，然后再附和。孔子以后，在儒学著述家的文本里，“和”与“中”“庸”“合”等词义常发生融会和贯通，含义也因此发生一些变化，但并没有偏离孔子所奠定的基本的思想蕴涵。孔子奠定的和谐观及其后来的演绎形式（特别是“中庸”），对于维护封建社会的人际稳定，发展和丰富封建伦理文明直至教化臣民等，都曾发挥过重要的作用。

但是由于阶级和历史条件的局限，封建社会的人们对孔子奠定的传统和谐观念的认同是有限的，无是非意识的“一团和气”的处世原则就是一个突出的表现。寓言《农夫与蛇》，说的是寒冬季节，一个农夫看到一条蛇在路边冻僵了，很不忍心，便将其放进自己的怀里焐着。蛇苏醒过来后咬了农夫一口，使农夫受了致命的伤。农夫在临死的时候说：“我不该同情蛇一样的恶人!”这个故事所“寓”之“言”，显然不只是讽刺那一位农夫，而是在批评一种社会现象，即关于人与人交往中的仁爱原则所存在的不问是非、不问善恶的缺陷。毛泽东曾在其《反对自由主义》中列举和批

①《论语·学而》。

②《论语·季氏》。

③《论语·子路》。

④《论语·述而》。

评了自由主义的十一种表现，其中有四种就属于这种处世原则和价值态度：第一种，“因为是熟人、同乡、同学、知心朋友、亲爱者、老同事、老部下，明知不对，也不同他们作原则上的争论，任其下去，求得和平和亲热。或者轻描淡写地说一顿，不作彻底解决”。第三种，“事不关己，高高挂起；明知不对，少说为佳；明哲保身，但求无过”；第六种，“听了不正确的议论也不争辩，甚至听了反革命分子的话也不报告，泰然处之，行若无事”。第八种，“见损害群众利益的行为不愤恨，不劝告，不制止，不解释，听之任之”。这类不问是非、不问善恶的处人原则，正是“和为贵”“一团和气”的表现，表明历史上中国人对传统和谐观的认同所出现的偏移也影响到中国共产党和革命军队内部。不言而喻，这种影响今天依然广泛存在。一些自绝于党和人民的腐败分子在没有暴露之前，他们的身边人难道没有一点察觉？不过是遵循“和为贵”“一团和气”的处人原则罢了。

在构建社会主义和谐社会的今天，我们需要传承中国传统道德注重人际和谐的价值观念，在这个过程中一方面要反对不问是非善恶、不讲原则的旧意识旧作风，另一方面也要防止以建设和谐社会和和谐人际关系为借口压抑人们的竞争意识和进取精神。

三、人格观念结构：诚实守信与不知变通共存

诚信，即诚实守信，是中华民族历史上极为重要的传统道德范畴和价值标准，也是中国人最为重视的传统美德。

诚，在中国伦理思想史上具有三种含义，一是做人的原则，即人伦伦理范畴，“诚者，真实无妄之谓”[①]。二是做事的原则，即做事的基本立场和态度，“学者不可以不诚，不诚无以为善，不诚无以为君子。修学不以诚，则学杂；为事不以诚，则事败……”[②]。三是世界的本原，具有哲学

①《四书章句集注·中庸章句》。

②《二程集·河南程氏遗书》。

本体论的意思，即所谓“诚，一也”[①]。不论属于哪一种含义，其基本意思是一致的，说的都是一种不变的原则、法则和立场。“信”是“五常”之一，它主张在人际交往关系中应讲究信用，遵守诺言，“与朋友交，言而有信”[②]。“信”也是成事之本，“人而无信，不知其可也”[③]。信，最早是由孔子提出来的，但到了汉代才受到高度重视，被作为“五常”之一上升到国家之“大德”的地位，此后经久不变。中国伦理思想史上有种现象很值得注意：以孔孟为代表的儒家学人提出的伦理道德主张，有许多在此后的发展过程中都程度不同地受到其他学派包括儒学自身一些人的批评，唯有“信”没有受到这种对待。而在“文以载道”文学巨著中，也有另一种现象很值得我们注意，这就是：那些形象丰满、栩栩如生、给我们的印象极为深刻的人物，凡属于正面人物其身上都含有一种“信德”，他们言而有信、表里如一，给人一种真实、真诚、可信的感觉；而凡是反面人物其身上都有一种虚伪的品性，言而无信，惯于巧言令色、欺诈骗人，因而使人感到厌恶。“诚”与“信”的基本含义是相通的，在实际的道德生活中两者相互统一，不可分割。信以诚为基础，诚又以信为表现形式，以诚待人必能言信，离开诚则无信可谓，“诚则信矣，信则诚矣”[④]。

作为传统美德，诚实守信也有其陈腐落后的一面，这就是恪守陈规、不知应变，表现为在道德价值选择和实现的过程中拘泥于特定的原则和良心，不顾具体对象和客观环境，执着于表里如一、言行一致，忽视区别对待和适时应变的必要性和重要性，缺乏区别对待、审时度势的智慧和能力。结果，不但难能实现诚实守信的道德价值，反而可能身受诚实守信之害。

多少年来，中国人所恪守的诚实守信的道德价值，就是如上所说的双重结构。

---

①《礼记·中庸》。

②《论语·学而》。

③《论语·为政》。

④《二程集·河南程氏遗书》。

四、精神生活观念结构：重视追求理想与空谈理想共存

从一定意义上说，重视精神生活是我国知识分子的一种传统美德。道德本身就是一种精神生活，讲道德的人必定重视精神生活。我国的知识分子历来不仅重视精神生活，而且重视对于道德理想的追求。《礼记·礼运》曰："大道之行也，天下为公。选贤与能，讲信修睦。故人不独亲其亲，不独子其子。使老有所终，壮有所用，幼有所长，鳏、寡、孤、独、废疾者皆有所养。男有分，女有归。货恶其弃于地也，不必藏于己；力恶其不出于身也，不必为己。是故谋闭而不兴，盗窃乱贼而不作，外户而不闭，是谓大同。"这种"天下为公"的理想，既是一般的社会理想，也是道德理想。革命先行者孙中山也曾把这种"天下为公"的理想作为自己追求的目标，并以此要求他的追随者。《礼记·大学》开篇的"大学之道"即所谓"三纲领八条目"说："大学之道，在明明德，在亲民，在止于至善……物格而后知至，知至而后意诚，意诚而后心正，心正而后身修，身修而后家齐，家齐而后国治，国治而后平天下。"这也是一种系统化了的社会道德理想。另外，像对"明君明臣""太平盛世"的赞誉，也反映了我国古代知识分子所期望实现的道德理想。

与追求道德理想有关的便是对理想人格的看重。孟子所说的"富贵不能淫，贫贱不能移，威武不能屈"（陶行知在孟子的"三不能"后面又加了一句"美人不能动"）。古人所说的"立德""立言""立功"的所谓"三不朽"，还有"圣人""贤人"等，都是我国古代知识分子自立、自强、自重、自爱的道德精神和人生态度。古人追求精神生活和道德理想，还体现在重视读书明理上。中国古代知识分子，或是为了求官做官，或是为了求知自得及助人，多以读书为个人的奋斗目标和人生乐趣，有的甚至为此而消耗了毕生的精力。在这方面，颜回的"一箪食，一瓢饮，在陋巷，人不堪其忧，回也不改其乐"[①]，董仲舒的"少治《春秋》"而"三年不窥

① 《论语·雍也》。

园”[1]，都被传为千古佳话。

值得我们注意的是，凭借自己的体力求生的广大劳动者，日子虽然普遍清苦，有的甚至常年食不饱腹，衣难蔽体，但也终不忘对精神生活的追求。最值得一提的是，农闲时节，在乡间集市或大村落普遍摆设的“书场”。每逢开场，听书者真是争先恐后，他们在一回一回的《封神榜》《岳家军》《杨家将》《三国演义》《水浒传》等历史小说中，领略传统的道德价值观念，进行着一种特殊的精神消费。

然而，这种对理想人格的追求在实际操作中却往往表现为很多理想化的成分或“一厢情愿”，甚至有些内容要求与现实生活是远远脱节的，完全变成一种“假、大、空”的道德说教。从历史上看，中国人有空谈道德理想、热衷于以道德教人的不良传统，具体表现在：注重用书面性的或教科书式的思维方式和理想的目光看现实，用书上的“标准”尺度度量现实，对现实的要求理想化；注重于对别人讲道德上如何“做人”的大道理，或曰注重于教人以做人之德，而不注重于教人以做事之“技”；注重从教育者的良好愿望出发，注重于耳提面命，而不大注重受教育者的可接受程度，致使道德教育往往变成一种道德说教。因此，我们在继承和发扬这方面道德传统的优点时，应该丢弃这些不良因素。

五、修身观念结构：严于律己与规避善恶矛盾共存

这是中国古人在道德修养上所表现出来的双重价值取向。道德修养，是把社会道德要求转化为个人道德品质的自我教育过程以及这种过程所达到的精神境界。在中国传统道德文明发展史上，注重道德修养多为知识分子所为，这样的修身一方面注重严于律己，另一方面又存在脱离社会现实、规避社会善恶矛盾的倾向。

中国古代知识分子十分重视修身，曾参关于“吾日三省吾身”即“为

① 《汉书·董仲舒传》。

人谋而不忠乎”“与朋友交而不信乎”“传不习乎”[1]的座右铭式格言，已成为千古佳话。修身思想是中国传统伦理思想的重要组成部分。《礼记·大学》说：“大学之道，在明明德，在亲民，在止于至善。”何谓“明明德”呢？“明明德于天下者，先治其国。欲治其国者先齐其家，欲齐其家者先修其身，欲修其身者先正其心，欲正其心者先诚其意，欲诚其意者先致其知，致知在格物”。这就是所谓的“三纲领，八条目”，作为一种认识和实践系统其核心环节就是修身，强调修身要持有“正心”“诚意”的信念，明白修身对于“齐家”“治国”“平天下”的重要意义。这种关于修身的伦理思想，在几千年的历史发展中已经成为一种修身信念和范式。清代儒生蒋大始曾编撰一本《人范》，收录了此前史上诸多注重修身的“模范人物”的感人故事，成为有志于做官做大事的人的修身范本。

以“惩忿窒欲，迁善改过”为主要目的和目标，是中国古人修身范式的首要特点。追求这种修身目的和目标，与“君子喻于义，小人喻于利”，“重义轻利”，“存天理，灭人欲”的传统伦理思想的总体倾向是一致的，具有引导人们克服和纠正不当欲望、尊重和践履社会道德标准的积极作用，同时又具有压抑人的正当欲求、发挥人的潜能的消极作用。中国古人修身，在“惩忿窒欲，迁善改过”目的和目标的指导下，注重认知和慎独。认知，说的是修身的途径，强调在“尊德性”的前提下“道问学”，即尊重和遵从天赋的德性，认真学习封建社会伦理纲常的大道理。慎独，说的是修身的方法，强调的是在一人独处、无人监督的情况下能够自觉地按照封建道德行事而不做坏事。这样的途径和方法，同样具有两面性，即在要求人们“严于律己”的同时，又引导人们脱离社会理性和社会实践，脱离普通的人民群众。中国古代知识分子大多都看不起普通的劳动者，除了其“依附”封建统治阶级的阶层局限性以外，与这种修身信念和方式是直接相关的。

---

①《论语·学而》。

第二节　中国革命传统道德的主要内容

中国革命传统道德是中国共产党在领导中国人民进行推翻“三座大山”和建立新中国的革命战争中创建的，从某种意义上说就是中国共产党的政治道德和人生价值观。新中国成立后，革命传统道德在“文革”发生前曾经得到充分肯定和普及性的传承，但在“文革”中又受到破坏，改革开放以来则面临变革和创新的挑战和机遇。因此，研究和阐发中国革命传统道德，是中国伦理学的一项重要任务。

一、追求真理、不怕牺牲的革命精神

追求真理、勇于献身是中国革命道德传统的核心内容。追求真理、坚持真理是中国共产党人和革命者对社会主义、共产主义这一人类有史以来最美好最崇高的理想，也是最美好、最先进社会制度的向往和追求的坚定信念。自1840年鸦片战争以来，帝国主义的侵略使中华民族陷入了严重的生存危机，救亡图存成为近代中国的当务之急。“天下兴亡，匹夫有责”。李大钊、蔡和森、毛泽东、周恩来、朱德等一批有志之士怀着强烈的爱国情感，在经过对各种救国主张的对比后，毅然选择了马克思主义，并从此树立了对共产主义的坚定信念，走上了革命的道路。之后，不管风吹浪打，流血断头，他们对自己的选择从未产生过动摇。正如毛泽东在回忆自己早年的革命信仰时所说，在接触到共产主义的书籍和了解到俄国革命的历史后，迅速地建立起了对马克思的信仰，从此以后“对马克思主义的信仰就没有动摇过”。爱国主义热忱与坚定的共产主义信仰统一起来，这在中国历史上还是第一次，这成为中国革命道德萌芽的重要标志。

为社会主义和共产主义而奋斗，自中国共产党成立并旗帜鲜明地宣布这一奋斗目标起，就遭到了一切反动势力的嫉恨，革命就意味着流血和牺牲。1927年大革命的失败使党的事业遭到了第一次严重的挫折，反动势力大开杀戒。据不完全统计，从1927年到1928年上半年，共有31万多名党的优秀分子和革命群众牺牲在敌人的屠刀之下，全国处于一片血雨腥风之中。一些在革命高潮时参加党的不坚定分子纷纷宣布脱党、退党，有的甚至叛变投敌。然而，有更多的革命分子在严峻的生死考验面前毫不畏惧，他们更坚定地继续着死难烈士的遗志，踏着死难烈士的血迹继续向前进。彭德怀、贺龙、徐特立等一批革命者，正是在这种白色恐怖笼罩之际毅然加入共产党的。“砍头不要紧，只要主义真。杀了夏明翰，还有后来人！”为了崇高的理想和信念，一批批共产党人和革命先烈前赴后继，视死如归，在生死关头，大义凛然，表现出大无畏的革命英雄主义气概。

革命的理想不仅是中国共产党人最可贵的革命传统，也是中国特色社会主义改革与建设实践中的巨大动力。

坚定只有社会主义才能够救中国和发展中国的信念，就必须坚决同一切否定和危害社会主义的言行作不懈斗争。在当今的国际国内形势下，坚持四项基本原则，反对资产阶级自由化，是极其严肃的思想和政治立场问题。坚定只有社会主义才能救中国和发展中国的信念，才能坚定共产主义的理想和信念。正如邓小平所说：“整个帝国主义西方世界企图使社会主义各国都放弃社会主义道路，最终纳入国际垄断资本的统治，纳入资本主义的轨道。现在我们要顶住这股逆流，旗帜要鲜明。因为如果我们不坚持社会主义，最终发展起来也不过成为一个附庸国，而且就连想要发展起来也不容易。现在国际市场已经被占得满满的，打进去都很不容易。只有社会主义才能救中国，只有社会主义才能发展中国。”①

在实行社会主义市场经济的新时期，坚持社会主义、共产主义的理想和信念，坚持宣传和提倡共产主义道德，是社会主义道德建设取得成功的一个关键因素。在社会主义的初级阶段，我们既要提倡全国人民的共同理想，又要坚持共产主义的崇高理想；既要重视人民群众的物质利益，不断提高和改善人民的物质生活，又要进行理想和信念的教育，充实人民群众

①《邓小平文选》第3卷，北京：人民出版社1993年版，第311页。

的精神生活。正如江泽民同志所说的："物质贫乏不是社会主义，精神空虚也不是社会主义。"[①]在提高人民物质生活水平的过程中，决不能使人们自觉和不自觉地陷入只知道谋取个人私利的误区。一个思想空虚、精神萎靡的人，是难免要被各种邪恶势力牵着鼻子引入邪路的。"人是要有一点精神的"，如果没有精神、理想和信念的支持，一个人的一生，只能碌碌无为、无所作为，甚至会造成对国家和社会的危害。思想阵地如果社会主义和共产主义不去占领，资产阶级及其他腐朽没落的思想就必然乘虚而入。弘扬中国革命传统道德，有利于树立和培养人民群众的社会主义和共产主义的信念和理想，有利于坚持社会主义道路，有利于建设一个"消灭剥削、消除两极分化、最终达到共同富裕"的美好社会。

二、积极进取、勇于变革的创新精神

中国共产党作为马克思主义政党，在中国社会发展的各个重要历史时期，都是党的集中创新时期。首先是军事上的创新。抗日战争时期，以毛泽东为首的党中央依据中国是一个进步的大而弱的国家的实际，科学总结人民军队丰富的游击战经验，将本来是战术性的游击战提高到战略地位来考察，认为中国革命战争在长时期内的主要作战形式是游击战和带游击性的运动战，形成了独特的游击战理论。解放战争时期，中国共产党以无产阶级革命家的非凡胆识和革命气魄，全面分析全国革命形势，在敌我军事实力悬殊的情况下，正是由于具有敢于斗争、敢于胜利，善于斗争、善于创新的精神，运筹帷幄，组织并指挥了震惊中外的伟大战略决战，取得了辽沈、淮海、平津三大战役的胜利，为中国革命在全国的胜利奠定了基础，并及时提出了将革命进行到底的思想。其次是政治上的创新。我们党根据中国的国情，根据我国的革命传统和阶级关系状况，把马克思主义无产阶级专政的国家学说和中国实际相结合，创造了无产阶级领导的以工农联盟为基础的人民民主专政的崭新的国家制度，创造性地提出了建立中国

① 《江泽民文选》第1卷，北京：人民出版社2006年版，第621页。

特色的人民民主专政的国家政权。同时，根据在长期革命斗争中形成的广泛的统一战线，创造性地建立了中国特色的新型政党制度，即中国共产党领导的多党合作和政治协商制度。再次是经济上的创新。没收官僚资本，归人民共和国所有，使它成为国民经济的主导成分；对私人资本主义采取既利用又限制的政策；对广大的个体农业和手工业经济谨慎地、逐步地积极引导他们向集体化、现代化方向发展。最后是外交上的创新。1947年，中国共产党创造性地提出了“另起炉灶”“打扫干净屋子再请客”“一边倒”的三大外交方针，明确了不承认国民党时代的任何外国机构和外交人员的合法地位，不承认国民党时代的一切卖国条约继续存在和倒向社会主义一边，并按照平等原则同一切国家建立外交关系，从而开辟了中国外交史上的新纪元，奠定了新中国的外交布局。

正是我们党坚持了革命创新精神，才将中国革命进行到底，并使中华民族在半殖民地半封建的基础上逐步建立起崭新的社会主义制度，使人民翻身解放当家作主，使国家开始走向民主、独立、富强之路。

党的十一届三中全会以后，以邓小平为核心的第二代中央领导集体继承和发扬了革命创新精神，从国内外的实际出发，拨乱反正、大胆探索、勇于创新，开创了我国社会主义事业发展的新时期。这一时期创新的突出特征是改革创新或体制创新，即在坚持社会主义基本制度前提下的创新。这主要表现在两个方面：一是理论创新，即把马克思列宁主义基本原理与中国实际和时代特征相结合，创立了中国特色社会主义理论体系，找到了具有中国特色社会主义的发展道路，继承和发展了马克思主义。二是体制创新，即改革不适应生产力发展的旧的经济体制、政治体制和文化体制，建立了促进生产力发展的社会主义市场经济体制、民主政治体制和科技、教育、文化体制，由此使社会主义事业的发展驶入快车道。江泽民同志在世纪之交的关键时刻，面对新的历史机遇与挑战，针对党在新的历史时期的重大使命，总结历史经验，立足时代要求，发扬党的创新精神，特别是依据“三个代表”重要思想的内在要求，进一步提出了理论创新、体制创新、科技创新等一整套新理论，丰富和发展了马克思主义理论。

第一，把创新与解放思想、实事求是联系起来，开拓了坚持党的思想路线的新境界。江泽民同志指出："马克思主义是最讲科学精神、创新精神的。坚持马克思主义，最重要的就是要坚持马克思主义的科学原理和科学精神、创新精神"[①]，"科学精神的内涵很丰富，最基本的要求是求真务实、开拓创新。弘扬科学精神，就要坚持解放思想、实事求是。"[②]江泽民同志的这些论述，从世界观和方法论的高度，深刻揭示了创新的本质和创新与党的思想路线之间的内在联系，为我们在新时期坚持党的思想路线开拓了新境界。

第二，深刻揭示了创新是人类社会发展的不竭动力，丰富、发展了唯物史观关于社会发展的动力的理论。江泽民同志指出："创新是一个民族进步的灵魂，是一个国家兴旺发达的不竭动力。"[③]这一论述立足于唯物史观的高度，是对创新在社会进步中作用的深刻阐述。说明创新是人类社会发展的原动力，整个人类历史，就是一个不断创新、不断进步的过程，没有创新，就没有人类的进步，就没有人类的未来。因为按照马克思唯物史观的观点，生产力与生产关系、经济基础与上层建筑的矛盾运动是社会进步的基本动力，其中生产力又是社会发展的最终决定力量，无论是这两对基本矛盾的解决，还是生产力本身的发展，都离不开创新活动的推动作用，所以只有创新才是人类社会发展的原动力。在社会主义建设的新时期，为了把有中国特色的社会主义事业进一步推向前进，江泽民进一步丰富、发展了革命创新精神，指出了"理论创新、科技创新"是推动社会发展的基本力量，这不仅说明创新是人类社会发展的一般规律，而且也说明了创新是当代社会主义发展的不竭动力。

第三，创新是我们党永葆生机和活力的源泉，极大地发展了马克思主义党的建设的理论。江泽民同志指出："我们提出按照'三个代表'要求加强党的建设，就是要研究新的情况和新的实践，解答建设有中国特色社

① 《江泽民文选》第3卷，北京：人民出版社2006年版，第37页。

② 《江泽民文选》第3卷，北京：人民出版社2006年版，第35页。

③ 《江泽民文选》第1卷，北京：人民出版社2006年版，第432页。

会主义进程中提出的重大问题，把现代化建设和党的自身建设不断推向前进。”[①]“创新……，也是一个政党永葆生机的源泉。”[②]这些论述说明，中国共产党作为执政党，要始终成为三个先进的代表，就必须继续发扬革命创新精神，依照“三个代表”的要求，坚持不懈地加强自身建设，善于根据形势的发展变化不断改善、加强、提高自己，以增强党的先进性；善于从实际出发，改进党的领导方式、组织方式、活动方式和工作方法，以提高领导水平和执政水平，才能使我们党永葆生机和活力。把创新和党的建设联系起来，指出创新在无产阶级政党建设中的极端重要性，是江泽民同志对马克思主义党建学说的一个重大贡献。

三、不畏艰险、顽强拼搏的奋斗精神

不畏艰险、顽强拼搏的奋斗精神是中国革命传统的一个重要支点。中国的民主革命是在极其艰苦的条件下进行的。封建主义、帝国主义和官僚资本主义在旧中国互相勾结，为维护其反动统治，对中国共产党人和革命群众采取了极其残酷、野蛮的镇压。在这种极其艰苦的环境中，中国共产党人和革命群众以坚忍不拔的毅力、大无畏的革命精神，经过长期的艰苦奋战、流血牺牲才取得了新民主主义革命的胜利。

从土地革命战争时期开始，由于中国共产党及其领导的军队长期战斗在生产力落后、生存环境恶劣的农村，生活物资十分缺乏，由此也形成了党和军队艰苦奋斗、勤俭节约的生活风尚。早在井冈山时期，革命军队的生活就异常艰苦，“天当房、地当床”，“红米饭，南瓜汤，挖野菜，也当粮”，艰苦奋斗的精神已然十分突出。长征更是人类历史上发扬艰苦奋斗精神的楷模。长征途中，红军将士面对的是一条条波涛汹涌的大河，一座座巍然耸立的雪山，一片片茫无涯际的草地，前有敌军，后有追兵，可就是在这“敌军围困万千重”的逆境中，红军转战两万五千里，终于从百万

① 《江泽民文选》第3卷，北京：人民出版社2006版，第37页。

② 《江泽民文选》第3卷，北京：人民出版社2006年版，第64页。

敌军中杀出了一条生路，谱写出一曲曲动人的“永远奋斗”的革命乐章。井冈山精神和长征精神成为我们党不怕吃苦、藐视困难、艰苦奋斗等优秀品德的象征。

艰苦奋斗精神表现在政治思想上是旺盛的斗志，为实现远大理想而奋斗不息；表现在工作上是不避艰苦，不怕困难，勇挑重担；表现在对待国家和集体的财物上是精打细算，少花钱、多办事，不浪费；表现在个人生活上是艰苦朴素，克勤克俭，不铺张，不奢侈。

在改革开放，全面建设小康社会，进行社会主义现代化建设及重振民族精神的今天，我们在全体国民中深入进行艰苦奋斗的教育，重提艰苦奋斗，自强不息的中国精神，对于中华民族的伟大复兴，更有其深刻的现实意义。

首先，建设中国特色社会主义需要艰苦奋斗的精神。艰苦奋斗精神是党在社会主义初级阶段基本路线的重要内容，是我们全面建设小康社会，基本实现现代化，不断开创中国特色社会主义事业新局面的重要保证。这种精神也是由社会主义初级阶段的国情决定的，尤其是我国人口多，底子薄，生产力比较落后，商品经济不发达，人均收入比较低的现实条件决定了我们这代人乃至几代人都必须保持艰苦奋斗、自强不息的精神。

其次，严峻的社会现实迫切需要弘扬艰苦奋斗的精神。随着改革开放的不断深入，社会主义建设事业和人民生活水平不断提高，物质生活不断丰富。有些人思想上艰苦奋斗的观念日益淡薄，如不愿听艰苦奋斗的道理，认为艰苦奋斗是战争年代没有办法的办法；不愿干艰苦扎实的工作，因工作需要调动工作时，首先关心的是所去单位的地理位置和是否有利可图，艰苦的地方、清贫的地方不愿去；不愿过清贫简朴的生活，在生活待遇上互相攀比，花钱大手大脚，讲排场比阔气。这些都严重危害我国的社会主义现代化建设，所以在现阶段迫切需要我们增强全民奋进意识，弘扬艰苦奋斗精神。

四、毫不利己、专门利人的奉献精神

热爱人民、关心人民、一切从人民的利益出发、全心全意为人民服务，这是中国革命传统道德的本质特征。我们党从诞生之日起，就把全心全意为人民服务作为党的根本宗旨，党除了工人阶级和最广大人民群众的利益，没有自己的特殊的利益。1939年，毛泽东同志就提出了以是否“为人民服务”作为区别革命道德和一切剥削阶级道德的根本分界线。1944年，他在纪念革命战士张思德时，明确地以“为人民服务”作为对张思德及一切革命者的崇高品质的概括，强调一切革命者都要“想到大多数人民的利益”，都要“彻底地为人民的利益工作”，“一切革命队伍的人都要互相关心，互相爱护，互相帮助。”[①]此后，毛泽东又进一步指出：“全心全意为人民服务，一刻也不脱离群众；一切从人民的利益出发，而不是从个人或小集团的利益出发。”[②]使“为人民服务”的思想有了新的升华。旗帜鲜明地把“全心全意为人民服务”作为革命军队和革命政党的宗旨，作为贯穿革命道德始终的一根红线，是中国共产党在中国革命实践中的一个伟大创造，对中国的革命事业和道德建设，发挥了极其重大的推动作用。

正如毛泽东同志所说的：“为什么人的问题，是一个根本的问题，原则的问题”，“这个根本问题不解决，其他许多问题也就不易解决。”[③]只有从人民的利益出发，只有全心全意地为人民服务，才能具有“毫不利己、专门利人”的精神，才能在道德境界上不断升华，才能成为“一个高尚的人，一个纯粹的人，一个有道德的人，一个脱离了低级趣味的人，一个有益于人民的人。”[④]在革命战争时期，无数革命先烈，忠于革命，忠于人民，忠于祖国，把一切都献给了人民的事业，用鲜血和生命谱写了一曲曲壮丽的凯歌。他们为追求真理、造福人民而宁死不屈、视死如归的大无畏

① 《毛泽东选集》第3卷，北京：人民出版社1991年版，第1004—1005页。

② 《毛泽东选集》第3卷，北京：人民出版社1991年版，第1094—1095页。

③ 《毛泽东选集》第3卷，北京：人民出版社1991年版，第857—858页。

④ 《毛泽东选集》第2卷，北京：人民出版社1991年版，第660页。

精神，一心想着人民、全心全意为人民服务和毫不利己、专门利人的精神，是中国革命道德的生动体现。同样，在社会主义建设时期，广大的党员、干部和人民群众，在各自的工作岗位上大公无私、勇于奉献、全心全意为人民服务，在面临危险的情况下，国而忘家、公而忘私，有的甚至牺牲了自己的生命。正如人们评价焦裕禄同志所说的，“心中装着群众，唯独没有他自己”，也像雷锋同志自己所说的，要“把有限的生命投入到无限的为人民服务之中去”。他们这种崇高的“全心全意为人民服务”的精神，在过去的社会主义的建设事业中，曾发挥了极其重要的作用；在当前和今后社会主义现代化建设事业中，也必将发挥更加重要的作用。弘扬中国革命道德传统，也就是要弘扬体现在这些革命英雄模范人物身上的优良道德品质。

中国优良的传统道德在中国革命和建设的不同阶段，曾经对共产党人和革命人民树立革命理想，坚定革命信念，砥砺革命意志，激越无畏勇气，高扬革命精神，规范言行举止，发挥过不可替代的作用。今后在社会主义现代化建设事业中，中国传统革命道德仍将发挥巨大的作用。大力弘扬中国革命传统道德，有利于坚定、巩固社会主义和共产主义的理想和信念；有利于在全国人民中树立和形成正确的世界观、人生观、价值观；有利于培养有理想、有道德、有文化、有纪律的“四有”新人；有利于改善全社会的道德风尚，抵制一切腐朽思想的侵蚀，提高广大人民群众的思想道德素质。革命先辈和先烈们的崇高品质和无私奋斗的革命精神以及惊天地、泣鬼神、震撼人心、催人泪下的英勇业绩，时时发人自省、促人自警、激人自新、催人奋进。当代青少年学生正处在一个为中国特色社会主义事业而奋斗的伟大时代，革命先烈们未竟的事业需要继续完成。广大青少年学生应当继承和弘扬中国革命传统，为社会主义和共产主义理想，为中华民族的伟大复兴而努力奋斗。

第三节　中国传统道德的当代传承与创新

传承和创新传统道德，是每个时代道德建设和道德进步的逻辑前提，也是每个时代道德建设和道德教育的基本内容。当代中国伦理学的理论和道德建设，无疑需要在传承与创新中国传统道德的基础上进行。

一、当代中国传承与创新传统道德的基本情况

传统道德在当代中国的传承与创新，直接受到传统伦理思想和伦理学的命运的影响。新中国成立后的近30年间，传统伦理思想的传承包括整个伦理学的研究一度中断。那个时期，在人们的思维和认识系统中，伦理、伦理思想和伦理学都是“历史概念”，在“左”的思潮形成和逐渐泛滥的过程中甚至渐渐地被视为“封资修”的东西。在这样的情势和语境中，中国传统道德的传承所涉及的内容也主要是革命传统道德，民族传统道德的传承问题基本上被搁置在一边。新中国成立之前，毛泽东曾指出：“中国文化应有自己的形式，这就是民族形式。民族的形式，新民主主义的内容——这就是我们今天的新文化。”[①]但是，新中国成立后，我们却没有重视民族伦理文化和民族传统道德的传承问题，更忽视了在此基础上实行与时俱进的创新。

在新中国成立后的近30年期间，在中国社会建设和社会生活中发挥调节作用的道德，主要是广大人民群众对“毫不利己、专门利人”、“全心全意为人民服务”的革命传统道德和社会主义、共产主义道德所持有的无产阶级立场和政治信仰，热爱社会主义新国家和新社会的深厚的道德情感。这些富含革命传统道德精神包括60年代初广为倡导的雷锋精神及其教育和普及的活动，培育了整整一代社会主义事业的建设者和接班人，使得他

① 《毛泽东选集》第2卷，北京：人民出版社1991年版，第707页。

们成为各行各业的骨干。然而，由于忽视了以仁学伦理文化为核心的中华民族传统道德的传承和创新，加上受到前苏联意识形态思维和构建范式的不良影响等，也在伦理关系和道德观念上为后来“左”的政治思潮盛行以至最终“文革”的发生留下了可乘之机。新中国这段经历证明了道德文化历史发展的一个规律：在任何历史时代，一个不重视传承和创新自己传统伦理文化和传统道德的民族，是不可能在新历史条件下真正有效地开展道德建设、推动现实社会的道德进步的。

中国传统伦理思想和民族传统道德的传承和创新，包括伦理学的复兴与重建问题真正得到重视，是在中国共产党十一届三中全会成功举行之后。从那时开始，经过拨乱反正、解放思想，纠正了“左”的错误，实现了正本清源，中国的伦理学理论和道德实践方面的建设才真正翻开了新的一页。1982年，中国伦理学学会成立。此后各地伦理学学会及相关的研究机构相继成立，标志着中国伦理学研究的复兴，也标志着道德及其建设问题的研究越来越受到重视。伦理学的专业期刊《道德与文明》（1990年之前的名称是《伦理学与精神文明》）、《伦理学研究》等相继创办，人文社会科学的各类刊物尤其是综合类的刊物都辟有伦理学研究的专栏，一些较有影响的报纸也时而发表伦理学研究方面的文章。伦理学的本科专业、硕士点和博士点也相继开设，一些著名高校还创建了伦理学专业的博士后流动站。在伦理学研究不断深入和拓展的过程中，一些相关的研究成果和伦理学的学说主张被吸收到党的一些重要文献中，成为中国共产党和国家的领导机关指导社会主义道德和精神文明建设的重要的理论资源，发挥了越来越重要的作用。这不仅反映在中国共产党全国代表大会的政治报告及相关的中央全会的文件中，反映在一些关于道德与精神文明建设的专门的文件中，而且也反映在中国共产党和国家领导人的讲话中。所有这些复兴、创建和理论作为，都包含着对中国传统伦理思想和传统道德（包括中国共产党人的政治伦理思想）的深刻反思、传承和创新。如：在道德原则和价值目标上提出以个人与社会和谐发展为价值目标的集体主义道德原则；在价值评价标准和道德价值观念上超越义务论与功利论的对立，主张功利与道义的辩证统一，实行义利并重；在中国伦理学和伦理思想建设的问题上，既反对自由主义，又反对保守主义，把建设中国特色社会主义伦理文化和道德文明，作为全面实现中国社会主义现代化的战略目标的重要组成部分；等等。

然而，实行改革开放以后，中国传统道德的传承却一直没有与创新很好地结合起来。面对改革开放和发展社会主义市场经济历史进程中出现的伦理道德问题，一些人强调的是要学习和研究传统的伦理思想和精神，继承和发扬中华民族的传统美德，试图以此来抵御和化解“道德失范”和“道德困惑”，很少注意对传统伦理思想和道德实行创新问题。中国社会的建设和发展实现工作中心转移后，在改革开放和社会主义市场经济大潮的推动之下，人们的“物质的社会关系”和“思想的社会关系”都在改变，公共生活空间在迅速扩大，家庭尤其是农民的家庭伦理关系随着“民工潮”的涌动也发生着前所未有的变化，在这种变化的过程中产生的新的伦理思想和道德观念还未适时地从理论上得到梳理和阐发，没有上升到社会意识形态的地位以发挥伦理道德调节社会生活的功能。在这种情势之下，关于如何在相关社会生活领域包括家庭生活领域传承中华民族传统伦理思想和传统道德（包括革命传统伦理）、如何让中华民族传统伦理思想和传统道德在当代中国伦理学的理论和道德建设的实践中占有应有的地位，值得我们深思。不仅如此，在这种情势之下，如果坚持呼吁和安排传承传统伦理思想和道德，还容易让部分人感到是一种“不和谐的声音”。这就提出了一个问题：对于中国传统伦理思想和传统道德，仅仅强调和安排传承是不够的，也是行不通的，需要同时强调和实行创新，在新的历史条件下切实地把传承与创新结合起来。

改革开放以后，中国传统伦理思想和传统道德的传承和创新较有成就的是应用伦理学的兴起及其相关应用道德的提倡所受到的重视。中国源远流长的三大传统道德——官德、师德、医德，其实多为职业道德，其理论形式多为应用伦理学的范畴，叙述三大传统道德的伦理思想其实多为应用伦理思想，中国传统伦理思想之所以具备鲜明的注重运用的特点，原因也在于此。官德伦理思想是儒学伦理思想的核心和主脉，支撑它的道德观念和价值准则主张“为政以德”和实施“仁政”，治者应是“仁人君子”，强调治者的道德榜样对于庶人影响作用的极端重要性，即所谓“为政以德，譬如北辰居其所而众星共之”，“君子之德风，小人之德草；草上之风，必偃。”[①]师德伦理思想，集中体现在孔子、荀子、董仲舒、扬雄、韩愈、朱熹等人的著述中，体现在自西汉开始历代封建统治者所颁发的文教政策之中，在道德要求上以以身作则、为人师表、有教无类、诲人不倦、师道尊严等为基本内容，强调教师的职责在于“传道、授业、解惑”[②]，融传授道德知识、执业之技和排解人生难题为一体。中国传统医德伦理思想亦即中医伦理思想，推崇由表及里的医术和救死扶伤、一视同仁的医德，富含哲学分析和推理的意蕴，多与中国传统哲学思想融为一体，这可以从《黄帝内经》《备急千金要方》等经典中医著述中看得非常清楚。

具有非常突出的应用特色的中国三大传统伦理思想及其实用性特征，是中国当代应用伦理学和应用道德建设和发展的“本土文化”的基础，因此，应当认真加以传承，并在此基础上进行创新。可以说，中国应用伦理学的建设和发展及其相关职业道德的推广和应用，是当代中国传承和创新自己传统道德和传统伦理思想的基本途径和主要领域。

二、传承与创新要坚持历史唯物主义的方法论原理

任何一个特定历史时代的道德建设和道德进步都需要传承历史上形成的伦理文化和道德精神，这种传承的成功与否从根本上来说不是取决于人们努力的态度，而是取决于人们努力的方法。历史唯物主义或唯物史观是关于人类社会发展一般规律的科学，也是科学的社会历史观和认识、改造社会的一般方法论。研究社会主义中国任何的社会问题都应当坚持唯物史观的一般方法论原理，研究中国传统伦理思想和传统道德在当代的传承与

① 《论语·颜渊》。
② 韩愈:《师说》。

创新问题，自然也不例外。

恩格斯说：“人们自觉地或不自觉地，归根到底总是从他们阶级地位所依据的实际关系中——从他们进行生产和交换的经济关系中，获得自己的伦理观念。”①不难理解，这一著名的历史唯物主义论断所论及的“伦理观念”，仅是自发的经验型的伦理意识和道德观念，既不是作为特殊的社会意识形态的上层建筑的伦理思想，也不是作为特殊的观念形态和价值形态的社会道德。由自发的“伦理观念”到一定社会的伦理思想和社会道德（道德价值标准与行为准则等），尚需经过人文社会科学诸多方面的研究和表达的“社会加工”。这是一个由在“生产和交换”活动过程中产生的自发的经验上升到社会理性包括“实践理性”的过程。

历史唯物主义认为，社会道德——社会提倡和推行的道德价值标准和行为准则不是神的意志的产物，其客观基础是“物质的社会关系”，而其根源则是一定的经济关系；个体道德——个体的道德意识（道德认识、道德情感、道德意志、道德理想等）和道德行为不是与生俱来的，也不是自发形成的，而是社会道德经过教育和修养的环节实现“内化”的产物，本质上是根源于“物质的社会关系”及“竖立其上”的“思想的社会关系”——伦理思想及其演绎的社会道德的人格化。这就揭示了伦理思想和社会（个体）道德作为特殊的社会意识形态、特殊的社会价值形态和人的精神生活方式的本质特性，同时也指明了伦理思想和社会（个体）道德必定是历史范畴的时代特性，必然随着一定社会的经济关系及“竖立其上”的上层建筑包括其他观念形态的上层建筑的变化而演变。在这种历史演变的过程中，它们一方面放弃和淘汰着只适应以往历史时代的经济和整个社会建设与发展需要的部分，另一方面保留和沉积着体现人类伦理文明前进方向的、具有某种永恒价值和意义的部分，这就是人们平常所说的优良的传统伦理文化和传统美德。其实质内涵是真，不仅在历史上适应当时代的社会建设和发展的客观要求，而且内含某种绝对真理性的道德价值观念（理念、信念）、行为习惯方式及人格类型，体现的是真善美（社会美）的

① 《马克思恩格斯选集》第3卷，北京：人民出版社1995年版，第434页。

统一。

因此，在历史唯物主义的视野里，传承传统伦理思想和传统道德的第一要义，就是要对传统伦理思想和传统道德进行“一分为二”的分析，在真理观的意义上辨别其“美”（善）与“丑”（恶）的不同类型和界限。所谓传承，就是要传承传统伦理思想和传统道德实质，就是要承接那些可以与当代中国社会发展和道德进步的客观要求相适应的优良的传统伦理思想和道德主张，使之在新的历史条件下发挥真善美的价值。

因此，传承的关键问题是要科学分析和把握传统美德之真与善的标准。

一是实用性标准。所谓实用性，也就是普遍性，是指传统价值与现实要求的内在统一性特质，即传统价值能够广泛地适用于当代中国社会的伦理学理论建设和道德建设的普遍性要求。这又可以从两个方面来理解：其一，传统道德价值能够为当代中国社会发展和道德进步的客观要求和逻辑演进方向相融合，在调节社会生活和人的行为的意义上能够广泛地为当代中国人所认同和接受。其二，传统道德价值在现实社会中找到自己生根的土壤，能够在现实社会中发挥其历史价值和现代意义，体现其内在的某种永恒的真理性。

二是鉴赏性标准。相对于实用性而言，传统道德价值的鉴赏性表现在示范和引领的意义上。人类社会有史以来的优良的传统伦理思想和传统美德，有一些是属于超越以往和当时代、体现人类文明发展方向和前景的价值部分，它们以理想的形式，一直引领和鼓舞着人类憧憬光明的未来，不懈地追问和追求理想的文明生活，如“天下为公”“世界大同”等。但是，人类至今也没有实现“天下为公”和“世界大同”。尽管如此，每个时代的人们绝对不能没有这样的追问和追求，因为这是人类道德和精神生活不可或缺的重要内容。正如追忆和反顾历史价值是人类不可缺少的精神生活需要一样，追问和追求理想的美好生活是人类的本性。博物馆陈列的历史文物虽然不可实用，但其审美价值却是不可或缺的，甚至是不可估量的。那些千百年来沉积下来的道德理想，人们也许做不到，但是，如果没有它们的示范和引领，人类也许就会迷失道德建设的目标，失去推动道德进步的动力。

不论是在哪一种标准的意义上，优良的传统价值在当代中国社会发展历史进程中的作用和意义都是有限的，只能作为历史遗产为现实社会的伦理学和道德建设提供逻辑基础和思想资料，而不可替代现实社会伦理学和道德建设的实际需要。因此，必须把传承与创新有机地统一起来。

在历史唯物主义视野里，与传承相关的创新的真谛，是要对优良传统作出合乎当代社会发展要求的新的解释，使其与形成于现实社会的“生产和交换的经济关系”基础之上的（经过“理论加工”）的伦理思想和社会道德“相承接”。

坚持在历史唯物主义方法论原理的指导下传承和创新中国传统道德，还应当注意与学习和吸收世界上其他民族优良的传统伦理道德文化结合起来。在人类文明发展史上，不同民族在社会制度等方面的条件存在相近甚至相同的因素，伦理和道德文化的形成和发展在内容和形式上也存在某些相似甚至相同的因素，即所谓全人类因素，由此而使得不同国家和民族之间存在相互学习和借鉴的可能性和必要性。不仅如此，还应当看到，由于社会制度等条件的出现存在时序上的差异，那些在社会制度发展水平方面处于先进地位的国家和民族，往往具有更多值得后发国家和民族学习与借鉴的文明因素。对此，后发国家在传承和创新自己的优良传统价值的过程中，是应当给予重视的。中国没有经过资本主义制度直接进入社会主义制度，历史证明这在经济和政治上不仅是可以做到的，而且是必须做到的——“只有社会主义才能够救中国”。但同时也应当看到，思想文化尤其是伦理思想和道德文化，不可能一次性地完成这样的历史飞跃。资本主义社会的道德文明，在某些方面目前依然体现出人类道德文明发现进步的先进水平。在应然的意义上，中国社会主义的道德文明无疑将会优于资本主义的道德文明，但是在实然的意义上，中国社会主义的道德文明没有经过资本主义的发展阶段，目前尚处在“初级阶段”的发展水平，在不少方面其实并没有达到资本主义的文明程度。这就使得中国的道德建设学习和吸收资本主义的道德文明成果，不仅是必要的，也是必须的。当然，也必须注意的是，不可将这种吸收和创新的过程理解为“西化”的过程，因为这样做既不符合中国历史上的道德国情，也不合乎当代中国的道德国情，即使硬要“西化”也是不可能实现的。

三、传承与创新中国传统道德是一项艰巨而又复杂的长期任务

传承和创新中国传统道德面临艰巨的任务，将是一个长期的过程，需要在总结以往传承和创新的经验和教训、坚持历史唯物主义一般方法论原理的前提之下，作出坚持不懈的努力。

中华民族以仁学经典思想为脊梁的传统伦理文化可谓博大精深，在其教化和培育之下，中国成为世界上少有的“道德大国”。作为一种历史文化遗产，既体现人类道德文明发展和进步方向的优质因子，也存在不能适应今天道德文明发展和进步需要的落后成分，这对于今人来说既是一种值得骄傲的巨大财富，也是一种令人堪忧的巨大包袱。因此，盲目地为之自豪或为之自卑的态度和方法都是违背历史事实的。在对待这个问题上，我们过去推崇的是“批判继承”，这其实是一种折中主义的方法，因为它没有运用“悖论方法”揭示中华民族传统道德的双重价值结构的真实的历史面貌，也没有梳理和说明中国革命传统道德在今天存在的滞后性的一面。

中华民族传统道德本质上属于封建政治文明统摄农业文明的政治和经济结构的产物，这就在生活根基上决定了它必然存在“实践理性”上的缺陷。这种缺陷在商业文明冲撞农业文明的历史发展阶段，受到了冲击。明清之际，资本主义经济萌芽纷纷破土，以李贽、王夫之、顾炎武等人为代表的一批仁人志士，为适应当时商品经济发展的客观要求，纷纷挑战传统儒学尤其是仁学经典伦理思想，极力鼓吹人的“私欲”和“自私”的本然和自然的合理性，但最终都未成气候。这当中的社会原因固然是多方面的，但是从伦理文化和道德意识形态的维度来分析，与仁学经典思想当时不仅没有适时实现历史转型，反而固化和张扬了自己反对人的“利己本

性”的价值主旨是直接相关的。“仁者爱人”所营造的几千年的伦理氛围，遏制了新生伦理观念的生长空间，阻隔了资本主义萌芽生长的阳光和空气。以至于19世纪中叶之后的百年间，在帝国主义列强入侵带有西方伦理文化和人文精神侵略特质的情势下，喊出“打倒孔家店”的不是纷至沓来的侵略者而是我们自己。实际上，“孔家店”是既不能（也不可能）“打倒”，也不能（也不可能）“扩张”的，唯一科学可行的态度和方法就是运用“悖论思维”进行“改造和装修”。中国革命传统道德，是在革命和战争的历史年代形成和发展起来的，本质上属于“革命道德”，不经过创新也是很难真正适应于当代中国社会发展对道德提出的客观要求的。

整个20世纪，我们没有认真地对待中国传统道德的传承与创新问题。20世纪初，推翻清政府的革命是从反对封建专制主义政治伦理文化开始的；后来的“五四运动”响亮地喊出了“打倒孔家店”的口号；接着是30年的新民主主义革命；新中国成立后近30年间，在反传统反科学的“左”的思潮的控制之下，不可能有传统道德的一席之地；实行改革开放后，整个社会的价值趋向和心态是“向前看”“向外看”，而很少注意“向后看”。这就告诉我们，今天传承和创新中国传统道德包括革命传统道德是一项艰巨而又复杂的长期任务。

第七章　中国人新时期伦理道德观念的变化

1978年12月18日至22日，中国共产党成功召开了党的十一届三中全会，确立了以经济建设为中心的发展战略，中国从此告别了“以阶级斗争为纲”及其制造的动乱年代，进入改革开放和加速社会主义现代化建设的历史新时期。改革开放以来，中国社会在经济、政治和法制等各个领域发生了翻天覆地变化的同时，人的思想道德和精神面貌也发生着深刻的变化。厘清和阐明中国人进入社会发展新时期以来的伦理道德观念的变化，并在此基础上研究社会主义的道德建设问题，是中国伦理学研究和建设的一大历史性任务。

第一节　义利观念的变化

人类社会自从发生道德、需要道德调节社会生活和人们的心智与行为以来，如何对待义与利的问题就是伦理思维和道德生活的中心问题。而关于义与利的道德观念，在归根到底的意义上是受一定社会的经济关系的支配和影响的，所以，经济关系发生变革势必会首先引起人们义利观念的变化。这种变化的实质是对传统义利观念的反叛或调整。

一、传统的义利观念

在中国伦理思想和道德文明史上，最为引人注目的一种文化现象就是因义利观念不同而形成的义利之辨。各个发展阶段的儒学代表人物几乎无一例外地都论及义与利及其相互关系的问题，所持看法也基本相同，由此而形成中国传统义利观的主流看法和基本倾向。所谓义，有宜和谊两种含义，前者为适宜之意，如《礼记·中庸》所注说的“义者，宜也”等；后者为情谊之意，如朱熹在《白鹿洞书院学规》中提出的“正其谊，不谋其利；明其道，不计其功”等。概言之，义是指合乎封建国家和社会提倡和推行的道德标准。利，在一般情况下指的是私利，封建君主在一些情况下言说的“公（利）”所指本质上依然是私利，所谓利亦即个人利益之谓。由此可以看出，中国历史上的义利关系实则是社会道德与个人利益的关系，义利观也就是关于社会道德与个人利益的基本观念和态度。

中国传统义利观的认识论前提是将义与利看成两个相互对立的方面。孟子见梁惠王，回答梁惠王的“亦将何以利吾国乎”的问话时说：“王何必曰利?亦有仁义而已矣。王曰何以利吾国，大夫曰何以利吾家，士庶人曰何以利吾身，上下交征利，而国危矣！万乘之国，弑其君者必千乘之家；千乘之国，弑其君者必百乘之家。万取千焉，千取百焉，不为不多矣。苟为后义而先利，不夺不餍。”[①]把提倡道德与谋取个人利益（“利吾国”）看成两种不可兼得的事情。传统义利观在义利对立的认识前提之下，大体上有三种学说主张。一是重义轻利，即重视社会道德而轻视个人利益，如孔子将对待义与利的态度作为区分君子和小人的人格标准，说：“君子喻于义，小人喻于利。”[②]二是先义后利，即先讲社会道德后讲个人利益。这种主张虽然以义利对立为认识前提，却也承认谋取个人利益的某种合理性，内含把讲社会道德与谋取个人利益结合起来的主张。如荀子

① 《孟子·梁惠王上》。

② 《论语·里仁》。

说："义与利者，人之所两有也，虽尧舜不能去民之欲利，然而能使其欲利不克其好义也。虽桀纣亦不能去民之好义，然而能使其好义不胜其欲利也。故义胜利者为治世，利克义者为乱世。"又明确地指出："先义而后利者荣，先利而后义者辱。"[①]三是舍利取义，包括舍生取义。这种主张是否具有合理性？需要作具体分析。在一般情况下，不论是处理人与人之间的利益还是处理个人与社会集体之间的利益关系，一味主张和推行舍利取义即无视个人利益的正当性和合理性，自然是不正确的。但是，在一些特殊的情况下，如解他人之危、国家处于外敌入侵等情况下，是需要舍利取义乃至舍生取义的。总的来看，中国传统的义利观基本内涵和价值倾向是不合理的，是适应小农经济与大一统专制政治的社会结构模式的产物。

在新中国成立后近30年的时间里，中国人传统的义利观并没有得到根本性的改造，不仅如此，反而在"左"的思潮的控制和影响下被强化，以至于在社会生产和社会生活领域信奉和推行起"宁要社会主义的草，不要资本主义的苗"的荒谬的价值标准；在对待个人利益方面，连"一闪念"的私欲也不允许有了。进入历史发展新时期以来，中国人的义利观念都发生了带有根本性的变化。

二、新时期义利观的变化

进入历史发展新时期后，中国人的义利观发生了诸多方面巨大的变化。其一，对义与利的特定内涵的认识发生了变化。经过拨乱反正、解放思想，特别是改革开放和大力推动和发展社会主义市场经济，人们越来越清楚地认识到，不能再像过去那样谈利色变，脱离实际的个人利益来看待社会道德了，认为社会主义道德不仅不反对人们对正当个人利益的追求，而且鼓励人们采用正当的方式和手段追求个人利益和实现自己的人生价值。在社会主义制度下，义的道德标准不是抽象的，应当包含对个人利益的追求，贫穷与社会主义制度之间没有必然联系，社会主义不应该主张贫

① 《荀子·荣辱》。

穷。特别值得注意的是，这种变化也反映在中国共产党人的身上，他们中的不少人作为中国人的先进分子，积极拥护和响应党的十一届三中全会奠定的党在新时期的各项方针政策，并身体力行地带头践行。在他们看来，在社会主义制度下，只要不违背道德和法律，谋取和发展个人利益不仅是天经地义的，而且是应当大力提倡的，带头致富、带领广大人民群众致富，正是中国共产党的宗旨，也是改革开放的根本目的所在，是最大的“义”。在个人，如果不重视个人的利益需要和发展前景，就不仅失去了提高自己生活水平和发展的前提条件，失去了自己应有的人格，而且在他人的眼里也成了一个没有出息的人，失去了与他人“坐而论道”的资格。因此，在当代中国，利益和发展需要成了人们关注的中心问题和热门话题，能够发家致富、成名成家者成为人们羡慕甚至崇拜的偶像。

其二，把关心群众“实惠”、获取个人利益放在了第一位。从党和国家的大政方针看，奉行“群众无小事”的执政理念、脚踏实地地为人民群众谋实实在在的利益，成了第一位的工作。新中国的领导者们对当年毛泽东倡导的“关心群众生活，注意工作方法”，从来没有像今天这样重视过。在这个问题上，道德的标准其实就是能否让群众得到“实惠”。在日常的生产、生活、学习和工作中，人们所思所为一般都与个人利益的得失有关，会更多地思考如何获得个人利益。谈恋爱结婚，过去人们关注的是对方的道德品质和文化学识，如今人们关注的还有对方的经济实力。总之，经济发展渐渐地成了人们的中心话题，发家致富渐渐地成为个人关注的首要问题。

其三，获利的方式和手段发生了变化。在传统的意义上，中国人获利一贯讲究的是“劳动致富”“劳动发家”，认为“不劳动者不得食”是天经地义的，反之则为不仁不义，而由于受“劳心者治人，劳力者治于人”的观念和评价标准的影响，所谓“劳动”也多是指体力劳动。如今情况不一样了，获利的方式和手段有了许多的变化，而这些变化又与“劳动”方式的变化很有关系。用体力劳动的方式发家致富，渐渐地不再是人们赞美的话语，在“文化大革命”中属于“投机倒把”的“奸商”行为，在改革开放之初就已经渐渐地成为人们普遍采用的获利的方式和手段。

应当如何评价义利观念所发生的这些变化?首先应当看到它是一种历史进步。从人的生存和发展的实际需要来看，每个人都不可能不关心自己的切身利益，不论是在经验还是社会理性的意义上，人人皆有“利己心”是无可厚非的，一个人关心自己的利益是其参与一切社会活动的基本动因和前提，也是道德文明进步的重要的社会基础。普列汉诺夫说过：“人类道德的发展一步一步跟着经济上的需要；它确切地适应着社会的实际需要。在这种意义之下，可以说也应当说，利益是道德的基础。”[1]在生产力低下的历史发展阶段，社会为了维护自身的稳定，谋求发展，必然主要依靠政治和法律的手段来限制和约束人的“利己心”，人的“利己”之心因此受到压抑，道德也因此而失去了应有的基础，只能屈服于政治和法律，缺少应有的文明特质。传统的重义轻利、先义后利、舍利取义的义利观，正是生产力低下的中国封建社会政治与法律对人的“利己”的自然本性进行限制和约束的产物。从这一点来看，在改革开放和发展社会主义市场经济的历史变革中，人们对自己利益的关注，是对人的自然本性的肯定和呼唤，必将从根本上改善社会的道德状况和人们的道德生活。这是一个具有历史性进步意义的重大变化。

同时也应当看到，在这种变化过程中也出现了一些必须加以注意的问题。如有些人根据“不管白猫黑猫，逮着老鼠就是好猫”的看法，主张不管好人坏人，赚到钱就是好人，将赚钱的多与少作为看人用人的一个基本尺度，推崇“一切向钱看”。这当然是不妥的。因为它完全忽视了义的价值，将社会主义的道德标准排斥在获利活动之外。

三、义利观变化的特点及逻辑走向

如同历史上的义利观的形成和演变总是伴随着“义利之辨”一样，新时期中国人的义利观的变化是在义利之辨的争论中发展的，这是义利观变

① 《普列汉诺夫哲学著作选集》第2卷，北京：生活·读书·新知三联书店1961年版，第48页。

化最为重要的特点。中国历史上的义利之辨产生于中华民族先人关于共同生活的道德思考，至春秋时期得以初步成型，战国时期出现高潮，继之有两汉、两宋、明末清初、近代和现代几个大的发展阶段。新时期中国人的义利之辨所反映的义利观念的变化，发端于改革开放之初。以“联产承包责任制”形式启动的农村改革之风吹进城市之后，迅即掀起了全面改革的浪潮，企业中的一些“改革带头人”打破了陈规陋习，尤其是在分配制度上打破了“大锅饭”等传统的义利观念，同时也引发了全社会对传统义利观的反思。中国伦理学会1985年年底在广州举行了以“改革与道德”为主题的研讨会，各地伦理学研究机构或社团组织相继开展了“改革与道德”的研讨活动，相关报刊也开辟“改革与道德”专栏，这些活动和文论所涉及的主题都是对传统义利观的反思，或与反思传统义利观密切相关。

新时期中国人义利观的变化具有普遍性的特点。不仅一些农民、工人等体力劳动者的义利观发生了变化，少数知识分子、国家公务员的义利观也发生了变化，更多的人开始考虑个人的得失。

义利观发生变化的一些中国人，在看待义与利的关系问题上开始有了更多的思考。绝大多数人依然保持恪守重义轻利的传统义利观，在如何看待义与利的关系问题上人们的差别主要是重义轻利的程度不同，不存在是重义还是重利的对立。

义利观变化的这些特点表明，当代中国需要大力普及社会主义义利观，把社会主义义利观的宣传、倡导和推行合乎逻辑地融进社会主义文化建设的大系统之中，促使人们逐步、普遍地确立社会主义义利观。为此，中国伦理学的理论建设和发展要把研究和阐明社会主义的义利观作为自己的重要内容，宣传、文化和教育的部门要把倡导和推行社会主义义利观作为自己的日常工作。一方面，要反对只讲义而不讲利的观念，通过宣传和教育促使全社会形成尊重和重视个人利益的风尚，懂得重视和发展个人利益对于个人发展和社会进步的根本性意义，鼓励人们积极地去追求个人利益，发家致富，充分实现自己的人生价值。另一方面，要倡导把义与利结合起来的获利方式和行为标准，提倡自力更生、发奋图强，用自己的辛勤劳动获取个人利益，追求发家致富，实现自己的人生价值，反对为了获取个人利益和发展而损害社会集体和他人利益的行为。

第二节　个人观的变化

所谓个人观念，简言之就是怎样认识和对待个人。它包含两个方面的内容，一是社会怎样看待个人，二是个人怎样看待自己，后者由关于“我的价值”和“我的人生价值”两个基本方面构成。一个人怎样认识和看待自己的价值，从主体因素来说是由其所接受的教育和进行的自我修养决定的，从环境因素来看，不仅受其具体的生活环境的影响，也受其所处的历史时代及其经济和政治地位的影响。改革开放的历史条件和社会环境，是中国人进入历史发展新时期以来个人观变化的原因之一。

一、传统的个人观念

历史上，几千年落后的小农经济和封建专制统治使得中国人尤其是普通劳动者的个人尊严和价值、个人利益和需要，长期处在被漠视被忽视的地位，得不到起码的尊重，由此而逐渐形成漠视个人真实存在和应有社会地位的传统的个人观。在这种个人观的长期教化和影响之下，人们普遍存有自卑、自轻、自贱的心理。

中国几千年的封建社会是一个以皇权为本位的国家，实行“普天之下莫非王土”“朕即国家”的专制统治，统治者视劳动者为“庶民”，劳动者也自视为“草民”。只有在家庭伦理生活圈子里，个人的地位、尊严和价值才能得到重视，但这种重视本质上却是出于维护封建宗法统治和男权中心地位，而并不是真正出于对个人的尊重。新中国的成立结束了几千年的封建专制（半封建半殖民地）的统治，实行人民当家作主的社会主义制度。但是，在整个计划经济年代，推崇的还是以社会为本位的价值理念和调控模式。这种漠视个人的情况到了“左”的思潮盛行的年代，尤其是到了“文化大革命”期间，发展到了登峰造极的地步，以至于“个人的事再大也是小事”被当成道德评价的最高标准，“斗私批修”“狠斗私字一闪念”被当成道德教育和道德修养最为有效的方法。

不难看出，传统个人观念的基本特征是漠视个人的存在，立足于社会本位，把关心个人的正当权益当成与国家和社会格格不入的个人主义或反社会意识。关于这一点，我们可以从20世纪50年代关于个人主义问题的一次讨论中看得很清楚。那次讨论的主题是“个人主义有没有积极性”，起因是大学生刘仲凡发表在《北京日报》上的《个人主义也是前进的动力》。他在文中坦率地表白了自己毕业后的个人“规划”：“毕业以后，先到基层商业机构工作，在5年里要精通业务，争取当科长、副经理。以后10年，钻理论，搞研究，争取当处长、厅长，20年后，成为既有业务又有理论的经济学家，并且成为贸易界的头面人物，例如当副部长、部长助理一级干部。那时五十多岁，再干十几年，主要是总结经验，著书立说。”他认为他的个人“规划”是个人主义的，但是这种个人主义“不但名利双收，而且公私两利”，因而有“积极作用”，是“积极的个人主义”。他说，多年来正是这种“个人主义思想”使他获得了前进的动力。刘仲凡及公开支持其观点的另外两位年轻人——文祥和与王非，后来都受到《北京日报》和《中国青年》等报刊的公开批评。那些批评文章，多是站在片面强调国家和集体利益的重要性的立场——实则是社会本位的立场，表达自己的个人观的。这场作为新中国成立后关涉如何认识和看待个人的尊严和价值的讨论，真实而又生动展示了中国传统的个人观念的根本缺陷，它留下的许多重要问题仍然需要今天的伦理学进行认真的反思和检讨，以从中吸取教训，获得一些有益的启示。

就看待和处理个人与集体的关系而言，过去长期盛行的以社会为本位的传统个人观，在培养人们服从集体和社会的意识的同时，也养成了一些人依赖集体和社会的惰性心理，后者往往被人们误以为是一种尊重、依靠和服从集体的高尚的道德品质，这也是今人在认识和把握传统的个人观的时候应当加以注意的。

二、新时期个人观念的变化

新时期中国人个人观念的变化，首先应当注意的是“个人自立和自主意识”的形成和发展，以及“从我做起”意识的觉醒和普及。

“个人自立与自主意识”的形成和发展的直接动因，是改革开放和发展社会主义市场经济所建构的社会发展模式。改革开放和发展社会主义市场经济的一个基本特征就是强调个人在经济活动和其他社会活动中充分行使自己的自立、自主和自强权利，客观上要求人们充分调动个人的积极性，充分发挥个人的才能，因此充分尊重个人的自主与自由抉择与活动方式。在这种变革浪潮的冲击和推动下，中国人很快形成与社会发展相适应的自立自主意识。人们越来越看重个人的自由与权利，看重个人的成就与价值，不注意、不欢迎自己工作的部门和单位干预自己的人生选择，包括自己的道德行为选择，也不指望自己工作的部门和单位能够如愿地给自己多少帮助。以往，人们信奉和遵从“把一切交给组织安排”、个人对自己的行为选择和价值实现可以不负任何实质性的责任，如今情况不同了，由于重视自立和自主选择而开始把“负责任”的责任主体由社会而转向了个人。这无疑是一种历史性的进步。

“从我做起”意识的觉醒和普及，是在“个人自立与自主意识”的形成和发展的过程中发生的。20世纪80年代初，在拨乱反正、解放思想的变革中，不少人只把眼睛盯着过去国家所走的弯路和当时社会上存在的一些问题，而不注意思考如何在拨乱反正和解放思想的过程中振兴国家，做好自己眼前的事和身边的事。在这种情况下，一些热血青年喊出“从我做起，振兴中华”的响亮口号。他们认为，空谈是会误国的，历史毕竟是历史，总结历史教训的目的是放眼未来，振兴国家和民族，每个人都应当为此而努力，努做好自己的事、身边的事，若能如此国家和民族就会走向富强，社会上的问题也就会逐步得到解决。这种个人观着眼于国家和社会，把振兴民族和强化自身的责任担在自己的肩上，显然是合理的。它的出现，既吸收了改革开放的新观念，又体现了过去年代强调的爱国主义主义和集体主义的精神，无疑更是一个历史性的进步。

但是，改革开放，特别是大力发展社会主义市场经济以来，中国人个人观念的变化并不是这么简单，它还有另一种更为复杂的情况。这种复杂的情况主要反映在思想理论界。首次典型反映是在20世纪80年代初期。1980年，《中国青年》杂志第5期发表了署名“潘晓”的文章，题目是《人生的路呵，怎么越走越窄》。这篇文章提出的两个观点即“人的本质是自私的”，“人人都是主观为自己，客观为他人”，在当时的思想理论界具有“爆炸性”的影响。很快，它在全国范围内引起了极为强烈的反响，青年们尤其是大学生们围绕这两个命题展开了空前热烈的讨论。数月之后，杂志社匆匆写了个按语，表示对这场讨论的总结。这次全国范围的讨论，赶上拨乱反正、解放思想的热潮，是中国人在思想理论领域向自己传统的个人观念发出第一次的公开挑战，是具有某种“启蒙”意义的。但是，由于当时人们刚刚告别了“左”的思潮盛行的“文化大革命”，迎接这种挑战的思想、理论和精神准备不足，所以讨论并没有取得什么重大的成果，更没有取得较为一致的看法，从一定的意义上甚至可以说还造成了人们思想认识和理论思维上新的混乱。

第二次的典型反映是关于张海迪人生价值观的讨论，是在全国逐渐形成宣传和学习张海迪自强不息、顽强进取的精神的过程中展开的。一个人的个人观念与其人生价值观总是紧密地联系在一起的，在一定的意义上可以说两者是一回事。张海迪幼时患小儿麻痹症，全身高位截瘫，但她却付出了常人难以想象的努力，克服了重重困难，为社会作出了突出的贡献，并在这种贡献中实现了自己的人生价值。她以其所掌握的针灸等医术为父老乡亲治病，撰写、翻译并出版了多部著作，还进行了诗歌、散文和歌曲的创作。她参加了上百次大型社会公益活动，处理了来自全国各地甚至国外的无数来信，接待了无数的来访者，给无数青年尤其是给残疾人以直接的精神激励。曾有人用这样一首诗赞美张海迪：“你不能走，却开拓出一条闪光的路；你飞得起来，因为你是长着理想翅膀的鹰!”她的个人观念集中体现在她对人生价值的基本看法方面。她认为人生价值的核心是“个人对于社会的贡献”。有一次，一位外国记者采访张海迪，问她什么时候最幸福，她笑着说：“我应该说实话，我在梦里最幸福。因为我在梦里是那样的健康，有一双十分健壮的腿，可以向那么遥远的地方跑去；可是我睁开眼睛时，这样的幸福就会不翼而飞。我还有一种幸福，那就是通过一定的努力，为社会、为人民做出一定成绩的时候，我感到很幸福。我用马克思的话来总结自己的生活，那就是马克思讲的，能给人带来幸福的人，他本身是幸福的。我愿意做这样的人。”当时，不少青年人对这种个人观和价值观表示出一种不以为然的态度，提出了自己的不同看法。有的人认为，人生价值应当在于个人从社会的索取或社会对于个人的尊重与给予，把人生的价值归于对社会的贡献是过去“左”的思潮的反映。但是，更多的人则认为，在对待人生价值问题上，既要反对片面强调贡献，也要反对片面强调索取，正确的看法应当是把两者统一起来。

新时期中国人个人观念变化的理论形式是个人主义和新自由主义的伦理思潮。个人主义伦理思潮和道德主张在20世纪末的表现，就是“为个人主义正名”。有篇文章认为，中国人存在着“对个人主义理解和认识上的偏差”。它是这样发表自己的看法和主张的：“在西方社会，个人主义一般被理解为：突出个性与个人特征，强调个人的独立性，赞成个人行动自由及信仰完全自由”，“个人主义明确认定以个人为中心的原则，强调个人理性和个人意识，个人权利神圣不可侵犯”；个人主义是推动社会进步和人的发展的根本动力。中国之所以长期落后，是因为“个人主义在中国历史上从未占据过一席之地”，“正是由于缺乏民主传统与市场经济发展的基础——个人主义，才导致我国在近代西方文明复兴、整个西方世界发生历史性变革之时闭关自守、墨守成规、徘徊不前，远远落在西方工业社会之后”。中国人要想与落后和愚昧彻底决裂，只有放弃集体主义，因为“集体主义被少数个人或少数个人的利益集团所利用，在冠冕堂皇的旗帜下成为消灭个人主义的致命武器”。[①]这种观点显然是要人们相信，中国人在不知道西方个人主义为何物、未受其影响之前，没有自觉维护个人利益和价值的“个人理性和个人意识”，更不可能有“个人本位”或“以个人为中心”的道德意识。新自由主义伦理思潮是与主张全面私有化的后现代经济学的思潮密切相关的，它在21世纪初伴随西方民主社会主义思潮涌进国门，冲击着社会主义的核心价值体系和集体主义的道德原则。

三、理解和把握个人观念变化的方法论原则

面对中国人新时期个人观念变化的复杂情况，中国伦理学需要运用历史唯物主义的基本原理进行科学的分析和评论，在此基础上提出合乎中国国情的社会主义个人观。这是理解和把握新时期中国人个人观念变化的一般方法论原则。

在归根到底的意义上，个人观念是一定社会的经济关系的产物，实质内涵反映的是一定时代的人们对个人与社会集体之间的关系的价值认识和理解。因此，不能离开经济体制改革和发展社会主义市场经济及由此触发和推动的民主与法制建设来评论中国人新时期发生的个人观念的变化，正因如此，不可把个人观念的变化的根本原因归于改革开放和发展社会主义市场经济的所谓“负面作用”和受西方个人主义和自由主义伦理文化的影响，但也不能因此而看不到或否认西方个人主义和新自由主义的不良影响。

由于中国人新时期个人观念变化的根本原因是经济体制改革及由此推动的民主与法制建设，所以关于“个人问题”的思考一开始就具有社会哲学和道德哲学的特色。这可以从关于“潘晓”来信的讨论看得很清楚。对“人的本质”是不是“自私”的、是不是“人人都是主观为自己，客观为他人”的回答，说到底不是一个经验的形而下的实证问题，而是一个形而上的社会哲学和道德哲学的问题，正因如此，才因理论的准备不足而使讨论不了了之。

① 夏业良:《个人主义论辩》,《人文杂志》1999年第3期。

如果说，关于“潘晓”来信的讨论所反映的个人观念的变化主要属于伦理学的认识论和真理观范畴，那么在宣传和争论张海迪事迹及其时代意义的过程中所反映的个人观念的变化，则属于伦理学的人生价值观范畴，其核心是如何认识和看待人生价值的本质，即是将人生价值归于个人对社会的贡献，还是归于社会对个人的给予或个人向社会的索取，是主张在关注对社会作贡献的过程中实现自我价值，还是主张以自我为中心，崇尚所谓自我实现。关于张海迪个人观或人生价值观的讨论，对于帮助年轻一代树立正确的个人观和人生价值观是具有积极意义的，至少触发了青年人对人生观和人生价值问题的认真思考。不足之处在于当时的讨论并没有深入下去，浮在表层的实证说明上，缺乏细致有说服力的理论分析，没有真正弄清人生价值的本质、评价标准以及实现的途径等重要问题。

如果说在整个20世纪80年代，中国人个人观念的变化及与此相关的集体观念的发展主要表现在思想和理论的领域，那么进入90年代以后，人们已普遍地将关注的焦点由理论思考转向了实际行动。人们对思想理论上的争论已经失去了往日的兴趣，把主要热情和精力放到了满足和实现自身的需要与发展上。这种情况，不是表明个人观念的变化已经结束，而是表明新的变化的开始，诸多不科学、不明确的思想观念还有待人们进行深入的思考、研究和加以正确的阐发。

诚然，个人主义是一种历史范畴，中国历史上确实没有出现过如同西方资本主义社会那样的个人主义和自由主义，但是，作为指导道德生活的基本原则，中国人对“个人主义”并不陌生。在人类历史上，由于私有制自身发展的程度和形式存在着历史性的差别，所以个人主义在不同的历史发展阶段，出现过不同的表现形式。在中国历史上，产生在普遍分散的小农私有制基础上的“个人主义”和“自由主义”，集中表现为“拔一毛以利天下而不为”，“各人自扫门前雪，休管他人瓦上霜”的自私自利的小农意识，具有某种分散和离心的无政府倾向，我们可以称之为“小农个人主义”和“小农自由主义”，与资本社会的个人主义和自由主义相比具有“自发”“自保”“内倾”的价值特征。就是说，个人主义和自由主义在中国历史上不是从未占有过一席之地，而是占有的形式没有西方资本主义历史阶段那样“完整”“系统”，如此而已。

在新中国成立后一段时间内，由于受到“左”的思潮的压制，特别是“文革”中受到“斗私批修”“狠斗私字一闪念”“割资本主义尾巴”之类的影响，传统的“小农个人主义”和“小农自由主义”长期没有得到真实的表现机会，但是作为一种根深蒂固的传统观念、价值原则和人格特征并没有因此而消失。改革开放以来，经过体制和思想的变革，中国伦理学研究重视批评轻视和忽视个人利益和个人价值的不良传统，取得了历史性的进步，但与此同时也为“小农个人主义”和“小农自由主义”重新释放自己的能量提供了历史性的机遇和土壤。它“新生”之后又遇上随着改革开放之风被“引进”来的西方个人主义和自由主义，于是在新的历史条件下经由逻辑认同而形成一种新的个人主义的自由主义。今天在中国盛行的个人主义和自由主义，既不是传统意义上的“小农个人主义”和“小农自由主义”，也不是现代西方意义上的个人主义和自由主义，它们有待于人们去梳理和阐明。

第三节　职业观念的变化

职业，是社会分工的产物，指的是承担特定社会责任的专门的业务活动。职业活动是人类基本的社会活动，也是最重要的社会活动，因为职业活动是人类得以生存和发展的基本前提。职业观念的形成、发展和变化，直接受一定社会的经济制度及与此相关的利益关系的制约和影响，因此经济制度和利益关系的变革与调整必然会引起职业观念的变化。进入新的历史发展时期后，中国人的职业观念与计划经济年代相比在诸多方面发生了带有根本性的变化。

一、新时期职业观念发生的变化

其一，择业观念的变化。择业体现执业主体的一种自由权利。在中国封建社会（半封建半殖民地社会）和新中国的计划经济年代，绝大多数中国人祖祖辈辈固守故土，在故土之上实现他们的人生价值，极少有自主择业的权利和机会，多数人没有形成自己特有的择业观念。“一切听从党安排”“革命的需要就是我的志愿”，是那个社会提倡和人们普遍奉行与遵守的择业观念和行为准则。在计划经济体制下，由于人们对于职业选择没有什么自主的权利，一切服从党的组织和有关政府部门制定的计划，若确需变动，即使是照顾家庭和夫妻关系等，也必须层层报批，得到同意后方可成行。因而，那时人们在职业选择方面也就没有什么烦恼，在择业观念上也不存在什么差异。实行改革开放后，随着经济体制的改革和利益关系的调整，人们普遍有了自主择业的权利和机会，择业的方式发生了变化，择业的观念和标准也发生了变化，什么样的职业能够多挣钱，能够充分施展自己的才华，有助于自己的快速发展和实现自我价值，就选择什么样的职业。

其二，执业的目的和观念的变化。在计划经济年代，执业是为了社会主义革命和建设事业，为了人民的幸福，社会倡导的是全心全意为人民服务，强调的是毫不利己专门利人的无私奉献精神。在那个年代，人们都比较看重为集体多作贡献，而很少计较个人的得失，把个人的命运紧紧地与集体和国家联系在一起，笃信“大河淌水小河满，大河没水小河干”。现在，人们的执业一般都是为了个人的成才、成功和价值实现，为了自己的爱情、婚姻和家庭幸福，如此等等。执业目的和观念的这种变化，也反映在少数共产党人和领导干部的队伍当中。个别共产党员和领导干部，身居“公仆”的岗位却缺少公仆的观念，入党、当领导，目的不是为人民服务，更不是全心全意为人民服务，而是为自己服务，为自己的家庭服务。为什么有些党员和领导干部会以权谋私、沦为腐败分子，站到了人民的对立面和人民的审判台上？根本的原因是其执业目的不正确。

其三，执业态度的变化。在计划经济年代，特别是在“一化三改造”和“大跃进”时期，人们在执业过程中是非常卖力的，有多大力出多大力，出大力流大汗，是那个时代的执业风尚，也是一种执业时尚，因此涌现出不少的劳动模范和先进生产者。在执业过程中，从业人员大多都是服从命令听指挥的，态度谦恭，敬业精神强。进入改革开放和发展社会主义市场经济新时期后，情况大大不同了。一些人对待自己的职业抱着按酬付劳的态度，存在给多少钱则干多少活的情况。一些私营企业领导在人们的心目中是“老板”，人们在执业过程中只是听从“老板”的话。这种情况是值得深思的。

其四，社会兼职观念的变化。中国社会发展进入新的历史时期后，社会兼职悄然兴起。一些人由于受“左”的思潮的影响，对此开始不能理解，认为这是“不务正业”，后来因为社会兼职渐渐成为一种不可阻挡的潮流而不得不接受了。正是在这样的变化过程中，人们对社会兼职的认识发生了变化。人们普遍认为，在从事主行业而有余力之际，兼任另外一份工作不仅是应当允许的，而且应当是值得提倡的。

社会兼职，在西方国家早已是司空见惯的事情。它对于充分调动和发挥人的潜在能力，繁荣经济和推动整个社会加速发展，无疑是具有积极作用的。在新中国成立后近30年的那段时间里，除了组织和领导上的安排以外，社会兼职是绝对不允许的。20世纪60年代在经济调整和复苏时期，曾经出现过一些社会兼职现象，但没有继续发展。

现在，中国人的社会兼职已经相当普遍。这种情况在知识文化与科学技术界更为盛行。兼职的人大体上有两类，一类是退休的专家，另一类是在职人员。前一类人员，既已退休，何以还称其为社会兼职人员？因为，他们虽已退离本职岗位，但还享受着在本职岗位时的工资待遇。他们兼职的目的，基本上都是为了发挥余热。

对社会兼职的意义，应当作具体分析。一般来说，它不会影响到保障本职工作的质量和水平，具有实现人尽其才、促进其他方面事业发展的积极作用；但如果缺乏必要的政策约束和管理，也可能会影响到在职人员的本职工作质量。有的大学教授，在校外身兼数职，成天忙得团团转，对校内的教学和科研任务则采取敷衍的态度，工作质量不高；更有甚者，颠倒了本职和兼职的关系，把主要精力放在兼职的单位。不难想见，如果没有必要的政策约束和管理，这种本职与兼职本末倒置的情况必然会盛行。

社会兼职之所以成为当代中国的一种“时尚”，与义利观念和个人观念的变化是直接相关的。如今中国人的职业观念，核心是个人利益和个人发展。这当中又有些不同的情况。一般来说，文化程度不高、能力不强的人，择业和执业更看重个人利益的得失与多少；文化程度较高、能力较强的人，特别是这样的年轻人，择业和执业更看重个人发展。

二、职业观念变化的利弊分析

以个人利益和个人发展为核心的职业观念变化带来了一系列值得注意和需要加以研究的问题。从宏观和全局方面来看，职业观念的变化为根据社会需要调整经济活动中的人才人力资源配置，为主体充分发挥自己的实际才能，提供了前所未有的机会和机遇，这是首先应当给予充分肯定的。

职业观念的变化，还扩大和丰富了事业心的内涵。事业与职业既有联系又有区别。事业，通常是通过职业体现出来的，或者说职业是人们实现事业的主要途径和方式。但职业毕竟不同于事业，某一方面的职业，只要我们将其作为事业来做，那就是事业。事业与职业的主要区别在于：事业与人的正确的人生价值观和伦理道德观紧密地联系在一起，一个人虽然从事某一种职业，但如果其思想和行动没有或缺乏正确的人生价值观和伦理道德观的指导，那么他实际上是只有职业而没有事业。事业心也不同于一般的职业观念。所谓事业心，指的就是与职业密切相关的正确的人生价值观和伦理道德观，以及在其影响下的责任心和成就感。正因为如此，职业以外也常有事业，事业心的内涵远比职业观念丰富。在过去年代，中国人所讲的事业和事业心，实际上都是从职业的意义上说的，职业以外无事业，也没有什么事业心的问题。衡量一个人的事业、事业心问题的主要指标，就是其职业活动的水准，职业道德教育在某种意义上就是要求从业人员树立本职工作的职业观念。现在有了社会兼职，情况不同了，许多人在本职工作以外也多了一种事业，多了一份事业心。因此，衡量一个人的事业和事业心的价值标准，在客观上就要求开阔一些。这样看问题，本身也是一种职业观念的变化。

从微观和局部来看，职业观念的变化也带来了多方面值得研究的问题。如区域发展的不平衡问题：经济文化比较发达的地区，因为就业机会多，获取个人利益和个人发展的机遇多，所以要到那里从业的人也多，那些地方现在真可谓是人才济济。相反，那些经济文化相对来说比较落后的地区，去从业的人就少，文化程度较高、能力较强的人去得就更少。这样，“胖子因为是吃好的会越来越胖，瘦子因为是吃差的会越来越瘦”，势必会造成地区之间的差别，不仅会造成地区性的两极分化，而且会直接造成不同单位之间的两极分化。时下中国一些二三流的大学正为一种“人才涌出”的问题所困扰。这些大学为了有一个自己的美好前景，争取在将来能够挤进一流二流的大学行列，想方设法鼓励一些有才华的青年教师去攻读博士学位，将他们推出去的目的是希望他们学成后回来使学校“上台阶”，但是事与愿违，很多被“推”出去的青年教师再也不回来了。特别是一些二流的老牌大学，各方面的水平都不错，但由于受地方经济发展水平等因素制约，一直当不了一流。学校为此伤透了脑筋，搞“感情投资”吧，当事者不领情，无动于衷，打官司吧，觉得既伤感情又可能最终无济于事。

以个人利益和个人发展为职业观念的核心，特别是以个人利益为职业观念的核心，必然会同时造成奉献精神的失落。一些人关心的不是为别人、为国家和社会作了什么贡献，而是个人的发家致富或成名成家，认为这才是天经地义的。如果有谁说到要讲奉献，就会受到这一部分人公开或不公开的嘲讽。在理论界，有些人对提倡奉献精神、全心全意为人民服务也持一种很不以为然的态度。他们在理论上的基本观点是：市场经济强调的是个人的“自主自强精神”“公平互助精神”，讲奉献精神与市场经济的需要是相悖的，不利于市场经济的发展。这些人忘掉了一个基本的常识：提倡奉献精神，并不是社会主义社会的独创。人类有史以来，不论是在哪个历史时代，那些乐于奉献的人都会受到称赞，成为当时代人们学习或传颂的榜样，并在此后世代相传。在资本主义社会也是这样，传播甚广的电影《冰峰抢险队》，正是以其所表现的奉献精神而打动了许多人。奉献，之所以成为人类有史以来被人们所赞美、称颂并力图推行的道德价值，是因为在任何社会里，人们相互之间在许多情况下总是存在着一种需要对方“无私帮助”的客观需要。客观需要，不论是社会意义上的，还是个人意义上的，都是社会发展和人的进步的真正动力。没有奉献精神，或者说没有人与人之间的不图任何回报的无私帮助，人与人之间的关系就会失去应有的状态，社会生活也会因此而失去常态。

三、职业观念变化的调整思路

中国人进入社会发展新时期以来，职业观念变化最大，影响最为广泛，因而适时地给予科学有序的调整也最为重要。职业观念与义利观念、个人观念不同，其价值趋向如何直接影响到职业活动的功效，因此，对职业观念变化的复杂情况，不仅需要从理论上加以分析和梳理，积极开展社会主义的职业道德教育，而且还应当通过相关的政策进行调控和制约。

首先，要广泛持久地开展职业道德教育。要通过各种媒体广泛地宣传正确的择业观和人生价值观，形成广泛的社会舆论，引导人们到国家和社会最需要、最能展现自己才能的部门、单位和地区去。高等学校的道德教育，不论是课程形式还是日常工作，都应当有职业道德教育的内容，而教育的重点应当是正确的择业观，引导大学生乐于到祖国最需要的地方去。各个部门和企事业单位都应当坚持开展与己相关的职业道德教育，提倡忠于职守、乐于贡献的执业精神，并将其制度化。

其次，坚持德才兼备的录用和评价制度。这里所说的德，是指从业人员的职业道德素质和素养。任何社会和个人所提倡和具备的道德主要是经由职业活动体现出来的，因此，坚持德才兼备的录用和评价制度是十分必要的。从某种意义上说，不能坚持这样的制度，道德就会在最为广阔的领域失去了展现其价值的途径。在这个问题上，政府部门和教育机关应当做出表率。国家录用和评价公务员的考试和考核，要切实贯彻和坚持德才兼备的原则，录用公务员要切实评判其作为国家公务员的职业道德素质，考察公务员的“政绩”要有“政德”方面的可操作性指标。学校录用教师和评估教师的教学水平和质量，包括教师的职称晋升，也应有“师德”方面的指标要求，这些要求必须具有可操作性。

最后，要实行相关的政策调控。择业观念的变化表明，“人向高处走”的“负向流动”情况普遍存在，它必然会造成地区和人才发展上的不平衡，既不利于国家和社会的整体协调发展，也不利于人尽其才，充分发挥人的潜能和实现人生价值。从20世纪90年代起，国家就出台了相关的控制人才流动的一些政策规定，但也存在滞后性的问题，国家的宏观调控政策应当有针对性地作出调整。

第四节　性观念的变化

人类对性的认识、理解和把握，涉及生理学、生育学、心理学、伦理学、法学、社会学、美学等多学科，由此而形成相关学科意义上的性观念。伦理学视野里的性观念，是从与性意识和性行为相关的具有“利害关系”性质的意义上立论的。伦理学所关注的性观念，多与是否尊重和维护人的尊严和价值的问题密切相关。

一、传统的性观念

在传统的意义上，中国人对性的问题讳言莫深。在人们的心目中，性一方面是可贵的，美好的，可求的，难得的，令人向往的，另一方面又是可鄙的，丑陋的，不可身教言传的，被蒙上了浓重的神秘色彩和伦理道德枷锁，需要通过繁杂的规范和风俗形式加以约束。

中国传统的性观念，其实主要是针对妇女提出的要求。中国封建社会实行的是以家庭为本位和以男权为中心的宗法统治，妇女的生存地位和人格地位最低，关于性的神秘色彩和伦理道德枷锁主要是被强加在女子的身上。在中国封建社会，对妇女的纲常礼教的规范和约束，核心则是“三从四德”，即“未嫁从父，既嫁从夫，夫死从子”“妇德、妇言、妇容、妇功”，要求妇女“从一而终”，终生做男人们的奴仆。“三从四德”的价值理念和内核，实质是封建社会对妇女提出的性伦理和性道德的要求。在其长期教化和影响之下，旧中国的女子一般也都能以“三从四德”严于自律，并能以此为荣，其中一些人还因出色践履“三从四德”而被统治者立为道德模范，树碑立传，效尤乡里，成为捍卫封建性伦理和性道德的牺牲品。这种历史文化现象，今人可以从安徽徽州的历史文化遗产中看得很清楚。

中国人传统的性观念，在许多男人的身上表现出的是一种两面派的习俗和作风。在男人的心目中，女性之性是向往和崇拜的“图腾”，而在嘴边却又是被拒之物或议论、讥讽、嘲弄的“笑料”。在男人看来，女人必须谨慎地对待自己的性的问题，自己的女人更应当如此。妇女必须特别小心地对待自己的性的问题，以至于自己的肌肤也成了不可让男人正视的禁区，谁若违反了就会被认为“乱伦”，或有“乱伦”之嫌。总之，在对待性的问题上，一个女人若是出了问题，就会被认为是大逆不道，自个儿也会觉得大失体面，感到失去了做女人的资格，有的甚至为此而用轻生的方式进行道德自裁。

中国人传统性观念的传承，大多是以民俗文化的形式，在潜移默化的习俗暗示和影响中世代相传。但是，也有不少文本形式，如《孝经》《人范》等。除此之外，尚有大量的文学作品的传承形式，今人可以从《红楼梦》《水浒传》等传世佳作中窥其历史原貌。

二、新时期性观念的变化及其影响

改革开放以来，中国人的性伦理性道德观念之变化十分惊人。许多中国人特别是不少的年轻人，包括一些年轻的女性不再像他们的先辈那样看待性了。这种变化是多方面的，集中表现是性的神秘感、尊严感被打破，性的专一意识被淡化。

性的神秘感和尊严感的淡化，引起一种值得人们注意的现象，这就是“第三者插足”的问题。所谓“第三者”是相对于婚姻当事人双方而言的，即在夫妻当中有一人存有婚外恋情。据有关调查材料称，充当“第三者”的人的情况比较复杂，不可一概而论。男人中主要是一些有钱有势、才华出众的人，女人中主要是一些得不到丈夫的理解和体贴、对丈夫不满而又看重爱情、现代职业观念强、以男性为主要执业对象、教育程度比丈夫高的人。“第三者插足”的后果，是动摇本来正常或比较正常的婚姻基础，导致离婚率的上升。

怎样看“第三者插足”的现象？由“第三者插足”而引起离婚且概率呈上升趋势是不是一种正常的现象？这需要作具体分析，因为离婚并不一定就是坏事。缺乏爱情基础的婚姻，离婚对个人、家庭和社会来说都是一种解脱，一件幸事。但是，现在的情况和问题却不是这么简单。首先，缺乏爱情基础的婚姻，本可以通过双方的共同努力加以改造和发展，婚姻关系如同其他一切事物一样，是需要不断发展和更新的，这样才能保持它应有的魅力。由于缺乏爱情基础就提出非要离婚不可，这从来都不是明智的选择。其次，缺乏爱情的婚姻如果必须解体双方才能解脱的话，一般来说也应是双方之间的事情，无须由什么“第三者”来“插”上一“足”来解决问题。最后，如上所述，现在的离婚案件当中不少是由于“第三者插足”而引起的，不是原来的婚姻一定就缺乏基础，而是“第三者插足”以后拆散的。因此，对“第三者插足”的现象，主要还是性观念、性道德的问题，对其采取允许甚至公开加以赞扬的态度，是不可取的。

性的神秘感和尊严感的淡化，有助于当代中国人扬弃传统性观念中的不合理因素，确立合乎社会文明进步客观要求的应有的性观念，改善婚姻状况，提高婚姻质量，这对于促进中国社会的文明进步无疑是大有益处的。但是，问题的另一面更不应忽视，对性的专一意识的淡化如果缺乏正确的价值导向，性一旦成为人们随机可求的东西，成为用金钱可换的东西，性与其涉足者一样也就堕落了，其消极影响是绝对不可轻视的。对性的随意性及由此而带来的性的堕落，不仅给涉足者造成婚姻和家庭的不幸，有的还为此断送了自己的前程，而且还会给社会造成广泛的坏影响。从已经曝光的情况看，时下一些领导干部包括一些高级干部犯错误或犯罪，不少也都与在性的问题上存在随意性有关。性的随意性所产生的消极的社会影响，对青少年的危害最不应该忽视，它是一些青少年发生“早恋”、走上性犯罪道路的主要原因。

三、新时期中国人应有的性观念

从伦理道德上看，性观念本质上是一个关乎人的尊严和价值的问题。在生物学和生理学的意义上，性只是人身上的一种器官，一种区别男女的标志。而在伦理学和社会学、法学的意义上，性却并不只是人的一种器官，一种关于不同人的区分标志，而是人的尊严和价值的象征。所以，对性的认识和态度实际上历来不是一个生理问题，而是一个伦理道德和法律的问题。对性的承认，是对人的承认；对性的尊重，是对人的尊重。就女性而言，处女膜不仅仅是什么“一块皮”的问题，而是一种人的尊严问题。这正如人的脸皮一样，不仅仅是一块皮肤，而是一种尊严。在任何社会，当你无端地打一个人的脸的时候，其他人都不会将此看作是打了“一块皮肤”，而是认为侵犯了那个人的尊严，因而要承担道义乃至法律的责任。

在伦理道德意义上，新时期的中国人应当确立什么样的性观念？总的来说，不可像我们的祖先那样对待性的问题，对性抱着讳言莫深以至谈性色变的态度；同时，也不能允许对性采取随意的态度，以至于应允“地下性产业”的泛滥。

社会主义由于在根本上消灭了人剥削人、人压迫人的制度，就其应有的制度属性来说，应当将人看得高于一切，切实贯彻以人为本的价值理念，充分尊重人的尊严和价值，包括尊重人的性，而每个人也应当这样来看待自己的性。这是社会主义性伦理和性道德的第一要义。具体来说，一是自觉维护和培育正常的性神秘感。今天，封建社会鼓吹和推行的“男女有别”“男女授受不亲”的伦理道德观念和标准，自然是要摈弃的，但是，若是因此而走向另一个极端——鼓吹“男女无别”，放弃了性的神秘感和尊严感，也是不正确的。将性看成是人的尊严和价值的一个重要的组成部分，赋予性以深刻的社会伦理和道德内涵，反对以随意的态度对待性，是当代中国人应当具备的性观念。二是要将性看成是人的美好的一个方面，以欣赏的态度对待异性，异性相处主要应将对方作为审美对象，而不是仅仅作为性的本能性的宣泄对象，既要尊重自己的性，也要尊重尊别人的性。即使是在婚姻关系中，夫妻双方也应当持这样的性意识和性观念。三是对性的欲望和要求，性行为的表现，都要在道德和法律所许可的范围之内。四是要以认真严肃的态度对待恋爱和婚姻，遵守恋爱和婚姻道德，恋爱和婚姻的当事人相互之间要互相尊重、互相关心、互相爱护。

第八章　中国社会主义道德的原则与规范体系

中国社会主义道德体系，是在批判继承中华民族的道德传统和革命传统道德，总结和提炼新中国成立后特别是改革开放以来出现的道德观念的变化，吸收国外有益的伦理文化和道德经验的基础上提出来的。中国社会主义道德体系由一个基本原则——集体主义、一个核心——为人民服务和一个道德规范系统构成，从其时代属性和发展前景看，它是人类有史以来最为先进的道德体系。

第一节　社会主义的道德原则：集体主义

任何社会提倡和推行的道德都是一种完整的规范和价值标准体系，在这个体系中都有一个居于核心地位、起指导作用的道德规范和价值标准，这就是道德基本原则或道德原则。道德原则是区分不同社会道德体系时代和阶级属性的根本标志。社会主义道德体系的基本原则是集体主义，它是社会主义道德体系区别于以往一切历史时代的道德体系的根本标志。

一、什么是集体主义

集体主义作为社会主义道德体系的基本原则，是社会主义经济、政治和文化的必然要求。为人民服务的思想道德观念作为核心是社会主义道德体系的灵魂，集体主义作为原则是贯穿于社会主义道德体系的主线，两者相互联系，集中反映了社会主义道德体系的本质特征。党的十六大报告重申，社会主义道德建设要“以为人民服务为核心，以集体主义为基本原则”。

道德的基础是特定社会的利益关系。在一定社会里，利益关系多种多样，其中最常见的最基本的利益关系形式是个人与社会集体之间的利益关系，这也就是人们通常所说的公与私的关系。道德原则调整的特定对象正是特定社会的公与私之间的利益关系。它以自己特有的价值标准，在总体的意义上引导人们的价值取向，规约人们的获利行为。因此，道德原则在调节和控制社会生产与社会生活，影响人们的道德选择中的重要作用是绝不可轻视的，在一定社会道德体系中的特殊地位是绝不可置疑的。

人类的道德与精神生活总是不断地走向文明进步。集体主义作为社会主义的道德原则，包含了人类有史以来看待个人与社会集体之间利益关系的先进思想和道德观念，在伦理道德上它是这些先进的思想和道德价值观念合乎逻辑发展的结晶。但是，作为一种道德原则，集体主义的形成与发展却有自己的独特过程。它的合理内核，最早是由马克思和恩格斯揭示出来的。马克思和恩格斯在《神圣家族》中说：“既然正确理解的利益是整个道德的基础，那就必须使个别人的私人利益符合于全人类的利益。”[①]这是集体主义含义的最早表达形式。后来，马克思和恩格斯在《德意志意识形态》中，在分析工人阶级解放条件时又指出：“只有在共同体中，个人才能获得全面发展其才能的手段，也就是说，只有在共同体中才可能有个

---

① 《马克思恩格斯全集》第2卷，北京：人民出版社1960年版，第167页。

人自由。”[1]列宁在谈到集体主义的思想的时候，曾这样说过：“我们将为此不停地工作几年以至几十年，我们将努力消灭‘人人为自己，上帝为大家’这个可诅咒的准则……我们要努力把‘大家为一人，一人为大家’……的原则渗透到群众的意识中去，渗透到他们的习惯中去，渗透到他们的生活常规中去。”[2]第一次明确提出“集体主义”这一概念的人是斯大林。1934年，他在同英国作家威尔斯的谈话中对集体主义作了这样的阐述：“个人与集体之间，个人利益与集体利益之间没有而且也不应当有不可调和的对立。不应当有这种对立，是因为集体主义、社会主义并不否认个人利益，而是把个人利益和集体利益结合起来。社会主义是不能撇开个人利益的。只有社会主义社会才能给这种个人利益以最充分的满足。此外，社会主义社会是保护个人利益的唯一可靠的保证。”[3]

毛泽东在民主革命和社会主义建设时期，用不同的方式阐发过他关于集体主义的思想。他在《〈中国农村的社会主义高潮〉按语》中说，“提倡以集体利益和个人利益相结合的原则为一切言论行动的标准的社会主义精神”来教育群众的问题，在《论十大关系》中又说，“必须兼顾国家、集体和个人三个方面”的利益。1954年，刘少奇在《关于中华人民共和国宪法草案》的报告中，具体地阐述了集体主义的内容：“我们国家是充分地关心和照顾个人利益的，我们国家和社会的公共利益不能抛开个人的利益；社会主义、集体主义不能离开个人的利益，我们的国家充分保障国家和社会的公共利益，这种公共利益正是满足人民群众的个人利益的基础。”党的十一届三中全会以后，中国进入改革开放和社会主义现代化建设的历史新时期，邓小平在新的形势下经常讲到要把国家的建设、社会的发展和不断提高人民群众日益增长的物质文化生活水平结合起来，正确妥善处理好各种复杂的利益关系。

弘扬社会主义道德必须坚持集体主义，与非议和抵制集体主义的各种

---

① 《马克思恩格斯选集》第1卷，北京：人民出版社1995年版，第119页。

② 《列宁全集》第39卷，北京：人民出版社1984年版，第100页。

③ 《斯大林选集》下卷，北京：人民出版社1979年版，第354—355页。

错误划清界限，开展必要的思想斗争。在我国思想理论界，自从提出和倡导集体主义道德原则以来，就一直存在着关于集体主义的一些模糊、错误的认识，有的人甚至公开非议和反对提倡集体主义，这是我们应当注意的。比如，有的人认为，集体主义是计划经济年代的产物，受到“左”的思潮的影响，今天我国正在实行改革开放和大力推进社会主义市场经济，集体主义已经不适应时代发展的要求了。这种看法似乎言之有理，其实是十分错误的。诚然，作为一个独立的概念和社会主义时期道德的基本原则，集体主义在我国确实产生于计划经济年代，也确曾带有一些时代的局限性，受到过“左”的思潮的一些影响，以至于当时有的人误以为提倡集体主义就是只要求个人服从集体，就是不要个人利益，就是否认个人正当的权利和需要。但是，集体主义的本质内涵并没有受到根本性的侵害，在今天并没有过时。党的十一届三中全会以后，经过改革开放初期的拨乱反正和解放思想，经过一些思想和理论工作者多年精心的研究，集体主义如今已经被赋予了严格的科学含义。

集体主义道德原则包含三个互相联系、互相说明、相辅相成的基本方面，这就是：集体利益高于个人利益；重视和保障个人利益，在一般情况下主张将个人利益与集体利益结合起来，实现共同发展；当个人利益与集体利益发生矛盾而又不能解决的情况下，要求个人利益服从集体利益。

在科学的意义上，社会主义的集体主义的基本精神是强调个人与社会集体之间在利益关系上的根本一致性，强调在一般情况下要努力使个人利益与社会集体利益结合起来，得到共同发展。这可以看成是集体主义的常态要求。就是说，集体主义并不一般地反对个人利益、个人价值和个人追求。在这个前提之下，集体主义是主张个人服从和牺牲的，当个人利益与社会集体利益发生矛盾而又暂时不能解决的情况下，它为了维护大多数人的利益，为了社会和集体的发展，要求个人服从社会和集体的需要。不难看出，这样来理解和把握集体主义，就既与漠视个人正当利益和需要的封建整体主义的道德原则区分开来，又与资产阶级所鼓吹的个人主义的道德原则划清了界线。集体主义是人类有史以来最为科学合理的道德原则。

集体本是一个系统，既有大集体与小集体之分，也有长远集体与近期集体之分。所以，科学理解的集体主义，其基本精神在引申的意义上还应当包含把局部利益与全局利益、近期利益与长远利益结合起来的思想道德观念。

二、确立社会主义的义利观

义与利，是中国传统伦理道德的一对基本范畴。所谓义，亦称公义，一般指的是人们对待公众和他人利益的思想和行为要符合社会道德标准。所谓利，亦即私利，自古以来指的都是个人利益。对义与利的关系持何种认识和态度，便产生了人们的义利观。义与利的关系，在内涵上比集体主义所调整的对象要宽泛一些。因为，义与利的关系不仅包含个人利益与社会集体利益的关系，也包含个人与他人之间的利益关系。

个人与社会集体之间的利益关系和人们相互之间的利益关系都是一种历史范畴，这两种利益关系的内涵和对应方式在不同阶级统治之下和不同的历史时代是不一样的。这就决定了不同社会和不同的历史时代有不同的义利观，甚至是根本对立的义利观。

人类处于原始社会特别是原始社会早期的时候，由于受低下生产力和低微生活资料的严重制约，各种利益关系模糊不清，个人与社会集体和人们相互之间的利益关系都不存在明显差别，更不存在根本性的对立。所以，原始社会的义利观是一种绝对性的平均主义。中国封建社会的义利观的基本倾向是重义轻利，今天看来既含有合理的因素，也含有不合理的成分。合理的因素表现在充分肯定了道德在许多情况下的社会价值，强调做人做事不能只讲“利”，不讲“义”；在处理个人与社会集体、个人利益与他人之间的利益关系的时候，更重视社会集体利益和他人的需要，尊重集体，善待他人；在发生利益关系矛盾的情况下，更重视“重义轻利”“舍生取义”的道德价值。这些，在今天仍然具有借鉴意义，其合理的成分可以为今日所用。其不合理的成分，表现在将道德的社会价值绝对化，缺乏具体分析问题的方法和态度。在不合理的成分的长期影响下，过去甚至还时常出现只讲义而不讲利的情况，习惯于将一个人的义利观与其道德人格评价联系起来，认为在义利之间重视个人利益者是“小人”，重视伦理道德者是“君子”。今天看来，这种传统的义利观念无疑是片面的，带有历史的局限性，所以，当代中国的社会主义道德建设不可照搬照用中国传统的义利观。

资产阶级的义利观可以一言以蔽之：贪得无厌、惟利是图。生产的社会化、经营的市场化和资本的私人占有制之间的深刻矛盾，养成了资本家贪得无厌、惟利是图的阶级本性。资产阶级从其一己私利出发，总是把获取最大的利润当做其人生追求的最终目标，为此不仅盘剥国内的工人阶级和广大劳动人民，而且还通过资本输出剥削世界其他弱小民族的劳动者。在处理国家和民族的国际关系中，资产阶级的义利观通常表现为狭隘的民族利己主义，这一特点不仅为以往的资本主义发家史所证明，在当代国际社会也是屡见不鲜的。泰戈尔在其《民族主义》一书中曾经一针见血地指出：西方资本主义习惯于将其利己主义看成是一种普遍的法则，在世界的范围内毫无顾忌地推行他们的民族利己主义。

弘扬社会主义道德，应当在坚持集体主义的同时倡导社会主义的义利观。社会主义的义利观，总的来说，在价值取向上主张义利并重，尊重个人利益与社会集体利益、他人利益，把个人利益与社会集体利益、他人利益结合起来，保持个人的生存与发展同人民的需要和社会整体的文明进步相一致。同时，社会主义的义利观还充分肯定和大力提倡为社会集体和他人的发展积极劳动、不图回报的奉献精神。因此，在处理个人与社会集体利益的关系问题上，提倡社会主义的利益观与推行为人民服务的思想道德观念和集体主义道德原则，是一致的。

三、坚持集体主义，反对个人主义

在西方资本主义国家，个人主义既是一种社会历史观也是一种伦理道德原则。我们在这里所涉及的个人主义主要是从伦理道德原则的意义上说的。在中国人看来，作为伦理道德原则的个人主义与利己主义并不存在什么本质上的差别，两者都主张以个人利益为中心，强调个人利益和个人价值的至上性，在个人利益与社会集体利益及他人利益发生矛盾的时候，首先想到和维护的是个人利益，为此会不惜牺牲社会集体和他人的利益。

在我国理论界，有些人一直主张要将个人主义与利己主义区别开来，认为个人主义有其积极的一面，在历史上曾经起过进步的作用，而利己主义从来都是消极的，不合理的、落后的。对这种主张应当作具体分析。诚然，个人主义不论是作为一种社会历史观还是作为一种伦理道德原则，在历史上确曾发生过反对封建专制主义的积极作用，但其在理论上的立足点却是不科学的，它认为人的本性都是自私的，都是主观为自己，在这一点上与利己主义并不存在什么本质的差别。人类已经进入现代文明发展的历史新时期，中国是社会主义国家，我们不能允许把个人主义作为一种道德原则，从根本上影响中国人的道德生活，当然更不能允许把个人主义作为一种社会历史观，当做中国社会主义现代化建设事业的指导思想。

个人主义的经济根源是资本主义私有制，但在西方资本主义文明史上作为一种伦理道德原则却一直被资产阶级所“修正”和“补充”，经历了一个由极端个人主义向“合理利己主义”演变的历史过程。

在资产阶级革命早期，霍布斯确认“人对人是狼”，片面强调个人利益的至上性，个人的绝对自由和权利，漠视社会和他人的自由和权利。这种极端的利己主义在资产阶级上台后不久，便为主张重视“最大多数人的最大幸福”、把个人对于公众的责任和义务放到了引人注目的位置的功利主义所修正和取代。在此期间，密尔甚至明确地提出了要使个人利益、个人权利和公众的利益和权利“合成”起来的主张。再后来，以爱尔维修、费尔巴哈等人为代表的一批进步的人文主义者又提出了“合理利己主义”的思想，认为个人是目的，社会是手段，目的与手段应当统一，并主张个人的存在与发展要以这种统一为基础。今天看来，“合理利己主义”的“合理”之处在于主张这种统一，不“合理”之处在于仅将个人与社会和他人的关系看成是目的与手段的关系，而没有看到在社会生活中个人与社会以及他人的关系实际上是互为目的与手段的关系，并且要以社会集体利益高于个人利益为前提。

在我国历史上，个人主义一直没有形成独立的社会意识形式，但是与小农经济有关的个人主义思想和自由主义作风却早已融合在一些人的道德意识中，成为他们的“人生哲学”。这种“人生哲学”，以“人不为己，天诛地灭”，“拔一毛以利天下而不为”，“事不关己，高高挂起”，“各人自扫门前雪，休管他人瓦上霜”为基本特征。在中国封建社会，同这种“人生哲学”划清界限并与之作斗争的伦理道德观是以孔孟为代表的儒家思想。儒家思想本质上是反对个人主义的，它主张“推己及人”，“己所不欲，勿施于人”[①]，“己欲立而立人，己欲达而达人”[②]，“君子成人之美，不成人之恶”[③]，个人对于他人、家庭和国家的义务和责任，即所谓修身、齐家、治国、平天下，力求将人引导到关心“大家”的人生道路上。

个人主义的危害在于必然导致个人利益与社会集体和他人利益之间的失衡，由此而破坏社会发展和繁荣所必需的基本稳定与和谐，甚至造成社会动乱，即所谓“人人营私则天下大乱”[④]。在盛行个人主义伦理道德观的西方资本主义世界，资产阶级从来没有放弃过对个人主义可能造成的危害的警惕，他们一方面重视不断从理论上对个人主义进行“修正”，使之日渐“合理”，另一方面通过加强法治来遏制和削弱个人主义所固有的破坏特性。

在社会主义制度下，要坚持集体主义，就必须反对个人主义，这是在弘扬社会主义道德的过程中必须始终给予高度重视的一个重大的理论和实际问题。在这个问题上，我们一方面要在科学的意义上坚持贯彻集体主义的道德原则，引导人们自觉地发扬集体主义精神，同各种个人主义的思想和行为作不懈的斗争；另一方面，在反对个人主义的斗争中，也要注意一

①《论语·卫灵公》。

②《论语·雍也》。

③《论语·颜渊》。

④《老残游记》。

个科学性的问题。反对个人利益不是不要个人正当的利益，不要个人正当的追求。个人主义与个人正当的利益和人生追求不是一回事，一个人在获取个人利益和追求个人价值的时候，是否与个人主义有联系，关键是要看其手段和方式是否正当，是通过自己的努力还是采用损人利己、损公肥私的行为。因此，在认识上，要区分个人主义与正当的个人利益和个人需求的界线，既要坚持反对个人主义，又应尊重个人正当的利益和需要，鼓励人们通过诚实劳动而发家致富，通过刻苦学习而努力成才。只有这样，才能真正达到坚持集体主义、反对个人主义的目的。

第二节　社会主义道德体系的价值核心：为人民服务

作为一种社会价值形态体系，社会主义道德体系除了必须内含一项基本原则——集体主义之外，还应当包含一种价值核心，这就是为人民服务。如果说，集体主义以直接调整个人与社会集体之间的利益关系为对象，那么，为人民服务则是在整体上体现社会主义道德体系的价值趋向。在社会主义道德体系中，任何一种价值观念和行为准则都应当体现为人民服务的精神，都不可与为人民服务的精神相违背。

一、为人民服务的含义

什么叫为人民服务？目前一些人的认识和理解仍然比较模糊。有的人认为，为人民服务与人民群众无关，它是向共产党员和国家公务员提出的道德要求，因为他们是人民的代表，人民的公仆。也有人认为，我国实行人民当家作主的社会主义制度，人民群众是国家和社会的主人，也是具体工作部门和单位的主人，“我”是人民的一员，“我”就是主人，现在要“我”为人民服务不是把“我”放到了人民之外、否定了“我”的“主人地位”了吗？或者，既然“我”就是人民中的一员，就是主人，那么为人民服务就是为“我”服务，这样，提出为人民服务还有什么必要呢？还有的人认为，在党风和政风存在一些问题的今天，提倡为人民服务实际上就是为领导者服务，因此提倡为人民服务是不合适的。这就涉及如何理解为人民服务的内涵的问题。

何谓为人民服务？简言之，它是社会主义国家提倡的价值观念和道德行为，指的是人民之间的相互服务。换言之，也就是当家作主的人们之间的相互服务。为人民服务在内涵上有两个基本层次，一是一般要求，二是最高要求，它是一般要求和最高要求的统一。一般要求，即我们平常所说的为人民服务，它是面向全体公民提出的道德要求，是社会主义制度下所有的人应当遵循的价值标准和行动准则，人们一般也是能够做到的。最高要求，强调的是全心全意为人民服务，是对广大共产党员和国家公务员提出的道德要求。它充分体现了中国共产党的政党性质，集中体现了社会主义国家的制度性质。

为人民服务，是一个含义完整、内在结构严密的道德范畴，它是“为人民”的思想动机和“服务”的实际行动的统一。“为人民”说的是思想动机即行动的出发点和目标。毛泽东在《论联合政府》指出：“全心全意地为人民服务，一刻也不脱离群众；一切从人民的利益出发，而不是从个人或小集团的利益出发。”[①]他在这里说的就是“为人民”。“服务”说的是实际行动，它是为人民服务的核心和关键。在为人民服务的问题上，仅有“为人民”的良好愿望和明确的目标是不够的，还必须同时要有实际的行动。一个人的“服务”，就是以实际行动履行对于他人的特殊的道德义务和责任。具体说来，担任国家和社会管理职责的公务人员要发扬民主、“为政以德”、廉洁奉公；从事各行各业的生产与经营人员要立足于人民的需求，忠于职守、遵循职业道德；在校学生则要努力学习、立志成才，如此等等。总之，为人民服务，就是要从人民的利益出发，做好人民要求做好的事情。从这点看，作为社会主义道德的集中表现和道德建设的核心要求，为人民服务思想也是无产阶级和广大劳动人民的人生观和价值观，与

① 《毛泽东选集》第3卷，北京：人民出版社1991年版，第1094—1095页。

我们党一贯倡导的群众观念和群众路线是完全一致的。因此，为人民服务的思想道德观念与封建社会盛行的特权思想和等级观念、资本主义社会所推行的个人主义、拜金主义和享乐主义，是根本对立的。要坚持倡导为人民服务，就要在思想和道德观念上与个人主义、拜金主义、享乐主义划清界限，自觉抵制个人主义、拜金主义、享乐主义的影响。

就服务对象看，为人民服务是特殊与一般的统一。前者，是人们相互之间的面对面的直接服务，直观性强，如人们在日常的相处、交往和合作的过程中的相互支持、互相帮助。一般理解的为人民服务具有概括性，主体的思想行动立足于人民整体，其服务对象不具有直接的可视性，这种为人民服务通常表现在人们的职业活动中，我们所说的为人民服务一般正是在这种意义上阐发的。大学生今天的学习和发展，正是为了将来的为人民服务，所以重要的是要确立为人民服务的思想和道德观念。

二、为人民服务思想的形成与发展

为人民服务，生动地体现了马克思主义唯物史观的基本观点。在马克思主义看来，人民群众是社会的物质财富和精神财富的真正创造者，在社会发生变革时期又充当着变革的决定力量，因此人民群众是创造历史的主体和推动历史发展的真正动力。马克思主义并不否认杰出的个人在历史发展过程中的重要贡献，但更重视人民群众在历史发展中的决定作用。对于这个客观真理，历史上的一些思想家和明智君王并非一无所知。荀子说：“《传》曰：‘君者，舟也；庶人者，水也。水则载舟，水则覆舟。’此之谓也。故君人者，欲安，则莫若平正爱民矣。”[①]他视人民群众为“水”，统治者为“舟”，认为人心的向背与统治者的命运密切相关。在阶级对立的社会里，统治者对这一民心向背的道理一般是给予重视的，他们总是要打着“为民”的旗号，并且在一定程度上能够做出一些“为民”的有益事情。但是，阶级本质决定了他们与广大人民群众之间在利益关系上是对立

① 《荀子·王制》。

的，他们不仅不可能真正地“为民”，而且为了维护他们本阶级的特殊利益还必然会剥夺人民群众的利益，经常干出“害民”的勾当。因此，在伦理道德上，以往的统治者是不可能提出为人民服务的思想的。

从社会制度的属性看，为人民服务是由社会主义制度的性质决定的。人类有史以来，社会主义既是最为先进的社会制度，也是最为先进的思想理论体系，一切为了人民的利益是社会主义制度的本质要求。在社会主义制度下，广大人民群众在政治上是国家的主人，在生产活动和社会生活的广阔领域，每个人都是服务的对象，同时也都是服务的主体。因此，从本质上看，在社会主义制度下，为人民服务实际上是全体社会成员的自我服务、相互服务。这与阶级对立和阶级统治社会里的情况是根本不同的。主张把人民的利益放在第一位，忧人民之所忧，求人民所之所求，乐人民之所乐，同人民群众同呼吸共命运。我们要坚持走社会主义道路，就要坚持为人民服务。

中国共产党是无产阶级政党，惟有共产党能够最彻底地代表最广大人民群众的根本利益，真正做到全心全意为人民服务，除了人民的利益，党没有一己私利。这一政党性质，一开始便被明确地写进了党的章程。在中国共产党领导广大人民群众求翻身解放的革命战争年代，无数共产党员和革命先驱，英勇奋战、前仆后继，不怕流血牺牲，不是为了别的，正是为了人民的利益。全心全意为人民服务，成为一切共产党员和革命先驱者一切行动的出发点与奋斗目标。毛泽东在《为人民服务》专论中明确地指出：“我们的共产党和共产党所领导的八路军、新四军，是革命的队伍。我们这个队伍完全是为着解放人民的，是彻底地为人民的利益工作的。”[①]同样的思想，毛泽东在《中国革命战争的战略问题》《纪念白求恩》《论联合政府》等著名篇章中，也多次作了充分的阐释。

新中国成立后，在社会主义革命和社会主义建设事业中，中国共产党作为执政党坚持和发扬了自己在战争年代形成的全心全意为人民服务的革命传统道德。党始终把人民的利益放在第一位，不仅要求广大共产党员以

① 《毛泽东选集》第3卷，北京：人民出版社1991年版，第1004页。

大公无私、公而忘私的精神投身到社会主义革命与建设的伟大事业中，而且能够自觉做到为了人民的利益坚持真理，为了人民的利益改正错误。新中国成立初期严惩刘青山、张子善，十年“文革”结束后的解放思想、拨乱反正，都充分地证明了这一点。党因此而得到全国人民的衷心拥护和爱戴。在改革开放和发展社会主义市场经济的新的历史条件下，一些共产党员经不住物质利益的诱惑，放松了对自己的要求，不能正确地看待自己与人民群众之间的利益关系，丢掉了全心全意为人民服务的光荣传统，有的甚至沦为腐败变质分子，但从整体情况看，党的组织仍然不失之由为人民服务的无产阶级先进分子所组成。党对自己队伍中的颓废消极和腐化堕落分子，从不姑息，而是给予批评教育或坚决清除。这种革新精神，正表明党始终把人民的根本利益放在第一位。因此，改革开放以来，党依然得到全国人民的充分信任和衷心拥戴，在党的正确领导之下我们已经取得了改革开放和社会主义现代化建设的辉煌成就。党的十六大从代表人民群众的根本利益出发，又提出了全面建设小康社会的战略目标，我们完全有理由相信在党的领导下，坚持用为人民服务的思想武装全党和全国人民，就一定能够实现这一宏伟目标。

三、发展社会主义市场经济需要坚持为人民服务

现在，社会上有些人持这样一种观点：我们正在大力推进市场经济，市场经济本质上是一种“为自己”的经济，在这样的历史条件下提倡为人民服务是不合时宜的，提倡全心全意为人民服务更为“荒谬”。这种看法是极其错误的。

从“为谁”服务即经济活动主体的人生目的的意义上看，市场经济活动的主体究竟是“为自己”还是“为人民”，本来就不可以一概而论，有的是为自己，有的是为了人民的利益和社会的繁荣进步。而就市场经济活动的实际过程看，市场经济活动的主体则必须立足于服务，体现为服务，充分发挥市场经济的服务功能。表面上看，市场经济是为市场需要而生产

和经营的经济，是“赚钱”的经济，只听命于价值规律那只“看不见的手”。但是，从实质上看，在根本上影响和制约市场需要的是消费者，所谓“看不见的手”其实就是消费者的“手”。而消费者对市场经济的影响、制约和指挥，是通过产品的量与质展示出来的，这决定着企业生产和经营的状况，决定着市场经济的命运。就是说，从实质上看，市场经济的整个运作过程都要围绕消费者“转”，而不能围绕生产经营者自己“转”，所谓立足于市场就是立足于服务，所谓竞争就是关于服务得好与坏的竞赛，这就决定了市场经济本质上是一种服务经济。而在我国社会主义制度下，消费者不是别的，正是广大的劳动人民群众。因此，发展市场经济与提倡为人民服务不仅不是矛盾的，而且是根本一致的。把发展市场经济与为人民服务对立起来的观点，实际上是一种惟利是图的资本主义市场经济的观点。我们正在建设的是社会主义市场经济，社会主义为市场经济提供了充分展现自己固有的服务本性的最佳的社会制度条件。在社会主义市场经济的历史条件下，坚持提倡为人民服务的思想，将为人民服务作为社会主义道德体系的核心，努力搞好社会主义道德建设，也是市场经济本身得以繁荣的极为重要的客观要求。

第三节　社会主义道德体系的具体规范

2001年10月25日，中共中央颁发了《公民道德建设实施纲要》（以下简称《纲要》），在总结实行改革开放和发展社会主义市场经济以后中国社会主义道德建设的基本经验、存在的问题的基础上，从四个方面提出了社会主义道德体系内含的具体规范。《纲要》颁发以来，中国社会道德的发展和演变又出现诸多新的情况，但《纲要》提出的具体道德规范的普遍适用性是毋庸置疑的。

一、公民道德基本规范

公民道德基本规范，调整的对象是公民与国家和民族整体之间的利益关系，涉及的范围最广，也是最基本的道德要求。正因如此，公民道德基本规范一般都会写进国家的宪法，既是最基本的道德规范，也是最重要的法律规范。当代中国公民道德的基本规范主要包括爱国守法、明礼诚信、团结友善、勤俭自强、敬业奉献。

在中国，“爱国”这一概念出现很早，《战国·西周》就有“周君岂能无爱国哉”一说。中国古人推崇的爱国与爱家是相一致的。孟子说：“人有恒言，皆曰天下国家。天下之本在国，国之本在家。”[①]所谓爱国，简言之就是热爱自己的国家。它体现的是一国之中人们对自己祖国的深厚的感情，反映的是“个人对祖国的依存关系，是人们对自己故土家园、民族和文化的归属感、认同感、尊严感与荣誉感的统一。”[②]爱国的道德内涵，作为认知，包含对个人与祖国及祖国与世界的关系的正确理解；作为情感，包含热爱祖国山河、祖国文化、骨肉同胞等；作为意志和行为，包含平时积极地建设祖国，临危时勇敢地保卫祖国；作为理想，包含对祖国美好未来的信念和信心，为实现祖国美好的未来而刻苦学习和勤奋工作。中国正在建设社会主义法治国家，所以在当代中国提倡爱国，应当将其与守法一致起来，尤其要与遵守国家根本大法——宪法一致起来。一个真正的爱国者，也应当是一个合格的守法者，遵守国家法律，在法律范围内维护自己的正当权益，履行自己的法定义务，反对一切违反法律的行为。

明礼，就是从“礼”行事。礼，在中国伦理思想和道德发展史上，经历了由糊弄鬼神到治理人世的历史演变过程。治理人世的礼，有“大礼”与“小礼”之分，前者指的是国家典章制度，反映的是政治伦理关系和道德行为准则，后者指的是日常生活中处置伦理关系的行为准则和习惯，包

① 《孟子·离娄上》。

② 本书编写组:《思想道德修养与法律基础》修订版,北京:高等教育出版社2008年版,第35页。

含“礼节”和“礼貌”。作为社会主义道德规范的具体要求，礼在形式上与封建社会的相关道德要求并无大的差异，但内容却有了重要的不同，甚至是根本的不同。一般来说，“明”社会主义之“礼”行事，就是要按照社会主义的法律和道德准则行事，使自己的行为合乎社会主义国家的文明风尚。诚信，即诚实守信。诚实，即表里如一，守信，即言行一致。诚信与“明礼”搭配，指的是要以表里如一、言行一致的道德态度对待国家，遵从国家的法律和道德。改革开放和发展社会主义市场经济，需要打破阻碍社会发展的旧秩序，同时整合社会发展的新秩序，与此相关的是要破除不合时宜的旧观念，确立与社会发展客观要求相适应的新观念，在这种情况下，强调明礼诚信，建设明礼诚信的社会显得尤其重要。

团结友善，是涉及人际相处和交往的道德规范，指的是要以和谐意识和方法来看待和处置人际关系。团结的道德要求，从根本上来说是由人的本质特性要求的。马克思说：“人的本质不是单个人所固有的抽象物，在其现实性上，它是一切社会关系的总和。”[①]团结或和谐，是为了在“现实性”的意义建立这种“社会关系的总和”，以“团结就是力量”的道德语言来表达人的本质特性。现实生活也证明，一个人的能力及其价值实现所依赖的力量本质上并不属于个人，而是属于其与他人建立的和谐的社会联系；如果就单个人而言，其能力也应当包含建立这种和谐的社会联系的能力。友善，所指既是和谐、团结的人际关系，也是建立和谐、团结的人际关系的途径和方法。一个人如果能够用友善的态度和方式与人相处和交往，一般就能够建立和谐、团结的人际关系，赢得人生发展的空间，实现自己的人生价值。

勤俭自强，是从学习、劳动和生活作风和态度上提出的道德要求。勤，与懒或惰相对，指的是治学和做事尽力、不偷懒的一种作风和态度。《尚书·九官》说：“功崇惟心，业广惟勤。”说的是建功立业贵在勤。俭，即节俭，与奢或侈相对，指的是一种节省、不浪费的生活作风和态度。勤，也是一种执着的追求精神，历史上凡是有大作为的人一般都是勤快勤

① 《马克思恩格斯选集》第1卷，北京：人民出版社1995年版，第60页。

勉的人，司马迁写《史记》用了30年，李时珍写《本草纲目》用了28年，哥白尼写《论天体运行》用了30年，可见勤对于成就事业的重要意义。自强，意思是说通过自己的努力使自己成为强者，经过自己的努力就会使自己成为强者。勤俭自强的道德价值，表现在不依赖他人和集体实现自己的人生发展和价值实现，既是一个人的成功之道，也是一个国家和民族的成功之路。懒惰和奢侈，会使人意志消沉，不思进取，不仅难能成就事业，还会损害他人和集体。即使是已功成名就或已发家致富，也不应当懒惰和奢侈。

敬业奉献，是从个人对国家和社会的贡献的意义上说的，是社会主义职业道德的总体要求。敬，敬重、尊重、恭敬之意，敬业就是要敬重和尊重自己所从事的职业，以恭敬和极端负责任的态度对待自己的工作。敬业，是从业人员的人生价值观，在职业活动中表现为执业态度，是从业人员做好工作的最重要的道德品质条件。荀子说："百事之成也，必在敬之；其败也，比必在慢之。"[①]奉献，既有动机的含义，又有效果的含义，作为动机指的主要是从业人员的人生价值观，与敬业是相通的，作为效果指的是职业活动的实际功效，强调的是动机与效果的内在一致性。联系起来看，敬业奉献，要求从业人员恭敬地对待自己的职业，力求为国家和社会作出较大的贡献。

二、社会公德规范

社会公德，即社会公共生活场所内人们应当遵守的共同的道德规范及与此相适应的道德品质。社会公德调整的对象，是社会公共生活场所中人们相互之间及个人与公共利益之间的关系。人类社会生活有三大场所，即家庭生活、社会公共生活、职业生活。每个人一生的追求和奋斗，都不可能脱离这三大场所。

社会公共生活场所，按照人们参与的内容和形式的不同可以将其划分

① 《荀子·议兵》。

为学习、劳动、休闲等不同的类型。学校里的公共生活场所是全方位的，上课的教室（包括操场）、自习的阅览室、课外活动（第二课堂）的场地等，都是师生共同活动的公共生活场所。各种劳动岗位共享的公共生活场所多是有限的，但内容却相当复杂，有相对于劳动岗位外的工余时间内的短暂交往或相处，有因劳动岗位的延伸（出差）而形成的陌生人之间的人际交往及人际相处等。休闲场所和地方的公共生活最为广阔，既有室内的也有室外的，既有城市的也有乡村的，既有流动的也有不动的，几乎布满社会生活的所有空间。这些公共生活场所，无疑都应当有相应的社会公德来规范和调节人们的行为。现代社会发展和走向成熟的一个明显标志，就是因劳动岗位延伸而形成的陌生人之间的人际交往和相处、休闲场所和地方的公共生活空间在迅速扩展。它们对与己相关的社会公德的建设和进步，提出了越来越高的要求。

需要注意的是，在现代社会，随着人们参与公共生活的内容越来越丰富，形式越来越多样，场所的概念也在不断扩展，越来越带有“领域”的特征了。因此，对社会公德的要求也越来越宽泛，越来越严格，在有些情况下已经带有明显的法制化倾向。

社会公德有两个相互关联的显著特点，一是调整的范围最为广泛，二是对人们提出的道德要求最低。因为调整范围最为广泛，所以要求最低，反之亦是。在社会公共生活领域，不论男女老幼，也不论何种身份，都必须遵守公共生活准则。除此之外，社会公德还具有直观性的特点，一个国家或地区的社会公德的水准如何，可以在“直观”的意义上看得出来，如在车站和码头等公共交通场所的公共秩序、公园和街道等公共休闲场所的卫生状况、教室和单位等公共学习和工作场所的公物维护情况，都能表明该国家和地区的社会公德水准。同样之理，一个人的道德水准如何，也可以从其在公共生活场所的表现看得出来。

社会公共生活空域决定社会公德的发展水准，而社会公共生活空域空间的状态又是受“生产和交换的经济关系”的性质和发展水准制约的。中国几千年的封建社会，小生产如汪洋大海，生产和生活方式与水平长期落后，停留在自力更生、自给自足的状态，交换方式和水平也长期落后，多为“鸡蛋换盐”的简单形式。就是说，历史上，普通的中国人社会公共生活空域发育程度不高，一般不与生产和交换的需要发生直接的关系，内容和形式多为“走亲访友”，因此社会公德意识不强，长于熟人社会的相处和交往，短于陌生人社会的相处和交往，没有养成自觉遵守社会公德的行为习惯。旧中国，社会公共生活空域，主要是在统治者及士阶层之间，那样的交往浸透着封建礼仪，多流于表面形式，在一些情况下还带有行贿受贿的特色，与现代社会的交往和相处不可同日而语。

中国的改革开放和发展社会主义市场经济，促使社会生产和社会生活发生了一系列根本性的改变，其中一个突出的变化就是公共生活空域的迅速扩展。这种变化是市场经济的产物，市场的生命在交换，交换的途径在交往。在这种意义上可以说，市场经济也是交往经济，市场经济促进社会公共生活空域的拓展，社会公共生活的发育程度决定了市场经济的命运。当代中国社会，比以往任何时代都需要有与经济建设和整个社会发展相适应的公共生活空间，培育这样的公共生活空间需要加强社会主义法制和道德建设，促使人们形成相关的法制精神和道德意识。在这种情势之下，加强社会公德建设和培育人民的公德意识是十分必要的。从当代中国经济建设和整个社会发展的实际需要看，加强社会公德建设势在必行。《公民道德建设实施纲要》推行和倡导的社会公德，包含文明礼貌、助人为乐、爱护公物、保护环境、遵纪守法五项道德要求。一般来说，文明礼貌和助人为乐是处理人与人之间的公共关系的道德要求，爱护公物和保护环境是调整人与物之间的公共关系的道德要求，遵纪守法是调整人与公共意志之间的关系的道德要求。从当代中国社会发展和进步的实际需要看，要突出保护环境和遵纪守法，以此来带动整个社会公德建设。

作为社会公德规范的保护环境，有两种意思，一是纯粹的自然环境，二是经过人改造的自然环境，前者是公共生活领域意义上的环境，后者是公共生活场所意义上的环境。保护环境，就是保护了人类自身，保护了人们学习、劳动和休闲的共同条件，其道德意义是十分明显的。自然环境中的森林和水，对人类的生存和繁衍的意义尤为突出，保护自然环境中的森林和水资源，使之不受破坏性的损害，是保护环境的第一要义。印第安人有一个古老的说法：天空是树木撑起的，如果森林消失，天空就会坍塌下来，自然和人类就一同毁灭了。在公共生活场所，保护环境的具体要求是爱护公物，同时也涉及举止文明，有些损害公物的不道德行为，与举止不文明是直接相关的。

遵纪守法的调整对象，当然包括休闲场所的公共生活，但最重要的还是工作岗位之外的公共生活，尤其是国家公务员的岗位之外的公共生活。因为，这样的公共生活一般都离开相关组织和管理制度的视野，离开相关的职业法规和职业纪律的约束，从业者如果缺乏道德自律意志，不能自觉遵纪守法，就很有可能做出违背法律和道德的事情来。从揭发出来的违法犯罪案件的情况来看，一些公务员走进罪错深渊而不能自拔，多是在岗位之外的公共生活中发生的。由此看来，应当把遵纪守法的教育放在社会公德建设最重要的位置。

三、职业道德规范

职业道德，指的是从业人员在职业活动中应当遵循的道德规范及与此相适应的个人品质的总和。职业道德调整的对象和范围，主要是从业人员与职业部门或单位之间的利益关系。

职业活动与职业道德是不可分割的一个有机统一体。其一，职业的形成和发展带动职业道德的建设和发展，职业道德的建设和发展促使职业活动的丰富和发展。其二，职业活动中的纪律和操作规程多与职业道德相互交叉和重叠，即某种职业纪律和操作规程往往同时也是职业道德规范。其三，在职业活动中，从业人员的职业行为是职业道德行为，其怎样“做事”的演示也是怎样“做人”的表现。正因如此，职业道德是因职业活动之需而设定的，一个社会有多少种职业，就会有多少种职业道德。但是，从分类学的角度来看，如此来给职业道德分类是不科学的。

为职业道德分类，应当依据职业活动的内容的相似属性来进行，由此可以将纷繁复杂的职业道德大体上划分为四种基本类型：一是生产经营类型的职业道德，调整的对象是一切从事生产和经营活动的部门和单位中的利益关系和职业行为；二是政治类型的职业道德，适用于国家和社会的管理部门，包括司法执法机关、军事机关和军队；三是文化教育行业的职业道德，调整的对象是一切从事文化和教育活动的部门和单位中的利益关系和职业行为；四是服务行业的职业道德，所谓“第三产业”的部门和单位的利益关系和人们的行为，都在此调整之列。

当代中国各行各业应当遵循的共同的职业道德规范主要是：爱岗敬业、诚实守信、办事公道、服务群众、奉献社会。按照时代属性来划分，我国现今提倡的职业道德规范可以分为两个层次：第一个层次是前三项，反映的多是优良的职业道德传统，积淀了中外历史上职业道德的传统美德。在封建社会和资本主义社会，各行各业历来都提倡爱岗敬业、诚实守信、办事公道，虽然由于阶级的局限，人们对这些职业道德的规范要求的理解有所不同，但基本精神却是大体一致的；第二个层次是后两项，反映的多为社会主义的职业精神，属于社会主义和共产主义人生价值观范畴。

任何一个社会的职业道德，都包含这个社会倡导的人生价值观，而这个社会的人们的人生价值观通常也是由职业道德表现出来的。如果说优良的职业道德传统多为“正当”要求，多在与当时代的职业法规相衔接、相协调的过程中发挥作用，那么反映当时代精神的人生价值观则属于职业道德的“应当”要求，标准高，具有超越历史的特性，体现当时代的先进阶级的思想和道德进步的方向。历史地看，这样的职业道德一般都体现在政治道德和文化教育道德类型之中。社会主义社会的职业道德，在政治道德和文化教育道德体系中应当充分体现服务群众、奉献社会的高标准的道德要求和社会主义、共产主义的人生价值观。

在我国，共产党人和其他社会先进分子，不论从事何种职业，尤其是党和政府部门、司法执法部门的公务员，以及人民军队成员，都应当牢固树立为人民服务的人生价值观，在自己的执业岗位上脚踏实地地服务群众，尽己所能为社会作出较大贡献。他们的个人道德品质，应当是全社会学习的榜样。

四、婚姻家庭道德规范

婚姻是家庭的核心，家庭因婚姻关系而存在、延续和发展。婚姻关系的性状直接影响着整个家庭的生活质量，从根本上影响着整个家庭的道德水平，影响着家政家风。婚姻道德包括恋爱道德、结婚道德、夫妻道德、离婚道德、再婚道德五个方面的内容。

恋爱是培养和发展爱情的过程。爱情是人类的一种社会情感，它以男女之间互相倾慕为基本特征，是一对男女之间发生的最强烈持久并希望对方成为自己终身伴侣的感情。现代社会，人们一般视爱情为婚姻的基础，恋爱是婚姻的前奏。

恋爱是异性之间的一种情感表达自由，严格说来是人类社会进入资本主义发展阶段以后才出现的异性情感现象。在封建社会，社会推崇的是“男女授受不亲”的道德观念和“媒妁之言”“门当户对”的缔结婚姻关系的方式，结婚与是否经历恋爱过程无关。到了资本主义社会，由于受到垄断私有制和相关价值观念的制约和影响，恋爱自由是有限的，在不平等的金钱、财产和社会地位面前往往是不自由的，实际上往往是以另一种方式维护了封建社会的“门当户对”的旧传统。社会主义社会在根本上消灭了人剥削人、人压迫人的不平等制度，恋爱自由具备了真实的社会土壤和社会保障。社会主义法律和道德都肯定了人们享有充分的自由恋爱的权利。

（一）恋爱道德

由于恋爱是一种社会情感，与婚姻问题密切相关，所以恋爱自由不是绝对的，应当受到道德的约束。

第一，要正确处理爱情与学业、事业的关系。爱情与事业是人生两大主题，没有爱情的人生是不完整的，没有事业的爱情则会迷失人生方向。

但是，就两者的本质联系看，事业是爱情的社会基础和实质性内涵。经验证明，恋爱观念正确的人，彼此都看重对方的学业、事业，学业和事业有成可以充实和丰富爱情的内涵，升华爱情的情趣，反之，放弃学业和事业追求恋爱，是没有多少人生乐趣的，不仅会降低恋爱生活的质量，甚至还会导致恋爱的失败。中国传统的“男才女貌”的恋爱观和婚姻观，只重视“男才”而不重视“女才”，今天看来其片面性自然要加以具体分析和批评，但其毕竟重视一方“有才”的思想，还是有一定的借鉴意义的。

第二，要互相关心，客观地看待对方。恋爱过程既是男女双方在个性和习惯等方面相互了解的过程，也是彼此相互关心、学习和帮助的过程。每个人都会有缺点或不足，需要在人际交往中互相发现，取长补短，恋人更应该这样。热恋中的人往往只注重发现对方的优点和长处，甚至把对方看成十全十美的“偶像”，却往往看不到对方的缺点和不足，而自己也会自觉或不自觉地把缺点和不足掩饰起来。在恋爱阶段，这种心理现象本是正常的，但如果对此缺乏自觉，则可能留下后患。有些恋人结婚后便发现对方的缺点和不足，抱怨对方“怎么原来是这样的人”，于是产生矛盾。其实，对方本来就是“这样的人”，只不过在恋爱期间被爱情之火的光亮遮挡住罢了。因此，在恋爱中，在赞扬和学习对方的优点的同时，还应当有意识地注意对方的缺点和不足，并善意地指出来，热情地给予帮助，是很必要的。

第三，要互相尊重，持有正确的目的。爱是相互的，恋爱是双方互享的自由权利，同时也是互相承担的义务。一个人在选择恋爱对象时要尊重对方的这种权利，同时也应履行对对方的义务。不能说“我爱上你了”就得要求对方跟自己谈恋爱，不然就穷追不舍，弄得对方不得安宁，对对方造成精神伤害；也不能因为自己爱上了对方就忽视或轻视自己对对方履行爱的义务。事实表明，爱的真谛在于相互的享有和表达，仅持“被爱”的态度或仅有“爱他（她）”的态度，恋爱都难以持久。应正确理解恋爱，双方应当以缔结婚姻关系为目的，谈恋爱是为了结婚。有的人害怕结婚，认为“婚姻是爱情的坟墓”，抱着“只谈恋爱不结婚”的态度，有的甚至崇尚“独身主义”，这是不可取的。婚姻对于恋爱来说，只是爱情发展的不同阶段，是爱情的继续，并不是爱情的终结。同时，“只谈恋爱不结婚”，会伤害对方，也可能会最终伤害自己。虽然，恋爱双方在交往过程中随着彼此了解的深入，可能会发现最终缔结婚姻关系不合适，中断恋爱，但不能因此而从一开始就仅仅抱着“试试看”的态度，否则就是不负责任的。至于主张“性解放”，将谈恋爱仅仅看成为了“找个玩伴”，那就更是不道德的了。列宁在同克·蔡特金的谈话中曾批评过这种“杯水主义”的“性解放”主张，说：“你一定知道那个著名的理论，说在共产主义社会，满足性欲和爱情的需要，将象喝一杯水那样简单和平常。这种杯水主义已使我们的一部分青年人发狂了，完全发狂了。这对于许多青年男女是个致命伤。信奉这个主义的人硬说那是马克思主义的。……我认为这个出名的杯水主义完全是非马克思主义的，并且是反社会的。……作为一个共产党人，我毫不同情杯水主义，虽然它负有‘爱情解放’的美名。”[①] 列宁批评的这种“杯水主义”的恋爱观，在当代中国青年男女中并不是绝非仅有的。这种行为败坏了社会风气，也给青年同伴造成了不良的影响。

（二）结婚道德

结婚是两个人之间的事情，却是以社会结合的形式进行的。人类社会进入资本主义发展阶段以来，婚姻是在法律认可的基础上建立并受到法律的保护的，因此对待结婚的态度首先要有相应的法律意识。在社会主义社会，在法律允许的范围内结婚是自由的，没有经过法律程序的“结婚”是不自由的，不仅违背了法律，也违背了道德。同样，如果在法律认可的范围内没有结婚自由，也是违背法律和道德的。

结婚要以爱情为基础，反对没有爱情的草率结婚或强迫结婚。恩格斯说：“只有以爱情为基础的婚姻才是合乎道德的。”[②]坚持以爱情为婚姻基

---

① [苏]克·蔡特金：《列宁印象记》，马清槐译，北京：生活·读书·新知三联书店1979年版，第69—70页。

② 《马克思恩格斯选集》第4卷，北京：人民出版社1995年版，第81页。

础，就要反对没有爱情的婚姻，要求人们以审慎的态度对待自己的婚姻大事。同时也应当看到，爱情作为男女之间的强烈的感情并不是一成不变的，结婚以后由于受到各种因素的影响原有的爱情基础可能会发生动摇，没有爱情的婚姻也可能会产生和培育起爱情。因此，对以爱情为基础的婚姻道德也需要作具体分析。

婚礼要提倡文明，反对陈规陋习。结婚要举行婚礼，让亲朋欢喜一场，四邻皆知，这是中华民族几千年的传统，也是世界上其他绝大多数民族的悠久传统。这样做，对渲染结婚气氛，歌颂婚姻之美好，鼓励和鞭策当事人今后“好好过日子”，是大有帮助的。所以，花点钱财，热闹一番，不仅无可非议，甚至是应该提倡的。中国传统的结婚礼仪起于西周，要经过“六礼”，即“纳采”“同名”“纳吉”“纳征”“请期”“亲迎”，名目繁多，仪式繁琐，此后相传一千多年。到宋代，朱熹将其改为“三礼”，即“纳采”“纳币”“亲迎”。“纳采”，是男方派媒人到女方家求亲；“纳币”，是男方向女方交付“聘财”；“亲迎”，是新郎到女方家迎接新娘（一般须用花轿），举行婚礼。这些做法，一直延续到中华人民共和国成立前夕。新中国成立后，国家和社会力行废除婚礼上的陈规陋习，提倡婚礼新风尚，得到人们的积极响应。开个热热闹闹的会，请亲朋好友和同事来一道喝茶、吃喜糖，让新郎新娘讲一讲“恋爱经过”，唱几首歌，大家说说“白头偕老”之类的祝词，就算完事。应当说，这是合乎新社会的文明风尚的。但是，今天在一些地方，特别是在一些乡村，一些陈规陋习依然存在，甚至比过去更为严重。如铺张浪费、大搞封建迷信、采取不文明的方式“闹新房”等，有的为此负债在身，有的“闹”得致人伤残，甚至“闹”出人命来。这些，显然都违背了社会主义的结婚道德。

（三）夫妻道德

夫妻关系是家庭关系的核心，父母和子女之间的关系其实都是夫妻关系派生的，或因夫妻关系而存在的。夫妻道德，既是婚姻道德，也是家庭道德，对于家庭道德建设具有决定性的作用。

在现代社会，夫妻作为家庭的核心，应被理解为共同承担家庭的责任和义务的核心。既不应被理解为仅仅是共同享受权利而不承担责任和义务如抚养教育孩子、赡养照顾老人的核心，也不应被理解为是哪一方仅仅享受权利或仅仅承担义务的核心，这是现代婚姻理性所要求的。

因此，夫妻之间要平等相待，相敬如宾。这是社会主义社会人与人之间的平等关系在家庭中的具体体现。当代中国的一些家庭在夫妻关系上，尚未真正实现男女平等。在社会倡导夫妻要自尊自爱、互敬互爱的同时，一些人骨子里缺乏对配偶人格、地位、权益的自觉尊重，大男子主义或“妻管严”仍然在大行其道，“男主外、女主内”也还被视为成规。民主平等，在很多家庭难寻踪迹，独断专行却司空见惯。爱情从恋爱过程延伸到婚姻生活以后，夫妻朝夕相处，需要相互关心和体贴，巩固和发展爱情。这是处理好夫妻关系的道德前提和基础。

夫妻要同甘共苦，共管家政。夫妻在家庭生活中既有多方面的权利，也有多方面的义务和责任，如家庭财产的储存、分配和使用，赡养老人，生育和抚养、教育子女等。夫妻应当共享这些权利，同时共同承担这些义务和责任。对于家庭义务和责任，夫妻都应当看成自己分内的事情，不能分“你的”和“我的”。比如，不能认为家务劳动是丈夫的，妻子可以不管不问；管钱管物是妻子的，丈夫不能过问；岳父母是妻子的父母，丈夫可以不赡养，公公婆婆是丈夫的父母，妻子可以将其遗弃一边；教育孩子是丈夫或妻子的事情，自己可以不去负责任。当然，这样说，并不是要求夫妻“平摊”家庭的权利和责任。实际情况是，有一百个家庭就有一百种家务的“管法”，问题不在谁该管这、谁该管那，也不在谁管的多、谁管的少，重要的是要有同甘共苦、共管家务的道德意识。即使是时兴“AA制”的夫妻，也应只将“AA制”看成同甘共苦、共管家政的一种方法。

教育子女作为家务事，夫妻更应当共同承担。作为夫妻的共同家庭义务和责任，夫妻在教育子女的问题上应当自觉克服重智轻德的偏向。夫妻“望子成龙”“望女成凤”心切，本是毋庸置疑的，但大搞智力投资，以至于为此不惜血本，轻视品德教育却是不应该的。为使子女成为这种“家”

或那种“星”，有些家庭往往对孩子的不良习惯视而不见，置若罔闻，甚至纵容，孩子也常以不配合家长的智力投资为“武器”进行要挟，结果形成孩子以自我为中心的自私自利思想，造成任性、固执、自制力和自治力差的人格缺陷。有些家长自身道德素养不高，整天满嘴粗话、脏话，这在无形之中影响着子女的健康成长，也是需要纠正的。还有些家长则视金钱为万能，对子女的教育也是金钱至上，孩子帮自己做点家务事，家长“付工资”，孩子练钢琴，家长竟付给“劳务费”。这实际上是对孩子不负责任。

夫妻要共同赡养老人，善待老人。在现代社会，夫妻一般都具有在经济上供给丧失劳动能力的老人的家庭责任意识，除此之外丈夫一般都能善待妻子的父母即自己的岳父母。问题在于，不少家庭的妻子处理不好自己与婆婆的关系，这种情况在城市家庭尤其较为普遍。这样的家庭一般是两代人的家庭，婆婆被丢弃在一边，若是丧失劳动能力，生活处境就比较艰难。在这样的家庭里，丈夫往往是“受气包”，既要关心妻子，又要照顾自己的父母，往往最终影响到对妻子的感情，有的甚至因此而离婚，由“讨了老婆不要娘”转而变为“养了老娘不要老婆”。为什么妻子与婆婆处不好关系呢？原因一般是妻子在认识和感情分配上存在问题。一是在“两个女人争一个男人”的情况下，妻子处理不好家庭的情感关系，具有“独占”丈夫的心理倾向。二是对家庭核心存有片面认识，把夫妻作为家庭的核心理解为是唯一的中心。其实，如上所说，夫妻作为家庭的核心，主要是从共同承担家庭的义务和责任的意义上提出的道德和法律的要求，离开这个基本认识是不正确的。

夫妻要珍惜爱情，忠贞不渝。爱情作为婚姻的基础需要夫妻双方珍惜，在相互尊重和体贴，共享家庭权利、共担家庭义务和责任的过程中，使之得到巩固和发展。在共同生活中，夫妻都应当对爱情忠贞不渝，任何一方都不应当有“喜新厌旧”或“喜新不厌旧”、搞“婚外情”的不道德行为，更不应当出现“包二奶”的违背道德和法律的情况。夫妻之间发生分歧和矛盾一般是正常的，但不应当任其扩大和发展，而应当通过沟通达到相互理解，弥合分歧，化解矛盾。诚然，我们不可在封建社会婚姻道德“从一而终”的意义上来理解夫妻彼此忠贞不渝的道德要求。但应当特别指出的是，由于受到多种原因包括西方婚姻价值观的影响，当代中国家庭发生“婚外情”的事情并非少数，这与珍惜爱情、忠贞不渝的夫妻道德要求是相悖的。赞同以至鼓吹“婚外情”的人认为，情欲、性欲是人的本能，人在婚外寻找性爱是本能的正常表现，用法律和道德来限制“婚外情”不仅限制了人的性自由，也是对人性的否定和压抑，“婚外情”是人性回归的一种体现。这种看法显然是错误的，因为它抽去了性的社会伦理内涵，把人当成纯粹的“自然人”了。人性是多种属性的总和，包括人的自然属性、社会属性和思维属性。尽管如此，夫妻道德仍然主张，夫妻中如果有一方发生了“婚外情”，另一方应当以理智的态度来对待，不可因对方“背叛”了自己而采取“以毒攻毒”直至违法犯罪的过激行为。真正因“婚外情”而导致夫妻感情破裂，使离婚无法避免，也不得不面对这种“痛苦”事实。

（四）离婚道德

在传统观念看来，离婚是不光彩、不道德的，离婚的人往往被人们另眼相看。社会主义婚姻法在充分肯定结婚自由的同时也肯定了离婚自由，我们的社会对离婚已渐渐地采取一种理智的宽容态度，这正是婚姻道德所要求的，也是婚姻道德文明进步的表现。当夫妻感情确已破裂，无法弥合时，离婚就成为夫妻双方的一种必要选择。

离婚道德，首先要求正确对待离婚。离婚并不是什么见不得人的丑事，如果夫妻感情确已破裂而只是碍于世风世俗的议论和自己的脸面而坚持不离婚，宁愿守着确已死亡的婚姻，不仅给自己造成伤害，对赡养老人和教育孩子也不利，本身就是不道德的。或者，一方抱着“非得把对方拖垮”的态度，甚至散布莫须有的“罪名”要把对方“搞臭”，然后再离婚，这也是不道德的。实际上，夫妻之间若出现重大分歧和矛盾，直至感情破裂，使得离婚成为不可避免的事情，那么离婚对双方来说都是一种解脱。

恩格斯说："如果感情确实已经消失或者已经被新的热烈的爱情所排挤，那就会使离婚无论对于双方或对于社会都成为幸事。"[1]列宁也曾指出："实际上离婚自由并不意味着家庭关系'瓦解'，反而会使这种关系在文明社会中唯一可能的和稳固的民主基础上巩固起来。"[2]

其次，不可随意离婚。法律和道德保护离婚自由，并不是主张离婚随意，更不是提倡离婚。当夫妻感情出现裂痕时，对于是否离婚应当持"可离、可不离的则坚决不离"的谨慎态度。至于因信奉"性解放""性自由"而"见异思迁""喜新厌旧"或搞"婚外恋"，提出离婚，应当作别论，因为这不仅违背离婚道德，也违背婚姻法。主张和支持离婚自由的恩格斯，曾经严厉批评在自由恋爱结婚五年后又爱上法官女儿薇拉的考茨基，是"道德败坏"，是他"一生中干出的最大的蠢事"。[3]

再次，提倡文明离婚。夫妻感情确已破裂、无法再共同生活下去、不得不离婚的情况下，不应当反目为仇，彼此恶言相向、拳脚相加，造成严重的精神甚至人身伤害的不良后果，而应当通过正常的法律程序解除婚姻关系。有些年轻夫妻合不来，双双走进婚姻登记部门，解除婚姻关系后又双双走进餐馆，以"最后的晚餐"方式话别。这种文明离婚的方式是合乎离婚道德的。

最后，妥善处理财产分割和孩子的抚养与监护问题。这既是一个法律问题，也是一个离婚道德问题。如果说，离婚多是为自己着想的话，那么，分割财产和抚养监护孩子，就应当多为对方和孩子着想。在财产分割问题上，不要为自己争争吵吵；在抚养和监护孩子问题上既不要无故推诿，也不要无故争权。

（五）再婚道德

首先，再婚夫妇要破除旧观念，相互尊重，相互关心。在中国，传统

① 《马克思恩格斯选集》第4卷，北京：人民出版社1995年版，第81页。

② 《列宁选集》第2卷，北京：人民出版社1995年版，第423页。

③ 转引自蔡治平、金可溪等编著：《职业道德·家庭道德·社会公德》，哈尔滨：黑龙江人民出版社1985年版，第209页。

观念对再婚当事人一般多采取歧视的态度，对不是因丧偶而是因离婚的再婚当事人更是这样，视他们为“半路夫妻”“二婚头”的人，往往另眼相看。再婚当事人中许多人也受到这种传统旧观念的影响，或者在外部舆论的压力下也往往觉得自己低人一等，甚至相互瞧不起，给婚后的共同生活带来不利的影响。因此，在再婚问题上提倡破除旧观念，夫妻相互尊重、相互关心，应是再婚道德的第一要义。

其次，妥善对待财产问题。再婚夫妻双方由于原有的劳动收入不一样，财产的积累情况也不一样，可能一方比较富有，另一方比较贫穷，这本是正常的，不应当采取计较的态度。在家庭理财问题上，理智的态度应当是有福同享，有难同当、共创家业。即使在安排原有各自财产问题上不能取得一致意见，以至于担心日后夫妻反目留下“后患”，也应当采取协商的办法加以解决，直至签订“家庭财产协议”并经过公证，而不能为原有各自财产的安排问题而影响夫妻感情。

最后，善待非婚生子女。再婚者多数都带有自己的子女。中国人的家庭至今依然以孩子为重心，父母为了孩子甘愿受苦受累受委屈。有些丧偶者迟迟不愿再婚就是考虑到膝下的孩子，生怕孩子在新组合的家庭里受委屈，而一些离婚的人在考虑再婚的时候往往也把孩子的问题放第一位。从实际情况看，对待孩子的态度仍然是影响再婚夫妻感情的重要因素，甚至是第一位的因素。在再婚家庭中，子女由于也受到一些传统观念的影响，难免也有低人一等的感觉，往往情绪不稳，心理比较脆弱，未成年子女更容易落进这种心境。本来，未成年子女还需要上学接受教育，因此需要在家庭生活中得到更多的关心、尊重和帮助。因此，善待非婚生子女是再婚夫妻始终都应当给予高度重视的家庭道德问题。当然，在再婚家庭中，子女尤其是已经成年的子女，也应当关心、尊重和孝敬继父或继母。

第九章　中国社会主义道德建设的目标与原则

道德，不论是社会道德观念和准则还是个体道德意识和行为，乃至整个道德现象世界都是道德建设的产物。所谓道德建设，指的是一定社会的人们依据经济、政治和法制建设的客观需要，研究和提出一定的道德价值标准和规范体系，并据此培育人的德性和指导人的行为，以构建和谐的伦理关系，营造良好的社会风尚，促进社会建设和促使道德发展进步的社会实践活动。与人类开展其他社会实践活动必定有事先预设的行动目标和指导原则一样，道德建设也必须有自己的明确的目标和指导原则。中国社会主义道德建设的目标和原则，应当与中国社会主义文化建设的基本要求相一致。

第一节　中国社会主义道德建设的总体目标

中国道德建设的总体目标是构建社会主义和谐社会。人类自古以来的道德探索和追求，在不同的国家和民族尽管存在差别和对立，在阶级社会里甚至会表现为对抗和斗争，成为阶级斗争和阶级统治的意识形态工具，但是，总体目标却都是追问和追求社会和谐。追问和追求社会和谐，是人类伦理道德发展史的实际轨迹，也是人类在道德和精神生活方面向往的永久性目标。

一、社会和谐是人类不懈的道德追求

社会道德是调整社会各种关系、规范人们行为的基本准则，是形成良好社会风尚和人际关系的重要保证。没有共同的道德规范，失去了普遍遵循的行为准则，就无法有效培育人们的道德品质和精神境界，协调不同利益主体的相互关系，也就无法实现社会和谐。但是，从根本上来说，一个社会是否和谐，一个国家能否长治久安，还是取决于社会之“道”在多大程度上转化为个人之“德”，即取决于社会成员对社会道德规范的认同度及由此形成的思想道德素质。个体的道德品质，既是和谐社会的思想认识和价值观念基础，也是构建和谐社会的内在精神动力。道德价值的选择与实现，就是为了追求社会和谐，在这种意义上可以说道德价值就在于社会和谐。从另一面看，社会和谐又是道德建设、道德发展和进步的社会基础。

和谐问题是一个古老而又常新的时代课题。古今中外的历代哲人对此进行了孜孜不倦的探索和追求，形成了各具特色的和谐思想。

在中国古代典籍中，“和”的概念出现很早，在甲骨文和金文中就有“和”字；在《易经》“兑”卦中，“和”是大吉大利的征象；在《尚书》中，“和”被广泛地应用在表达家庭、国家、天下等用语中，用以描述这些组织内部治理良好、上下协调的状态。在古汉语中，“和”区别于“同”，作为动词，用于表示协调不同的人和事，使不同的人和事达到某种均衡的状态。如《国语·郑语》中说：“夫和实生物，同则不继。”“和”在古汉语中也常可作形容词，用作描述事物存在的状态，如《广韵》中说：“和，顺也，谐也，不坚不柔也。”总之，“和”在传统的意义上表达的意思是有差别的协调，故而常与“谐”联用，即所谓和谐。孔子提出“君子和而不同，小人同而不和”[①]的命题，发表了他对和谐的本质特征的看法。如果用唯物辩证法的发展观来表达，和谐反映的是矛盾的双方在对

①《论语·子路》。

立统一的辩证运动中相互依存、相互适应、相辅相成的存续状态。多元、差异、矛盾、斗争是和谐的题中应有之义，中正、中和、和合、均衡、协调是“和谐”的基本精神。老子也曾对和谐发表过自己的看法，提出“阴阳冲气以为和”[①]的著名命题。他认为，和谐就是阴阳二气相互激荡而产生的实际状态，而阴阳二气之运行则是构成和谐状态的内在机制。孔子的学生有子提出“礼之用，和为贵”[②]的命题。所谓“和为贵”，强调的是和谐是天底下最珍贵的价值，是人世间最美好的状态。

中国自古以来的道德教育和实践追求的理想目标就是和谐社会，并长于用人、社会、自然相统一的哲学观念来加以阐释。《礼记·乐记》曰：“和，故百物皆化。”《淮南子·汜论训》曰：“天地之气，莫大与和。和者，阴阳调、日月分而生物。”孟子认为“天时不如地利，地利不如人和”[③]，老子认为：“人法地、地法天、天法道，道法自然。”[④]其含义是：人的生存规律是顺应大地万物兴衰存亡的运动规律的，大地的运作是顺应宇宙的运行规律的，宇宙的演化规律又是符合于道的，而道纯法自然。这里表达的就是人与天与地与大自然万物必须保持一种高度和谐，才能使人类充满生机与活力。《礼记·礼运》曰：“大道之行也，天下为公。选贤与能，讲信修睦。故人不独亲其亲，不独子其子；使老有所终，壮有所用，幼有所长，鳏寡孤独废疾者皆有所养；男有分，女有归；货恶其弃于地也，不必藏于己；力恶起不出于身也，不必为己。是故谋闭而不兴，盗窃乱贼而不做，故外户而不闭，是谓大同。”所谓“大同世界”就是人与人之间重诚信、讲仁爱、求友善、修和睦、选贤能、富庶安康，形成财产公有、舍弃自我、人人平等、安宁、和谐、祥顺的社会风气，它构建了一个路不拾遗、夜不闭户，没有阴谋和奸诈、没有战争与流血的理想的和谐社会。

社会和谐的思想在西方伦理文明发展史中同样占有重要的地位。最早

① 《老子》第42章。

② 《论语·学而》。

③ 《孟子·公孙丑下》。

④ 《老子》二十五章。

提出和谐概念的是古希腊哲学家毕达哥拉斯。他认为“数是万物的本源”，“自然界的一切现象和规律都是由数决定的，都必须服从‘数的和谐’”。该学派有两句著名的哲学格言，这就是：“什么是最智慧的——数”；“什么是最美的——和谐”。他们主张，数是万物的本原，从数产生出点，从点产生出面，从面产生出体，从体产生出四种元素：水、火、土、气，这四种元素相互转化而产生出世界万物。而在毕达哥拉斯学派看来，作为本原的数之间有一种关系和比例，这种关系和比例产生了和谐。就此而言，万事万物都是和谐的。在价值问题上，他们认为：“美德乃是一种和谐，正如健康、全善和神一样。所以一切都是和谐的。”在毕达哥拉斯提出的“美德就是和谐”的思想的基础上，赫拉克利特提出“对立和谐观”的命题，强调斗争在和谐中的地位和作用。在赫拉克利特看来，差异与对立才是造成和谐的原因，世界不存在绝对的和谐，万物“既是和谐的，又不是和谐的”，“互相排斥的东西结合在一起，不同的音调造成最美的和谐，一切都是通过斗争产生的。”柏拉图则提出了“公正即和谐”的命题，提出了“理想国”的构想；亚里士多德认为，中等阶层对国家政权的稳定与社会和谐起着重要作用；等等。近代德国哲学家莱布尼茨则提出“预定和谐”的命题。德国古典哲学大师黑格尔充分肯定了赫拉克利特的“对立和谐观”，用矛盾、差异、对立、同一等范畴大大丰富了“和谐”理念的内涵，使之更加具有内部的张力。空想社会主义关于和谐社会的主张，是西方和谐思想的重要组成部分。1803年法国空想社会主义者傅立叶发表了《全世界和谐》一书，提出未来的理想社会制度是“和谐制度”，1824年英国空想社会主义者欧文在美国印第安纳州进行的共产主义试验，提出“新和谐”的命题，1842年德国空想社会主义者魏特林提出“和谐与自由”的社会并指出新社会的“和谐”是“全体和谐”等，这些都表明“社会和谐”是人类社会孜孜以求的共同目标。马克思、恩格斯充分肯定了这些思想家的和谐思想，明确指出“提倡社会和谐”是“它们关于未来社会的积极的主张”。正是在批判继承西方传统文化中和谐思想成果的基础上，马克思、恩格斯才创立了科学社会主义理论，描绘了未来和谐社会的美好设想和实现途径。

人类文明史上关于社会和谐思想的优秀文化成果，表明社会和谐是人类世世代代孜孜不倦追求的共同理想。它们是当代中国构建社会主义和谐的有益的思想资源。

二、社会和谐是社会主义的本质属性

2006年10月18日，中国共产党十六届六中全会作出了《中共中央关于构建和谐社会若干重大问题的决定》。这一重要的历史文献开篇便指出："社会和谐是中国特色社会主义的本质属性，是国家富强、民族振兴、人民幸福的重要保证。构建社会主义和谐社会，是我们党以马克思列宁主义、毛泽东思想、邓小平理论和'三个代表'重要思想为指导，全面贯彻落实科学发展观，从中国特色社会主义事业总体布局和全面建设小康社会全局出发提出的重大战略任务，反映了建设富强民主文明和谐的社会主义现代化国家的内在要求，体现了全党全国各族人民的共同愿望。"这是中国共产党根据中国特色社会主义的伟大实践对社会主义社会本质作出的崭新论断，反映了社会主义的本质属性和内在要求，揭示了社会和谐与社会主义社会的内在联系，丰富和发展了马克思主义科学社会主义理论。

将社会和谐概括为社会主义的本质属性，反映了马克思主义关于社会和谐的思想的基本观点。马克思和恩格斯在《共产党宣言》中肯定空想社会主义"提倡社会和谐"是"关于未来社会的积极的主张"，是"表明要消灭阶级对立"，并且提出"代替那存在着阶级和阶级对立的资产阶级旧社会的，将是这样一个联合体，在那里，每个人的自由发展是一切人的自由发展的条件"。[①]恩格斯指出，未来社会"社会生产内部的无政府状态将为有计划的自觉的组织所代替"[②]，是"由社会全体成员组成的共同联合体来共同地和有计划地利用生产力；把生产力发展到能够满足所有人的需

① 《马克思恩格斯选集》第1卷，北京：人民出版社1995年版，第294页。
② 《马克思恩格斯选集》第3卷，北京：人民出版社1995年版，第633页。

要的规模；结束牺牲一些人的利益来满足另一些人的需要的状况；彻底消灭阶级和阶级对立；通过消除旧的分工，进行产业教育、变换工种、所有人共同享受大家创造出来的福利，通过城乡的融合，使社会全体成员的才能得到全面发展；——这就是废除私有制的主要结果”。[①]在这里，马克思和恩格斯虽然没有明确提出社会和谐是未来社会的本质属性，但这些重要思想内在地包含着社会主义和谐社会的科学内涵，这就是消除阶级之间、城乡之间、脑力劳动和体力劳动之间的对立；调动全体劳动者的积极性，使社会物质财富极大丰富、人民精神境界极大提高；在人与人之间、人与自然之间都形成和谐的关系；实行各尽所能、各取所需，实现每个人自由而全面的发展。列宁在领导苏维埃社会主义革命和建设实践中，也提出了一系列关于社会主义社会发展的思想和主张。列宁指出，经济文化落后的俄国要建成社会主义这种新型的社会秩序，就必须从经济、政治和文化全面协调发展；“只有社会主义才可能广泛推行和真正支配根据科学原则进行的产品的社会生产和分配，以便使所有劳动者过最美好、最幸福的生活”[②]；社会主义社会是人民群众自己创造的，是生机勃勃的社会；社会主义国家应该大力帮助农民，消除城乡对立，应该把国民经济的一切大部门建立在同个人利益相结合之上；社会主义社会应该是充分发扬民主，最大限度地发挥人民群众积极性和创造性，反对官僚主义等的社会。这些思想更是为社会主义社会指明了和谐发展的方向。马克思、恩格斯、列宁所设想的未来社会就是以平等为基础的、以人的全面自由发展为目的的和谐发展的社会模式——“自由人联合体”。因此，将社会和谐鲜明地概括为社会主义的本质属性，与马克思主义创始人所设想的未来社会是一脉相承的，是对马克思主义关于社会主义社会理论的丰富和发展。

将社会和谐概括为社会主义的本质属性，是中国共产党关于社会主义本质问题的理论创新。毛泽东继承和发展列宁的上述思想，在《矛盾论》中全面系统地论述了对立统一规律和矛盾的同一性与斗争性的关系，阐明

① 《马克思恩格斯选集》第1卷，北京：人民出版社1995年版，第243页。

② 《列宁选集》第3卷，北京：人民出版社1995年版，第546页。

了对抗在矛盾中的地位，明确区分了矛盾斗争的对抗形式和非对抗形式、对抗性的矛盾和非对抗性的矛盾，不仅领导中国共产党和中国人民在艰苦奋斗中把半封建半殖民地的中国引向社会主义道路，而且在20世纪50年代《论十大关系》《关于正确处理人民内部矛盾的问题》等著作中，在总结我国和其他国家社会主义实践经验的基础上，把对立统一规律运用于社会主义社会，提出了社会主义社会基本矛盾的理论，创立了关于人民内部矛盾和敌我矛盾两类不同性质矛盾的学说。毛泽东的这些思想丰富和发展了马克思主义的基本原理，为中国共产党提出构建社会主义和谐社会奠定了世界观、历史观和方法论的基础。邓小平围绕着“什么是社会主义”和“怎样建设社会主义”这一社会主义建设的首要的基本问题创造性地提出“社会主义的本质，是解放生产力，发展生产力，消灭剥削，消除两极分化，最终达到共同富裕”。[①]这无疑是我们探讨社会主义本质属性问题最重要的理论依据之一。邓小平又指出：“总之，一个公有制占主体，一个共同富裕，这是我们所必须坚持的社会主义的根本原则。”“社会主义与资本主义不同的特点就是共同富裕，不搞两极分化。”[②]这些论述都为我们全面深入地探讨中国特色社会主义的本质属性指明了方向。经过20多年的改革开放，我国经济发展取得了巨大成就，人民生活总体上达到小康水平。但我们现在所达到的小康“还是低水平的、不全面的、发展很不平衡的小康”，我国生产力和科技、教育还比较落后，经济管理和国家管理以及民主法制建设等还存在许多不容忽视的问题，实现工业化和现代化的道路还很漫长，因此，以江泽民为代表的党的第三代中央领导集体，提出了“三个代表”重要思想，强调社会主义社会是以经济建设为重点的全面发展、全面进步的社会，要促进社会主义物质文明、政治文明、精神文明的协调发展，促进人的全面发展。这就表明中国共产党对中国特色社会主义社会的认识又向前推进了一步。新世纪新阶段，我国已进入改革发展的关键时期，经济体制深刻变革，社会结构深刻变动，利益格局深刻调整，思想观

① 《邓小平文选》第3卷，北京：人民出版社1993年版，第373页。

② 《邓小平文选》第3卷，北京：人民出版社1993年版，第111、123页。

念深刻变化。我们正面临着并将长期面对一些亟待解决的突出矛盾和问题，经济社会发展出现了一些必须认真把握的新趋势、新特点。妥善协调各方面利益关系，正确处理各种社会矛盾，大力促进社会和谐，关系到中国特色社会主义的发展前途。立足于这种社会现实，中国共产党的十六届六中全会明确作出“社会和谐是中国特色社会主义的本质属性”这一论断，这不仅仅是邓小平、江泽民关于社会主义社会本质思想的逻辑延伸，而且是在深刻总结中国特色社会主义建设的实践经验的基础上，对社会主义社会本质认识的重大理论升华和创新。

将社会和谐概括为社会主义的本质属性，是社会主义与其他社会形态的本质区别。和谐社会是人类社会的一种理想或存在和发展的状态，本身并不是一种独立的社会形态。既然是一种状态，它可以体现在不同的社会形态中，也可以体现在同一种社会形态的不同发展阶段上。一个社会是否具有社会和谐的本质属性，归根到底取决于其社会基本矛盾是否具有对抗的性质。封建主义、资本主义等建立在剥削制度之上的社会形态，其生产力与生产关系、经济基础与上层建筑之间存在对抗性的矛盾，这些矛盾在人们的社会关系中表现为阶级对立的关系，因而社会只能在剥削和被剥削、压迫和被压迫以及反对剥削和压迫的阶级对立中运动。由此决定了，尽管实现社会和谐始终是人类孜孜以求的一个社会理想，但在存在着阶级压迫和阶级剥削的旧制度下却根本无法实现。和谐不是这些社会的本质属性，它们在一定时间、一定范围内呈现的社会矛盾得到缓和、社会相对平稳发展的状态，与社会主义社会的社会和谐具有根本性质的不同，不能相提并论，混为一谈。社会主义社会基本矛盾的性质决定了它具有社会和谐的本质属性。我们要建立的社会主义和谐社会，显然既不同于古希腊哲人追求的理想国、封建式的“田园牧歌”，也不同于近代空想社会主义者设计的“乌托邦”，更不同于现代资本主义国家标榜的民主社会、“福利社会”。它是迈向未来共产主义“每个人的全面而自由的发展”的一个阶梯。社会主义和谐社会是一个完整的概念，社会主义是其要求，和谐社会是其内在的具体内容。社会主义社会理应是和谐发展的社会。社会主义社会作为人类社会发展的一种较高级的社会形态，是“以人为本”全面协调可持续发展的社会，是“民主法治、公平正义、诚信友爱、充满活力、安定有序、人与自然和谐相处的社会”。社会主义不仅能够比资本主义以及其他剥削阶级占统治地位的社会形态更好地组织社会生产、发展社会生产力，还意味着在社会主义社会形态下人们生存方式的变迁和生存价值观的提升——人与人、人与社会、人与自然之间关系的整体和谐发展。从这个意义上讲，社会和谐体现了社会主义的价值目标与实践过程的渐进统一，体现了社会主义社会存在和发展状态应然与实然的统一，揭示了社会和谐这一属性既是中国特色社会主义所固有的，又是它所特有的，是使社会主义社会有别于其他社会形态的显著标志之一。社会和谐不是封建社会、资本主义社会或其他剥削社会的本质属性，不是不同社会形态的共同属性或人类社会的一般性质，这是此命题不言而喻的题中之义。

三、社会和谐目标的层级分析

社会和谐的目标是一个完整的体系，在这个体系中存在三个层次不同又相互关联的目标。

其一，人与人之间、个人与社会集体之间的和谐。在现代社会，对于人与人的关系，人们通常是在公共关系的层面上给予认识和把握的，仅将其作为公共关系学和心理学等学科的范畴，这其实是不够的。人与人的关系，涉及社会生活的所有领域，凡是有人群的地方都存在人与人的关系或人际关系。家庭的伦理关系、学校的同学关系和师生关系、工作部门或单位的同事关系及领导与被领导的关系、公共生活场所的同伴关系，等等，无不都是人与人的关系，或都是通过人与人的关系表现出来的。人与人的关系，既是个人与社会集体之间的关系的实质内涵，也是个人与社会集体之间的关系的基本形态，离开人与人的关系谈论个人与社会集体之间的关系，其实是将这种关系抽象化了。这样说，并不是要否认人与人的关系的社会性内涵，更不是要否认个人与社会集体的关系的真实存在，而是要强调人与人的关系是个人与社会集体的关系的实践形式和可靠基础。由此看来，人与人之间的和谐，既是社会和谐的基础，也是社会和谐的最高目标，通过构建人与人之间的和谐关系实现社会和谐，是建设和谐社会的永恒主题。中国社会主义道德建设，要坚持不懈地在全社会倡导互相尊重、互相关心、互相爱护、互相帮助的社会风尚。

其二，社会与自然之间的和谐。这个问题关涉人类生存和繁衍的环境。自然是人类诞生和成长的摇篮，也是人类展示才能和智慧的舞台，爱惜自然也就是爱惜人类自己。人类的存续离不开社会，社会的存续离不开自然，社会与自然的和谐，本质上是现实人类与未来人类的和谐。这种和谐的哲学表达用语就是可持续发展，属于科学发展观的范畴。它是现代环境伦理学、生态伦理学和人类伦理学理论研究和建设的对象。要实现社会与自然的和谐，就要破除“自然中心主义”的观念，维护、修正和发展“人类中心”的观念。人作为能动的实践的社会存在物，永远会用“人类中心”的价值尺度看待自己的生存和发展的自然环境。强调人以外的不依人的意志为转移的存在的客观性和独立性，目的是认识和把握独立的客观存在的规律，利用规律为人服务，确证和强化“人类中心”的地位，而不是否定或弱化这种地位。“自然中心主义”者列举人类种种玷污自然的罪名，试图颠覆“人类中心”的传统理念和现代命运，这种哲学伦理本身其实就是从维护“人类中心主义”出发的。“自然中心主义”其实是“人类中心主义”的异化形式，鼓吹者们可以在“自然中心”的理性世界找回在喧闹的现实世界里失落了的作为“中心”的人的尊严。真正能够说明和解决社会与自然的关系的伦理理性，是研究和建立社会与自然之间的和谐关系。

其三，人的心态与人的发展之间的和谐。和谐心态是相对于失衡心态而言的，其基本特征是心态的相关要素结构合理，发展水平正常，即人们通常所说的心理健康。心理学一般认为，人的心理结构有十大要素，即感觉、知觉、记忆、思维、想象、兴趣、情绪、性格、气质、意志。当这十大要素具备、各要素发展水平基本正常时，人的心理就处于和谐状态，反之就会出现心理失衡，产生心理问题乃至心理疾病。事实证明，一个人的心理处于和谐状态，就会以积极进取和乐观豁达的态度看待社会和人生的各种问题，包括乐于与人相处和善于与人交往，用正确的方式向他人和社会集体表达自己的欲望和需要，追求自己的发展和成就，从而成为维护和营造和谐社会的“和谐因子”。反之，就会以消极悲观的态度看待社会和人生的各种问题，不能正确地表达和实现自己的需求，这不仅会影响自身的发展和成就，而且会损伤他人、危害社会，使自己成为社会的“不和谐音符”。由此观之，和谐心态既是每个人和谐发展的道德心理基础，也是构建和谐社会的道德心理基础。

第二节　中国社会主义道德建设的指导原则

道德建设的指导原则，作为道德建设的行动路向从根本上影响着道德建设的方向和实际过程，因此也就从根本上影响到道德建设目标的实现。中国道德建设的指导原则，关系到道德建设的社会主义方向，也影响到人类道德进步的总体方向，因此，在弄清道德建设的总体目标的前提下，必须研究和阐明道德建设的指导原则问题。

一、贯彻社会主义核心价值体系

《中共中央关于构建和谐社会若干重大问题的决定》明确提出：“社会主义核心价值体系是建设和谐文化的根本。必须坚持马克思主义在意识形态领域的指导地位，牢牢把握社会主义先进文化的前进方向，弘扬民族优秀文化传统，借鉴人类有益文明成果，倡导和谐理念，培育和谐精神，进一步形成全社会共同的理想信念和道德规范，打牢全党全国各族人民团结奋斗的思想道德基础。”社会主义核心价值体系是社会主义意识形态的本质体现，它的提出是中国共产党在意识形态方面的重大的理论创新。社会主义核心价值体系是由一系列内涵明确、联系紧密的社会主义基本价值思想和伦理观念构成的有机整体。

（一）坚持马克思主义的指导地位

马克思主义，既是社会主义核心价值体系的灵魂和根本指导思想，也是中国社会主义道德建设的一般方法论原则。坚持马克思主义基本原理，就是要坚持马克思主义在社会主义道德体系中的主导地位，坚持运用马克思主义的基本立场、观点和方法观察、分析和阐述中国社会主义道德建设中的重大问题。马克思主义是人类迄今为止最科学最先进的世界观和方法论，它始终严格以客观事实为依据，坚持实事求是、一切从实际出发，遵从社会发展的内在规律，充分体现了理论与实践、真理与价值、科学与信仰的高度统一。马克思主义作为科学的世界观和方法论，具有批判、开放的科学精神和与时俱进的品格，它在对资本主义进行分析、批判的基础上形成，在指导中国革命和建设的过程中丰富和发展，并先后诞生了毛泽东思想、邓小平理论、“三个代表”重要思想和科学发展观——中国化的马克思主义。中国的社会主义道德建设坚持以马克思主义为指导，就是要坚持以中国化的马克思主义——中国特色社会主义理论为指导，运用中国特色社会主义理论体系观察、思考和阐述中国社会主义道德建设的重大问题。

（二）坚持社会主义共同理想教育

理想作为与奋斗目标相联系的人的特有的精神现象，可以划分为各种不同的类型。如按性质和层次可以划分为科学理想与非科学理想、崇高理想与一般理想，按时序可以划分为近期理想和长远理想，按内容可以划分为政治理想、道德理想、职业理想、生活理想等，按主体可以划分为个人理想和社会理想。这些按照不同方法划分的不同类型的理想，都具有相对独立性，同时又具有相对共同性，共同理想正是在相对共同性的意义上提出来的。近期理想与长远理想的共同性是“同一过程”，政治理想、道德理想、职业理想、生活理想等的共同性是“相互补充”和“相互说明”，个人理想与社会理想的共同性则是“相互依存”和“相得益彰”。因此，应当在“同一过程”“相互补充”“相互说明”“相互依存”和“相得益彰”亦即不同类型的理想的内在逻辑联系的意义上来理解和把握共同理想的实质内涵。共同理想，在道德和人生价值观的意义上，集中体现了个人与社会集体之间共同的希望和愿景。

道德，不论是社会之“道”还是个人之“德”，都包含理想的成分，以“应当”的命令方式调整利益关系，引导社会生活，梳理人的心灵。共同理想，作为个人与社会集体之间共同的希望和愿景，是向个人与社会集体提出的共同的道德要求，既拒斥以个人为本位的个人主义和利己主义的道德价值观，也与过去以社会集体为本位的整体主义倾向划清了界限，因此，是最适宜调整利益关系、引导社会生活和梳理人的心灵的“应当”命令形式。这里需要注意的是，与社会集体构成利益关系的“个人”，不是“个别人”的个人，而是作为一种道德范畴的个人。在共同理想的指导之下，个人与社会集体之间在道德义务和权利上是一种平等的关系，不存在一方“高于”另一方的问题，如此理解才真正体现了人民群众当家作主的社会主义精神。因此，中国社会主义的道德体系应当以共同理想为价值内核，道德建设中的理想教育应当突出共同理想教育。既不能仅立足于社会理想来讲共同理想，强调“社会理想包容个人理想”“只有社会理想实现了个人理想才可能实现”的道理，也不可只是立足于个人理想来讲共同理想，虽然社会理想的实现离不开个人理想的实现。社会主义道德建设中的共同理想教育，旨在让受教育者正确理解和把握个人理想与社会理想之间的内在关系，实现个人与社会的“相互依存”和“相得益彰”，而不是片面强调哪种理想更重要。

（三）坚持民族精神和时代精神相统一的爱国主义教育

社会主义核心价值体系的第三个层面是“以爱国主义为核心的民族精神和以改革开放为核心的时代精神”。强调要在民族精神和时代精神相统一的意义上开展爱国主义教育，这是中国共产党关于社会主义道德体系和道德建设的一个重大的理论创新。

民族精神是一个民族在长期适应社会环境、改造客观世界的生存和发展中逐渐形成的渗透在其思想文化、思维模式、伦理道德、风俗习惯、心理结构、语言文字之中的共同的价值观。它是民族和谐文化的核心和灵魂，是为民族共同体绝大多数成员认同、信守的积极进步的价值取向，是一个民族安身立命的精神支柱，是一个民族生命力、创造力和凝聚力的集中体现，也是一个民族区别于其他民族的根本性特征。民族精神是民族的生命力、凝聚力和创造力的不竭源泉，有没有高昂的民族精神，是衡量一个国家综合国力强弱的一个重要尺度。

改革创新作为时代精神的核心，是进一步解放生产力的必然要求，是建设社会主义创新型国家的迫切需要，是落实科学发展观、构建社会主义和谐社会的重要条件，也是社会主义新人必备的重要素质。它是对中华民族以爱国主义为核心的民族精神的继承和升华，也是中华民族以爱国主义为核心的民族精神的现代形态。爱国主义在社会发展的不同阶段、不同时期有着不同的具体内容。在半殖民地半封建社会的旧中国，它表现为：救亡图存、维新变革、“师夷长技以制夷”的救国精神；“反清灭洋”“兴华灭洋”的反封建反侵略的战斗精神；举行革命起义、推翻帝制、建立共和的民主革命精神。到了新民主主义革命时期，它又被赋予了“五四”精神、井冈山精神、长征精神、延安精神、西柏坡精神等内容。新中国建设初期又形成了大庆精神、雷锋精神、“两弹一星”精神等优秀的精神品质。可以看出一个民族、国家只有根据时代和社会的变化，不断对其民族精神进行发展和创新，才能跟上时代发展的步伐。在改革开放的年代，爱国就要勇于和善于改革创新。在今天，我们不能离开改革创新来谈论发扬中华民族精神问题，不能离开是否勇于和善于改革创新来评判一个人是否爱国。多少年来，我们进行爱国主义和民族精神教育一直缺少“改革创新”的内容，只是强调“莫忘国耻，保卫祖国，建设祖国”，好像勇于和善于改革创新的时代精神与爱国主义和民族精神无关。毫无疑问，我们今天仍然要坚持对大学生进行以爱国主义为核心的中华民族精神的教育，要求大学生“莫忘国耻，保卫祖国，建设祖国”，但不应当将这样的内容与“以改革创新为核心的时代精神”对立起来，而应当统一起来。不仅如此，今天应当更加强调“以改革创新为核心的时代精神”，使之成为爱国主义和教育最重要的内容。

为此，我们需要转变思想道德教育的传统观念，更新某些教育内容。中国社会自古以来提倡和推行的道德观念和价值标准多带有“约束性”的特点，道德教育多立足于维护社会稳定和固有秩序的需要，强调“没有规矩，不成方圆”，通过教化促使受教育者养成遵守既定的社会道德规范和规则的行为习惯，具备替他人着想和乐于为国家民族奉献的道德人格。这些无疑是必要的，必须坚持下去。但是与此同时不应忽视另一面：注意研究和提倡“进取性”的道德要求，通过这方面的道德教育培养受教育者的“进取性”道德人格。过去忽视“进取性”道德要求的提倡和教育是一种缺陷。存在这种缺陷与几千年的封建专制统治者不思进取、对抗社会变革的阶级局限性是直接相关的。今天，我们要在稳定与和谐中建设创新型的社会主义国家，就必然需要一代代创新型的建设人才，这种人才的道德品质应当具备能够把“约束性”与“进取性”统一起来的人格特点。

（四）将荣辱观教育渗透道德建设的全过程

荣与辱都属于道德评价范畴。荣，即荣誉，是对合乎道德要求的行为所给予的肯定性评价，肯定评价的方式通常是表扬或表彰。辱，即耻辱，是对违背道德的行为所给予的否定性的评价，否定评价的方式一般是批评或处分，包括处罚。所谓荣辱观，简言之就是关于荣誉和耻辱的看法和观念。与荣辱观相关的还有荣辱感，指的是人们对荣与辱的心理体验。

在道德建设的过程中进行社会主义荣辱观教育，要阐明荣辱观的基本含义，让人们明辨荣誉与耻辱的是非善恶界限，懂得开展社会主义荣辱观教育和养成社会主义荣辱感的重要性。作为伦理学的理论研究，要注意考察和分析当代中国社会主义荣辱观与中华民族历史上的荣辱观的内在联系与主要差别，与当今世界上其他民族的荣辱观的共同方面与普遍联系，从而把握荣辱观和荣辱感的时代特征。

要把树立社会主义荣辱观的教育渗透到道德建设的整个过程之中。其所以如此，从学理上看是由道德的生态决定的。荣与辱作为道德评价范畴并没有自己独立的标准，它随道德的广泛渗透性而以社会生活的一切领域和人的一切行为为对象。道德作为特殊的社会仪态和价值形态，广泛地渗透在维系国家安宁和社会稳定的调控系统中、各种各样的社会关系中、形形色色的“行规”和操作规程中、人的人生追求中、人的素质结构包括人的行为中，如此等等。因此，人们不能离开社会调控系统、社会关系、“行规”和规程、人生追求、人的素质结构和行为方式等来谈论道德问题，进行道德教育，这就决定了关于荣辱观的审察和教育势必也要充分体现广泛的渗透性，渗透在社会主义道德建设的整个过程之中。为此，要围绕社会主义的道德原则和规范体系，在全社会开展“讲道德光荣，不讲道德可耻”的教育，逐渐形成这样的社会氛围。而在今天，尤其要突出“八荣八耻”即“以热爱祖国为荣，以危害祖国为耻；以服务人民为荣，以背离人民为耻；以崇尚科学为荣，以愚昧无知为耻；以辛勤劳动为荣，以好逸恶劳为耻；以团结互助为荣，以损人利己为耻；以诚实守信为荣，以见利忘义为耻；以遵纪守法为荣，以违法乱纪为耻；以艰苦奋斗为荣，以骄奢淫逸为耻”的教育。

为此，进行社会主义荣辱观教育要有“广泛渗透的意识”，自觉地把相关的教育内容包括社会主义核心价值体系本身的内容与荣辱观联系起来。就社会主义核心价值体系的教育而论，要让人们能够自觉以学习和运用马克思主义的世界观和方法论为荣，以热爱中华民族和社会主义祖国为荣，以具备勇于和善于改革创新的时代精神为荣，以确立中国特色社会主义共同理想为荣，以树立社会主义荣辱观为荣，反之则为耻。

二、促使社会主义道德体系与社会主义市场经济相适应

这是由道德与经济的客观关系决定的。历史唯物主义认为，道德作为社会之“道”——社会承接、创新和提倡的道德价值观念和准则，不是神的意志的产物，其客观基础是“物质的社会关系”；作为个人之“德”——个体的道德意识和道德行为，不是与生俱来的，而是社会之“道”经过教育和修养的环节实现“内化”的产物，本质上是“物质的社会关系”的人格化。恩格斯说：“人们自觉地或不自觉地，归根到底总是从他们阶级地位所依据的实际关系中——从他们进行生产和交换的经济关系中，获得自己的伦理观念。”[①]这一历史唯物主义的著名论断，从社会和个体两个方面揭示了一切道德现象的根源和本质特性。

需要指出的是，自发产生于一定社会的“生产和交换的经济关系”基础之上的“伦理观念”并非就是一定社会提倡的道德价值观念和行为准则，由“伦理观念”到社会提倡的道德需要经过一种“理论加工”的过程，在这个过程中实现“伦理观念”到“特殊的社会意识形态”的升华，由此而使得道德在“反作用”—“相适应”的意义上具备对于经济基础和上层建筑包括其他观念形态的上层建筑的巨大的社会功能。这里需要特别注意的是，我们只能在“归根到底”的意义上来理解道德与经济的关系及道德对于经济的“相适应”的“反作用”功能。历史地看，道德作为一种特殊的社会意识形态，其“相适应”于经济的“反作用”都是经由政治等上层建筑实现的，如自发产生于小农经济基础之上的“伦理观念”是“各人自扫门前雪，休管他人瓦上霜”，而封建国家提倡的却是“推己及人”和“齐家、治国、平天下”的儒学伦理。因此，不可用“直译”的方式来解读道德与经济的关系及道德对于经济的“相适应”的“反作用”，以为一个社会实行什么样的经济制度就应当提倡什么样的道德。辩证理解和说明道德与经济关系的关系，本身就是历史唯物主义所要求的。

---

① 《马克思恩格斯选集》第3卷，北京：人民出版社1995年版，第434页。

具体来说，应当从两个方面来理解道德与经济的“相适应”关系。其一，从发生的意义上来理解，一定的道德要建立在一定的经济关系基础之上，能够从一定的经济关系得到其存在的逻辑根据。其二，从发展的意义上来理解，一定的道德要能够为一定的经济的发展乃至整个社会的文明进步提供服务，充分展示其社会作用。在理解“相适应”的问题上，人们时常会出现两种认识上的偏差。一种是把相适应当成“相一致”，另一种是把相适应当成了“相随同”。

“相适应”与“相一致”有着本质的不同。这是由市场经济的本性决定的。市场经济崇尚利益本位、效率优先和个性自由，在市场经济环境中人们的个性可以获得最大的张力，这是市场经济优于其他经济体制的原因所在，也是市场经济的缺陷所在。因此市场经济对自身的发展和社会的全面进步的影响是两重的，既可以高扬人的主体精神，促进经济繁荣，促使新道德的生长，也可能诱发、激活“人性的弱点”，导致人的主体精神的失落，使人服从于金钱，做金钱的奴隶，致使拜金主义和利己主义泛滥，最终阻碍经济的发展。实践证明，社会主义市场经济也是这样。社会主义思想道德体系要与社会主义市场经济相适应，应被理解为：相对于传统道德来说，社会主义的思想道德体系应当包含尊重人们的正当权益、尊严、积极性和创造性，崇尚公平和正义等新的道德观念和标准，与时俱进地为市场经济的长足发展营造适宜的社会舆论环境，通过教育和培养提升人们的道德素养，为市场经济的发展提供适宜的人力资源；同时，要具有遏制和约束市场经济负面作用的价值蕴涵和功能，通过切实加强道德教育、厉行道德评价和提倡道德修养等途径促使“经济人”与“道德人”实现统一。如果在“相一致”的意义上理解相适应，那就等于同时肯定了市场经济的负面影响的合理性，忽视社会主义思想道德体系对社会主义市场经济的约束和指导作用，迷失社会主义道德建设的方向。

同时，也不能将“相适应”理解为“相随同”。实行改革开放特别是大力推动社会主义市场经济以来，中国理论界一直有人用“经济主义”的思维方式理解以经济建设为中心的发展战略，以为经济建设搞好了，一切就搞好了，因此认为以经济建设为中心就要一切跟着经济建设走，“随同”经济建设的发展而发展，这种认识是片面的。中国共产党第十一届三中全会确立了以经济建设为中心的发展战略，这个战略重心的转移开辟了一个新的历史纪元，加速了中华民族走向振兴和富强的历史步伐，中国的国际地位和影响也因此得到空前的提高。但须知，实践证明，以经济建设为中心，不能以经济建设为龙头，更不能以经济建设替代其他方面的建设。多年来经济的快速发展与党和国家执行正确的方针路线与政策、高举邓小平理论的伟大旗帜和广泛深入地学习与贯彻“三个代表”重要思想、坚定地维护国家的安宁和社会的稳定、实施依法治国及依法治国与以德治国相结合、在“两个文明一起抓”和“两手都要硬”的思想的指导下坚持不懈地加强思想道德和精神文明建设，是密切相关的。政治文明和法制文明建设始终是经济建设的根本保障，道德和精神文明建设在以经济建设为中心的环境中始终起着引领和导向的作用。

P.科斯洛夫斯基曾借用亚当·斯密的视野，提醒市场经济条件下的人们应当“谨防”得出“经济主义的错误结论”，“即相信，一种在经济上高效率的系统就已经是一个好的或有道德的社会了，而经济就是社会的全部内容”。[①]这种警告虽然是出于对资本主义市场经济及社会发展的经验总结，但就社会发展的客观规律来说，却是具有普遍的启发意义的。

以与社会主义市场经济相适应为道德建设的指导原则，最重要的是要确认公平观念，建立倡导公平观念的社会机制。公平作为多学科的历史范畴，其要义是权利与义务之间建构的某种合理性平衡关系，对作为道德范畴的公平自然也应作如是观。在中国，公平作为道德范畴是20世纪80年代中期伴随改革开放和发展商品经济的客观要求出现的，其标志就是“道德权利”这一新概念的提出。20多年来，关注伦理公平问题的文论时而见诸报刊，但一直没有获得应有的学科地位——没有进入主流的伦理学体系和高等学校相关专业的伦理学课程，更没有作为企业伦理的核心价值加以

① ［德］P.科斯洛夫斯基:《资本主义的伦理学》，王彤译，北京：中国社会科学出版社1996年版，第2页。

倡导，相应建立企业伦理的公平机制。

中国社会长期缺乏产生伦理公平的社会基础和文化土壤。封建社会，普遍分散的小农经济要求高度集权的专制政治与之相适应，由此形成以专制政治扼制分散经济的社会结构模式，与这种社会结构模式相适应的伦理文化便是儒学。儒学的立论前提是“人性善”（宋明理学提出的“天理”与“人心”不过是其衍生形式而已），在此基础上形成的人伦伦理强调的是“推己及人”，政治伦理推行的是“三纲五常”，两者的实质内涵和基本的价值倾向都是道德义务论和政治责任论。在中国共产党领导的革命战争年代形成的革命传统道德，充分反映了劳苦大众要求推翻不平等的社会制度、翻身得解放和当家作主人的正义呼声。政治伦理以共产党人代表广大人民群众的根本利益、不怕流血牺牲的无私献身精神和关心群众生活、注意工作方法的务实态度为基本内容，人伦伦理则以大力提倡“毫不利己，专门利人”、做“纯粹的人”新道德为基本内容，本质上依然是“义务论”“责任论”的道德观念和行为准则。革命传统道德在革命年代发挥了教育和团结广大人民群众推翻旧政权、建立新中国的伟大作用，在中华人民共和国成立后曾一度成为恢复国民经济、力行社会主义改造的精神支柱。但并没有受到顺应历史演进时势的洗礼，实现与时俱进的创新和发展，反而因受“左”的思潮的严重干扰而脱离新中国社会与人的道德进步的客观要求，“义务论”和“责任论”的倾向更为明显。如革命传统道德中的人伦伦理被曲解为“我为人人，人人为我”的道德假设，既规避了道德权利，又模糊了道德义务。在计划经济体制下，社会结构在“基础”的意义上就抽取了公平赖以生存的历史条件，生产经营的责任在企业，权利在政府，企业是经济活动的责任主体却不是权利主体。进入改革开放的历史发展新时期以后，我们的主要精力是向前看，向外看，不仅经济建设和科学技术发展方面是这样，文化道德建设方面其实也是这样，似乎无暇顾及如何看待自己的新老意义上的两种传统道德的问题。20世纪90年代后，越来越多的社会道德问题唤起了全社会的警觉，促使我们不得不反观一下自己的道德文明史。但在这期间，对两种传统道德在整体结构上所存在的片面的义务论倾向，却一直没有给予应有的注意。改革开放以来中国社会一个重要的进步就是越来越关注社会公平和正义问题，但多是法学研究和法制建设意义上的，涉论伦理学和道德建设不多。

值得特别注意的是，在市场经济条件下，企业运作方式如果缺乏伦理公平观念和机制，势必会在“基础”和“基本动力”的意义上妨碍“竖立其上”的民主政治建设与法制建设的历史进程，妨碍整个社会生活尤其是精神生活的质量，妨碍营造崇尚公平与正义的时代精神和社会风尚。当代中国有一个人所共知的事实：官员腐败落马多与行贿受贿有关，行贿受贿多与企业经营有关，企业行贿多与不公平（不正当）竞争的机制有关，而不公平（不正当）竞争机制又多与缺乏伦理公平意识和机制有关。从这个腐败“生存链”来看，腐败其实只是企业缺乏伦理公平观念及其机制的“集中表现”，有效惩治腐败不应当忽视从“基础”建设做起。我们完全可以这样说，当代中国的社会主义道德建设如果不能普遍建立包含伦理公平在内的公平竞争机制，政治上的腐败问题就不可能从根本上得到解决。

从以上简要回顾和分析不难看出，中华民族缺乏伦理道德意义上的公平意识，没有养成在道德权利与道德义务相对平衡关系上看待道德问题、进行道德建设和道德评价的习惯，没有形成尊重伦理公平的传统。我们的伦理文化和道德资源可谓源远流长、博大精深，真是一个名副其实的“道德富国”，但就缺乏伦理公平观念和公平机制而论，又是一个名副其实的“道德贫国”。我们正是在缺乏伦理公平意识和道德经验的情况下跨入需要用公平观念和公平机制推动经济发展乃至整个社会文明进步的历史新时期的。如果说，小农经济和计划经济及与此相适应的专制和集权的政治体制，以及为夺取政权而出生入死的革命战争，是滋生和活跃义务论道德体系的天然温床的话，那么，在市场经济及与此相适应的民主政治体制下，传统的义务论道德体系就再也找不到其广泛存在的逻辑根据了，它需要更新、丰富和发展。社会主义道德体系必须在道德权利与道德义务的平衡关系上引进公平观念，建立实现伦理道德公平观念的社会机制。惟有如此，才能真正促使市场经济成为“道德经济”，在经济活动中实现“经济人”

与“道德人”的统一。

建立实现伦理道德公平价值的社会机制，实践上应当从制度、观念和机构三个路向来理解和把握。

制度建设的实践路向包含两个具体的“工作面”，即法律制度建设和伦理制度建设。法制的核心价值历来是法定权利与义务之间的相对平衡，在一定意义上可以说，立法和司法活动就是要确定和维护法人和治者（包括近现代国家的公民）相对平衡意义上的权利与义务的关系，就是要在法理上立“公平”之法、在实践上司“公平”之法。它的建设在内容上应当包含充容公平机制的制度体系和保障公平机制得以正常运行的制度两个方面，在职能上应体现在褒扬遵循公平机制的行为和惩治违背公平机制的行为两个方面。伦理制度，是20世纪90年代一些伦理学人为促使道德建设适应改革开放和发展社会主义市场经济的客观要求而提出的一个新概念。一般认为，它既区别于法律法规，又区别于道德规范，是一种说明法律制度的权威性以支持其得以实行的制度，说明道德规范和价值标准的合理性以保障其提倡和推行的制度。它通常以道德评价的制度形式表现出来，介于法律与道德规范之间又填补了两者“中间地带”的空白，具有独立的制度形式及褒扬与惩罚两个方面的职能。如关于“见义勇为”“拾金不昧”的倡导和推行，就需要一种介于法律和道德规范之间的伦理制度加以保障：做到了，给予表彰；违背了，给予惩罚。伦理制度的职能，就是要用区别于法律和道德规范的制度形式在实践上把道德义务与道德权利统一起来，使之成为一种体现公平观念及其价值标准的机制。中国目前还普遍缺乏制订和实行伦理制度以维护伦理公平的自觉意识，在企业伦理建设方面更是这样。如在管理和用人方面，我国的民营企业多数采用的是“家族式”的模式，普遍存在用人不公的现象。据《大败局》揭示，十大明星企业之一的“飞龙”彻底垮台之前，老总姜伟已经察觉到一个具体的“失败基因”：“他的老母亲、兄弟姐妹占据机要岗位，近亲繁殖、裙带之风显露无遗。”[①]他虽追悔莫及，却没有意识到这正是在用人制度上缺乏伦理公平

① 吴晓波:《大败局》,杭州:浙江人民出版社2001年版,第148页。

观念及其机制的一种表现。

如果说社会公平机制的制度层面是其"硬件"部分的话，那么，观念层面则是其"软件"部分。"软件"既为组建和出台"硬件"提供知识和理论的逻辑根据，又为维护和发挥"硬件"的作用提供动力支持，在这种意义上我们可以说，观念是制度赖以存在的基础和灵魂，观念建设的"工作面"比制度建设的"工作面"更为重要，有些制度之所以形同虚设就是因为其缺乏观念的基础和灵魂。观念建设应当从三个具体路向展开。一是要通过各种宣传手段高扬伦理道德上的公平价值观念和行为标准。二是要使体现公平机制的制度尤其是保障社会道德得以提倡和实行的伦理制度富含伦理因素，体现以人为本与和谐发展的现时代精神。三是要坚持开展以爱岗敬业、公平竞争为核心价值观念的职业道德教育，促使公平竞争的思想观念深入人心，成为各行各业自管理层到基层执业人员的共识，以培养适应现代社会发展要求的新型人格。

机构是执行制度的中枢，也是培育和倡导支撑和执行制度的观念的中枢，"硬件"和"软件"发挥作用都离不开机构，离不开机构建设。从目前实际情况看，机构建设的重点应是整治机构自身存在的失职渎职行为乃至名存实亡的问题。改革开放以来国家已出台了不少与生产经营活动有关的法律法规，但执行和监督的力度有所欠缺，有法不依、执法不严的情况时有发生。为什么在《广告法》实行之后还出现了"采用飞船外表材料制造"的"胡师傅"牌的无油烟不粘锅实则不过"只是一个铝锅"的荒唐宣传[①]，原因就在这里。伦理制度的确立和建设及其作用的发挥，观念的培育和倡导，也是需要特定的机构加以保障的。这样的机构，中国社会还没有普遍建立。许多缺乏基本道德感的不公平不正当的竞争恰恰就是由企业一些重要的机构部门炮制和操纵的，这些部门的"营销智慧全部是建立在一种缺乏道德认同和尊重市场秩序的前提下诞生的"。[②]机构作为执行体现公平的制度的中枢，必须率先垂范执行自己制订的制度，作为培育和倡导

① 参见《每日经济新闻》2007年3月30日。

② 吴晓波:《大败局》,杭州:浙江人民出版社2001年版,第143页。

支撑和执行制度的公平观念的中枢，必须率先垂范张扬公平观念，这是搞好机构建设的根本所在。

从对上述三个“工作面”的简要分析中不难看出，在伦理道德的社会公平机制的结构中，制度建设是主体，观念是基础，机构是关键。因此，从实践逻辑的递进关系看，社会公平机制的建设应当从观念建设起步，在观念建设中逐渐建设相关的机构，最后建立相关的制度（包括机构自身建设的制度）。

三、促使社会主义道德体系与社会主义法律规范相协调

道德与法律之间是否存在必然的逻辑联系，在道德建设与司法实践中是否应将两者联系起来，是中外伦理思想和法制思想史上一个重要的研究领域。在伦理学领域，中西方对这一关系都作肯定性的回答，而在法学领域情况则不一样。西方法学影响最大的自然法学和实证法学正是由于对此种关系的不同回答而形成彼此对立的法学理论。自然法学派主张道德是法律存在的逻辑依据，也是立法和司法的评价标准。自斯多葛以来，自然法学尽管内容和形式都发生了很大的变化，但坚持法律应以道德为基础的核心观点则一以贯之。而当代自然法学派，更是把自己的理论直接建立在道德的基础之上，有的学者甚至公开宣称法律具有“外在道德”和“内在道德”的特性，认为法律必须符合社会道德追求的理想生活。与此相反，实证法学却主张道德与法律分离，否认两者之间内在的必然联系，鼓吹所谓“纯粹法学”，有的学者虽然并不否认道德与法律之间存在必然联系的现象，但却又认为这“不是一个必然的真理”。[①]与此相关，则主张司法实践不应受到道德的干预。中国法学界关于道德与法律的关系的理论认识，大体与西方传统相同，但主流性的看法还是肯定道德与法律之间的内在逻辑联系，不存在西方社会那样的各派似乎势均力敌、纷争对垒的情况。

不管法学界如何争论道德与法律之间究竟存在什么样的联系，人类社

① 参见曹刚:《法律的道德批判》,南昌:江西人民出版社2001年版,第9—11页。

会文明发展至今的历史证明，法律不是凭空制定和实行的，它存在的基本依据就是反映和维护社会的基本道义，保障道德文明实现自己的价值，惩治不文明道德给社会带来的危害，这既是法律的生命力之所在，也是法律的历史使命。道德与法律虽然规范形式不同，实施过程中的调控机制不同，但却具有内在的质的同一性。

首先，道德规范与法律规范在社会根源上是一致的。道德规范与法律规范都根源于一定社会的经济关系，并对经济基础具有反作用。在原始社会，调节社会生产和社会生活的道德规则的主要形式是风俗习惯，通常与宗教禁忌混杂在一起。那时的道德规范由于特别严格，因而同时又具有某种“法”的性质。后来人类进入阶级社会，阶级对立和对抗的利益格局一方面使得道德规范逐渐与原始宗教禁忌脱离，另一方面使其“法”的性质凸显起来，迅速同奴隶制和封建制的专制政治和刑法规范联姻并相互包容与渗透，上升为国家的意识形态，形成所谓“政治化的道德”“法律（刑法）化的道德”或“道德化的政治”“道德化的法律（刑法）”。在中国，这种演变和发展的产物就是起步于西周而形成于西汉时期的“纲常伦理”，及其治理国家、管理社会的“明德慎罚”“德主刑辅”的基本方略。

其次，道德规范与法律规范在价值取向上是一致的，都是为了维护社会正义，直接引导和规约人们扬善避恶。一般说来，法律规范给予确认或禁止的，道德规范就加以提倡或反对，不存在相互矛盾的现象，反之亦是。中国改革开放多年来，为保障经济和社会的健康发展以及道德与精神文明建设，加强了法制建设，初步形成了社会主义的法律规范体系，但是仍然存在一些不应有的法律规范与道德相脱节的情况。2001年6月26日，辽宁省本溪市平山小学学生金妮在上学的路上拾得一只塑料袋，内有一张2.3万元美金的存单、两个身份证和另一张1000元的人民币存折，折合人民币近20万元，其中5000元美金已经到期，凭一张身份证则可提取。金妮立即随着母亲将失物送到派出所，希望失主在领回失物时送她一面锦旗，将她表扬一下。然而失主安英淑在领取失物时却态度冷淡，说：“我不会送锦旗，而且一分钱也不会花。她拾到钱就应该还给我，如果她不还给我就是违法，我可以告她。”[1]这个案例中失主所说的话是合乎法理的，却又让人感到是不合乎“情理”的，反映的就是法律规范和道德规范相脱节的情况。这说明，促使社会主义道德规范与社会主义法律规范相协调，也需要法制建设作出相应的努力。在这个问题上，我们还面临着不少需要认真研究和加以解决的课题。

最后，从现代社会对人的综合素质要求看，守德意识与守法意识是人才素质结构的基本要素，两者之间，前者是基础，后者是保障。从人的非智力因素看，关于道德与法律的认知、情感、意志和遵从精神，是每个成熟的社会成员的“社会意识”中的主要成分和主导方面。在金钱、美色、地位面前，人人都会有“利己”的欲望和动机，都可能会有“趋利避害”的行为倾向，并会付诸实际行动，这是人之常情。但事实证明，大多数的人都会自觉地用“是否应当”“是否正当”的道德和法律观念与标准引导和规约自己，原因就在于作为成熟的社会成员都相应具有关于道德和法律的“社会意识”。试想一下，一个人如果头脑里没有这种“社会意识”，他与禽兽有何差别呢？如果一个社会的人们普遍没有形成这种“社会意识”，那么这个社会不是“人欲横流”了吗？而就人们头脑里的道德的“社会意识”和法律的“社会意识”这两者的关系看，也是不可脱节的。只有道德的“社会意识”的人可能会成为“法盲”，只有法律的“社会意识”的人难免会成为“道德冷漠”者，最终失去法律的“社会意识”。

法律与道德存在的不相协调的问题，往往造成道德与法律之间的逻辑悖论现象，因此促使社会主义道德体系与社会主义法律规范相协调，缩小两者之间不应有的差距，需要从调整伦理学和法学“公认正确的知识背景”开始。[2]

在封建专制统治时代，一种伦理文化和道德体系一旦成为“统治阶级的意志”，就无一例外地以“利他”为基本的价值投向，其目的在于引导

① 参见《辽宁日报》2001年8月8日。

② 逻辑悖论是由“公认正确的背景知识”“严密无误的逻辑推导”“可以建立矛盾等价式”三种要素结合而成的特殊的矛盾现象，其中，“公认正确的背景知识”是逻辑前提。（参见张建军：《逻辑悖论研究引论》，南京：南京大学出版社2002年版，第7页）

芸芸众生脱离“己本位”和“家本位”的狭隘意识，关心“国家大事”和“天下大事”，以维护和巩固统治者一己之私利。中国儒学伦理文化的这种命运更为突出。但是，只要抹去这种历史尘沙就会发现，孔子创建仁学伦理文化的初衷并非是替统治阶级着想，而是维护芸芸众生的“利己”要求，骨子里是同情庶人（弱者）的，即他的“民本”思想。他说：“民之于仁也，甚于水火”。[①]所谓“己所不欲，勿施于人”[②]“己欲立而立人，己欲达而达人”[③]，本意都是说给治者听的，希望治者们对庶人怀有一种同情和怜悯的仁爱之心，能够实行“推己及人”和“为政以德”的人际伦理和政治伦理，满足庶民的“利己”要求。这正迎合了新型地主阶级的政治需要，从而使得儒学伦理文化很快成为封建社会的“统治阶级的意志”和“官方道德”。也许正因如此，中国学界自古以来一直有人坚称儒学为“儒术”。然而，从道德经验事实来看，对中国几千年封建专制统治下的庶民社会真正发生影响的，仍然是建立在“利己”基础之上的以“各人自扫门前雪，休管他人瓦上霜”为基本特征的小农自私自利意识，而孔子对此并未加否定。孔子发表过“君子怀德，小人怀土；君子怀刑，小人怀惠”[④]、“君子喻于义，小人喻于利”[⑤]之类的看法，从中我们一方面可以看到，孔子希望治者不要做“利己”的“小人”，同时也可以看出孔子并不反对“利己”，只不过在他看来“利己”者不可做“君子”——治者罢了。就是说，在孔子那里，“怀德”与“怀土”、“怀刑”与“怀惠”、“喻义”与“喻利”的差别，只是人格高尚与否的差别，并不是善与恶的分界。孔子所论意在规劝治者做“君子”，以获得“为政以德，譬如北辰居其所而众星共之”[⑥]的地位。从这点来看，把伦理学关于价值投向的“公认正确的背景知识”仅仅归于“利他”，在中国也是缺乏历史根据的。

---

①《论语·卫灵公》。

②《论语·卫灵公》。

③《论语·雍也》。

④《论语·里仁》。

⑤《论语·里仁》。

⑥《论语·为政》。

把评判道德之善的“公认正确的知识背景”归结为“利他”，也是不合人生逻辑的。生活表明，“利己之心”人皆有之，因为每个人生存与发展需求的满足主要还是依靠自己来解决。“利己”，既是必备的心态，也是必须的行为方式，这是人类社会至今不以任何个人的意志为转移的人生经验，所谓“我为人人，人人为我”不过是一种假想和预设而已。

诚然，讲道德不能不讲“利他”，但不应将一切“利他”行为都归于善，也不应将一切“利己”行为都归于恶。实际上，一个人是否讲道德，关键不是看他的行为是“利他”还是“利己”，而是看他为何“利他”和如何“利己”。看“利他”的行为是否为善举要看行为者的动机，抱有“别有用心”的“利他”行为不能称其为善举；看“利己”的行为是否为恶行要看行为者的行为方式，不以损人或损公的方式“利己”不能称其为恶行，不仅不该批评反而应加以提倡。道德提倡如果把“公认正确的背景知识”及其指引的价值投向仅仅定位在“利他”上，一概排斥“利己”，不仅在与法律保护相遇时可能会发生道德与法律相悖的现象，而且在自己的视阈里也会制造道德悖论。

概言之，为了避免与法律保护相遇时发生道德悖论现象，实现社会主义道德与法律相协调，伦理学“公认正确的背景知识”需要作这样的调整：不以“利他”和“利己”作为评判善与恶的标准，而以为何“利他”和如何“利己”为标准。

在中国，调整法学的“公认正确的背景知识”这一问题相当复杂。这是因为，在中国几千年的封建社会里，法理问题多为实证意义上的刑法学或刑律学的问题，缺乏“法哲学”的思辨精神，注重的是与道德教化结盟以惩罚犯罪。孔子说：“化之弗变，导之弗从，伤义以败俗，于是乎用刑矣。”[①]与此同时，孔子并不重视法律保护的社会职能。强调法律的社会保护职能是民商法的基本职能和价值投向，而民商法归根到底是资本主义私有制的产物，中国没有真正经历资本主义历史发展阶段，所以在实行民刑合一、以刑律为主体的传统法律体系中，很少有近代以来民商法意义上的

① 转引自杨鹤皋：《新编中国法律思想史》，合肥：安徽大学出版社1997年版，第57页。

法律。中国进入改革开放和推进社会主义市场经济体制建设的新时期以来，加快了社会主义的法制建设，其间取得的最大成效就是民商法学及其法律体系初步建立，并逐步走向完善。但是，有一个问题却一直困扰着人们：民商法保护职能的价值投向与道德提倡发生相悖的情况时是否也需要调整自己“公认正确的背景知识”？如果需要，我们要不要在借用他山之石的同时研究和阐明能够体现“中国特色社会主义”本质特性的“背景知识”？回答应当是肯定的。

首先，要实行立法理念的创新。如前所说法律的诞生本来就是出于维护社会基本道义的。对这个以“隐形”方式渗透在立法理念中的千古不变的定律，当代中国法学界已有学者作过精到的逻辑分析和论证。在西方法制思想史上，作为自然法学立论基础的“天赋人权论”和“社会契约论”，核心和终极依据就是人之为人在道德上的基本权利（欲求受到关心的权利、人格受到尊重的权利、德行得到表彰的权利等），主张法律的制定和执行都应当经过道德的确证。实证法学尽管主张法律与道德彻底分离，强调法学的“纯粹性”，但最终还是不能否认“法律反映或符合一定道德要求”的“事实”。[①]正因如此，有学者指出：“广义（法理学）是指可以包括法哲学以及法伦理学、法社会学、法经济学等理论法学……”。[②]

其次，要淡化门户之见，创新法制观念，在学理和操作两个层面上建立法理学和伦理学的“认知共同体”。人类进入现代社会发展阶段以来，人文社会科学相互渗透、交融汇合的趋势越来越明显，客观上需要相关学科的学人打破门户之见，采取积极主动地应对的态度。我国不少学者“做学问”一直存在门户之见，不仅各自为政，而且总以为自己专攻的学科领域最重要，似乎可以包打天下，这在客观上不仅制约了自身的发展，也易于在社会实际生活中制造悖论现象。法学要调整自己“公认正确的背景知识”以减少法律保护与道德提倡存在的相悖现象，需要在打破门户之见的前提下与伦理学建立“认知共同体”。一要开展法伦理学的研究，丰富法

① 张文显:《二十世纪西方法哲学思潮研究》,北京:法律出版社2006年版,第407页。

② 吕世伦、文正邦主编:《法哲学论》,北京:中国人民大学出版社1999年版,第49页。

学的伦理内涵；二要吸收伦理学专家参与立法程序的研究和立法过程；三要邀请社会“道德榜样”介入检察和审判过程尤其是审判过程。而要如此，就要创新法制观念。如同道德建设不仅仅是伦理学家和教育工作者的责任一样，法制建设也不应被视作仅仅是法学家和法律工作者的任务。

最后，要借用他山之石，引进西方法治国家的一些先进的做法。如关于拾金不昧，在西方一些国家早就有对失主须返还一定比例的失物（财产）给“拾主”的法律规定。这一规定，就法律保护而言，既体现了私有财产神圣不可侵犯的立法理念，也体现了法律面前人人平等的法治精神；而就法律保护与道德提倡的关系而言，既维护了民法的尊严和失主的权利，也维护了道德的尊严和“拾主”的权益。这样的规定，无疑会缩小伦理学和法学两种“公认正确的背景知识”之间的学理性差距，在“认知共同体”内避免和消解法律保护和道德提倡相悖的问题。西方法治国家的这种做法，显然是值得我们借鉴的。

总之，道德与法律不协调以至相悖的现象，在很多情况下是因由法学和伦理学不同的“公认正确的知识背景”形成的，因此需要我们立足中国国情，从理论和实践两个方面进行大胆探索和创新。

第十章　中国社会主义道德建设的途径与方法

任何成功的社会实践活动，在确定目标和指导原则之后都必须研究和掌握实现目标和贯彻指导原则的基本途径和主要方法，对中国社会主义道德建设也应作如是观。推进中国社会主义道德建设，在厘清总体目标和指导原则的基础上就应当进一步阐明道德建设的基本途径和主要方法，这是把握中国社会主义道德建设的关键环节。

中国社会主义道德建设的基本途径和主要方法，可以从道德教育、道德修养和道德评价三个方面来加以阐述。

第一节　道德教育

自古以来世界各国各民族在道德建设中，道德教育是普遍采用的最重要的途径和方法。正是基于这种情况，人们往往将道德教育与道德建设混为一谈，相提并论，以至于只是在道德教育的意义上谈论道德建设的问题，这种理解和把握实际上是片面的。道德教育与道德建设并不是同一种含义的概念，两者之间是部分与整体的关系，道德教育是道德建设的主体部分，但不是道德建设的全部。

一、道德教育及其结构性分析

所谓道德教育，是指社会（包括阶级）或集体为了使人们自觉地履行道德义务，具备合乎其需要的道德品质，有组织有计划地对人们施加一系列道德影响的活动。道德教育有广义和狭义两种不同的理解。广义的道德教育，泛指一切具有道德影响意义的社会活动，包括家庭、学校和社会实施的专门的教育活动，集体组织开展的各种各样的社会公益活动，如支援灾区和希望工程、扶危济贫等，以及个人选择的合乎社会道德标准的行为及其所产生的积极影响等。推而广之，一切客观上却具有道德影响力的社会实践活动形式，都可以看成是道德教育或具有道德教育意义的活动。狭义的道德教育，特指家庭和学校安排和组织的道德教育活动，伦理学界和日常生活中人们所说的道德教育，正是在这种意义上说的。

社会良好的道德风尚不是自发形成的，人的优良的道德品质不是生来具有的，两者都离不开道德教育。道德教育对社会良好的道德风尚和人的优良的道德品质的形成，乃至整个道德建设和道德进步具有极为重要的意义。康德说，人只有靠教育才能成人。人完全是教育的结果。他说的教育指的是道德教育。人在道德方面的成长离不开道德教育，社会的道德进步无疑也离不开道德教育。在任何历史时代，道德教育都担当着道德建设的主要使命和任务。

家庭和学校的道德教育，结构上一般都由道德教育目标、道德教育内容和道德教育方法三个部分构成。家庭道德教育历来带有启蒙性质，在目标、内容和方法上历来是传统的，却又是不规范的，处于各行其是的状态，因而给人一种“龙生龙，凤生凤，老鼠生儿会打洞”的先验论错觉。影响家庭道德教育的内在因素，是由家长自身的道德素质即道德认知能力、道德教育的表达能力和道德示范的水准决定的。而外在因素，则是家庭所在的社区的文明程度和生活环境。

中国学校的道德教育自古以来都是规范的，通过国家的文教政策明确规定道德教育的目标、内容和基本方法，因而是道德教育的主要途径。自古以来道德教育的阶级性和时代性的差别，主要是由学校道德教育反映出来的。影响学校道德教育的内在因素，首先，是目标的明确和清晰，如果目标不明确、不清晰，那么，在道德教育过程中就会出现“不知道培养什么样的人”的问题，操作中就会出现“见仁见智”的情况，最终难能实现道德教育的既定目标。要使道德教育的目标合乎明确和清晰的要求，就需要对目标进行具体化、指标化的分解，以便于掌握和操作。这方面的工作需要学校的道德教育工作者大有作为。其次，是内容的科学和系统。所谓科学，指的是道德教育的内容能够反映社会和人的发展对道德进步提出的客观要求。所谓系统，指的是道德教育的内容要能够体现历史道德与现实道德、道德知识和道德智慧、道德意识和道德行为等方面的统一。最后，是方法的得当与得体。得当与得体，应当从两个角度来理解，一是工具性理解，即有助于实施道德教育内容和实现道德教育目标，是联结道德教育内容和目标之间的纽带。二是本题性理解，即方法本身所具有的道德教育内容和道德教育培养目标的意义。在道德教育过程中，方法本身所具有的内容和目标的意义往往被教育者忽视，这是需要引起注意的。由于家庭道德教育存在操作不规范、水平参差不齐的现象，学校的道德教育尤其是小学低年级的道德教育，还应当带有“补课”和“纠偏”的性质，补家庭道德教育之缺，纠家庭道德教育之偏。

如果说，学校道德教育的目标是“要做一个有道德的人”的问题，那么，内容就是“要做一个有什么样的道德的人”的问题，而方法则是“怎样做一个有道德的人”的问题，道德教育的过程就是要把“要做一个有道德的人”“做一个有什么样的道德的人”和“怎样做一个有道德的人”统一起来。这是从事学校道德教育工作的人们应当始终注意的。

在我国，社会的道德教育其实多为社区性的道德影响，一般没有专门的机构，缺乏组织和规划。有的社区虽然会组织开展一些专门的道德教育活动，但一般都没有明确清晰的目标，内容和方法一般也比较单一，受众所受到的教育一般也都是影响意义上的。值得注意的是，当代中国社区的道德影响，特别是对未成年人的道德影响是很重要的，其中最值得注意的是网吧文化。设在学校和家庭周边的网吧，上网的基本上都是未成年人，他们的自制力差，易受网络不良风气的影响，这会抵消家庭尤其是学校的道德教育的应有效果。对这一问题需要认真研究，采取行之有效的措施逐步加以解决。

二、学校道德教育的内容及其相关性问题

在一般意义上来理解，学校道德教育的内容就是特定社会制定、推行和倡导的道德知识体系和价值标准。我国封建社会道德教育的基本内容，是以“大一统”的整体主义和“三纲五常”为主体的道德体系。西方资本主义社会的道德教育的基本内容，一直是以狭隘民族主义、个人主义、人道主义和宗教情绪为核心的道德体系。

当代中国学校道德教育的内容，是由中国共产党和国家有关教育主管部门颁布的社会主义道德体系。2001年10月中共中央颁发的《公民道德建设实施纲要》提出的以为人民服务为核心、以集体主义为基本原则的20条具体规范的社会主义道德体系，在今天应当作为各级各类学校进行道德教育的基本内容。不过，应当注意的是，在具体贯彻中要将其与不同学校道德教育的特殊要求结合起来，体现与受教育者道德成长规律相适应的特点。在大学生的思想道德教育中，涉及公民基本道德规范的教育应当突出爱国守法、明礼诚信、团结友善、勤俭自强的内容，职业道德教育应当与大学生就业观念教育结合起来，突出自主自立、艰苦奋斗、敬业奉献的内容，爱情婚姻道德和家庭美德教育应当突出维护他人尊严、孝敬父母的内容，如此等等。

总体上分析和把握当代中国学校道德教育的内容，应当注意三个方面的方法论问题。一是全面了解中国共产党和国家有关教育主管部门颁布的社会主义道德体系，包括为人民服务的价值核心和集体主义的道德原则，公民道德基本规范、社会公德、职业道德和家庭美德。二是渗透在各种文

化知识课程包括大学专业教育的课程中的伦理精神和道德价值观。相对于专门的思想品德教育的课程而言，道德作为一种特殊的社会意识形态和价值形态，其广泛渗透性的生态特点使得其他各门课程都内含一定的伦理精神和道德价值观，不仅文科类的各门课程是这样，理、工、农、医等各门课程也是这样。后一类课程所包含的伦理精神和道德价值观念，通常为人类共同推崇和尊崇，如与宽容、公平、平等、规则相关的道义观念，与不懈追求相关的人生价值观，以及忠于职守、乐于奉献的敬业精神等。所以，学校的道德教育内容是十分丰富的，它渗透在学校各门课程的教学之中，在道德教育和一般教学之间建立这种相关性的联系是学校道德教育的内在要求。正因如此，在学校道德教育中，应当大力倡导教书育人的原则。苏霍姆林斯基说："学校里所做的一切都应当包含着深刻的道德意义。"[①]赫尔巴特说："教学如果没有道德教育，只是一种没有目的的手段；道德教育如果没有教学，就是一种失去了手段的目的。"[②]三是教师的职业素养。教师职业，既不同于以物为劳动对象的职业，也不同于其他以人为劳动对象的职业，其职业素养本身就是一种"劳动力"，作为一种道德教育内容渗透在教育过程中，对学生发生潜移默化的影响。苏霍姆林斯基说："课不仅是以知识的内容来教育学生。同样的知识内容，在一个教师手里能起到教育作用，而在另一个教师手里却起不到教育作用。知识的教育在很大程度上取决于，知识究竟跟教师个人的精神世界（他的信念、他生活的整个道德方向性和智力方向性、他对自己的教育对象即年轻一代的未来的观点）是否紧密地融合为一体。"[③]苏霍姆林斯基在这里强调的是，教师应当具备教书育人的道德素养和教育教学技能。严格说来，一个缺乏教书育人意识和素养的人，是不能担任教师的，即使担任教师也不可能是一个优秀的教师。

道德作为特殊的社会意识形态和价值形态，根源于一定社会的经济关

① ［苏］苏霍姆林斯基：《给教师的建议》上册，杜殿坤编译，北京：教育科学出版社1980年版，第189页。

② 转引自《上海教育》，1981年第10期。

③ ［苏］苏霍姆林斯基：《给教师的建议》下册，杜殿坤编译，北京：教育科学出版社1981年版，第294—295页。

系，并受到竖立经济关系基础之上的上层建筑包括其他形态的观念的上层建筑的深刻影响。这就决定了道德教育的内容必定是一种历史范畴，不仅当时代执政者颁布的具有相对独立形态的道德教育内容会发生一些变化，而且渗透在各种文化知识课程和专业技能课程中的伦理精神和道德观念也会发生一些变化，这些变化会影响到任课教师的伦理道德意识和人生价值观，使其相应地发生一些变化，而任何时代的道德又都是在传统道德的基础上构建的。因此，需要注意的是，理解和把握学校道德教育的内容，一方面要随着时代的变革和变迁改变和发展自己的内容体系，另一方面要传承由史而来的优秀的伦理文化和道德传统。

道德作为伦理学的对象，其知识和价值体系与其他人文社会科学如文学、德育学、法学、社会学、心理学等的学科体系之间有着密切的联系，分析伦理学与这些学科之间的相关性，吸收这些学科的知识资源和方法旨趣以丰富学校道德教育的内容，也是不容忽视的。

三、学校道德教育的途径与方法

学校道德教育的内容决定了学校道德教育的途径与方法。分析和把握学校道德教育的基本途径和方法，是贯彻学校道德教育内容、实现学校道德教育目标的关键环节。

（一）课堂教育

道德首先是一种知识，而且经过伦理学的理论加工多是以文本形式表达和叙述的系统知识，这为道德教育被列入学校教育体系、以课程教学的方式进行课堂教育提供了最为重要的基本条件。自从学校教育诞生以来，任何时代的学校道德教育都承担着教育和培养接班人和建设者的任务，受教育者要形成时代所要求的道德品质就必须要以一定的道德知识为认知前提，而道德知识作为一种知性体系只有通过一定的课堂的课程教学形式才能被受教育者系统地接受和逐步积累。这就必然使得道德课程教学成为学校道德教育的基本途径。

关于道德知识的课程教学，亦即中国古人所说的“传道”，主要方法应当是灌输。灌输，是相对于“自发接受”“自然成功”而言的，既是学校道德教育的基本途径，也是学校道德教育的基本方法。人的任何知识都不可能自发产生，而要依赖灌输，人获得道德知识也是这样的。不仅获得关于“道德是什么”的真理论知识需要灌输，而且获得关于“道德应当是什么”的价值观知识也需要灌输。灌输，是任何课程教学的一般方法论原则，在理解上不应将其与具体性的操作方法混为一谈。“必须灌输”和“怎样灌输”是两个不同的概念。课堂教学的知识性灌输，事实上存在一个“怎样灌输”的问题，这就是灌输在操作上的具体方法，以此来否定“必须灌输”的道德知识教育的途径和方法是错误的。地里的庄稼旱了，需要接受灌溉，这是毋庸置疑的，至于“怎样灌溉”那是具体的操作方法的问题，如果拘泥于“怎样灌溉”的争论而忘记了“必须灌溉”，那就是本末倒置了。课堂教学的具体方法很多，如启发式、互动式、参与式等，其实都是以承认“必须灌输”为前提而采用的具体方法，运用这些具体的操作方法，是为了提高灌输的有效性，而不是要否认灌输本身存在的合理性和必要性。伦理学关于学校道德教育问题的研究，不应当将“必须灌输”与“怎样灌输”混同起来，以“怎样灌输”的意见冲淡和否认“必须灌输”的原则。

（二）活动教育

活动教育是相对于道德课程教育和道德课堂教学而言的，它是以课外活动的方式开展道德教育的一种途径。大体有两种，一种是直接意义上的活动教育，即活动的目的和目标都是从道德教育出发的，内容都直接与道德教育有关，而且一般也都注意采用道德教育的方法。另一种是间接意义上的活动教育，即活动的目的和目标立足于道德教育，但活动的形式却是“娱”和“乐”，此种活动教育就是人们通常所说的“寓教于乐”。中小学青年团和少先队组织开展的丰富多彩的文体活动，一般就属于这类活动教育形式，大学里开展的校园文化建设活动，多数也属于这类活动教育形式。广而言之，一切课程和课堂教学之外的道德教育活动或具有道德教育意义的活动，都可以看做是活动教育。如果说，课程教学主要是灌输道德知识，那么，活动教育则主要是使受教育者在道德品质养成方面得到实际的锻炼，培养他们的道德情感、道德选择的经验和能力，形成良好的道德行为习惯。因此，它的方法多种多样，易于为受教育者所接受。

作为学校道德教育的重要途径和方式，活动教育除了开展各种各样的文体活动以外，还应当广泛开展心理咨询、社会调查和实践活动。在校学生的心理问题，许多与伦理道德方面存在认知缺陷是很有关系的，心理咨询的道德教育意义就在于打通心理与伦理之间的联系，在解决心理问题的同时提升伦理道德方面的认知水平。社会调查和社会实践活动，作为学校道德教育的途径和方法，旨在帮助学生正确了解和认识社会，在伦理道德认知方面建立与社会之间的和谐关系，正确认识社会和自我，增强热爱社会和人民群众的道德情感。在大学思想道德教育活动中，心理咨询和社会调查与实践活动越来越受到大学生的欢迎，伦理学研究对此应当给予应有的关注。

（三）示范教育

所谓示范教育，指的是教育者以身作则、率先垂范所体现的道德教育方式及其所达到的道德教育效果。作为学校道德教育的重要途径，示范教育也是自古以来世界各国学校道德教育推崇的原则和方法。在中国，孔子说的“其身正，不令而行；其身不正，虽令不从”①“君子之德风，小人之德草；草上之风，必偃”②，含有示范教育的意思；西汉扬雄说的“师者，人之模范也”③，直指示范教育是教育者应承担的天职。西方教育伦理思想史上的情况大体也是这样。黑格尔说：“教师是孩子心目中最完美的偶像。”④加里宁说：“教师的世界观，他的品行，他的生活，他对每一

①《论语·子路》。

②《论语·颜渊》。

③《法言·学行》。

④ 转引自王正平：《人民教师的道德修养》，北京：人民教育出版社1985年版，第214页。

个现象的态度，都这样或那样地影响着全体学生……可以大胆地说，如果教师很有威信，那么这个教师的影响就会在某些学生的身上永远留下痕迹。正因为这样，所以一个教师也必须好好地检点自己，他应该感觉到，他的一举一动都处在最严格的监督之下，世界上任何人也没有受着这样严格的监督。孩子几十双眼睛盯着他……”①示范教育，在基础教育阶段显得尤其重要。

示范教育要求教育者必须具有优良的道德品质和高超的教育能力，学会在自己的教育教学的实际活动中，以自己良好的人格形象教育和影响学生。严格说来，不能具备这种示范品质和能力素养的人是不适合从事教师职业的。

第二节　道德修养

人的优良道德品质的养成，不仅需要接受道德教育，而且还需要进行道德修养。道德修养是一种自我道德教育形式，内含两种意思，一是道德上的自我教育活动，二是道德上自我教育活动所达到的水平或境界。因此，所谓道德修养，指的就是人们在道德品质方面的自我教育、自我锻炼的过程以及这种过程所达到的境界。

一、道德修养的实质及其意义

道德修养的实质，是将社会所提倡的道德价值观念和行为准则转化为个体内在的道德素质。这种转化，是个体实行道德社会化的过程，也反映了个体道德社会化的程度，因此它是一个人道德上走向成熟，形成良好的道德品质的必经之途。人的社会化过程及其程度，无疑应当包含道德社会化的过程和水准。

① [苏]加里宁：《论共产主义教育和教学　1924—1945年论文和讲演集》，陈昌浩、沈颖译，北京：人民教育出版社1957年版，第177页。

道德修养必须以道德教育为前提，但与道德教育相比却显得更为重要。道德教育所传递的一切道德价值观念和行为知识只有通过自我教育、自我锻炼，才能转化为个人的道德品质，发挥社会道德的应有功能。道德建设的终极目标，是建立适宜于当时代社会发展进步的客观要求的伦理关系，建立这种关系依靠个体将社会之“道”转化为个人之“德”，使人形成良好的道德品质，这种转化过程也就是道德修养的过程。从这点看，没有道德修养，道德作为一种社会意识形态和价值形态实际上就失去了它存在的意义，社会也就不可能建成合乎其发展和进步客观要求的伦理关系和秩序。从这点看，道德修养是道德建设的基础工程，也是道德建设的关键所在。

道德修养作为自我道德教育形式，贵在自觉，依靠人的自觉意识和态度，同时又能培养人的自觉意识和精神，两者是一种互动的过程。一个人如果能够注意自觉地进行道德修养，那么，他在进行道德修养的过程中也就能够逐渐形成一种自觉性，不仅会自觉地践履社会提倡的道德标准，而且会自觉地做好自己面对的人生课题。

道德修养，是检验社会提倡的道德价值观念和行为准则是否科学即是否合乎社会发展与进步的客观要求的一种途径。一般说来，社会提倡的道德如果是合乎社会发展与进步的客观要求的，就能够为绝大多数成员所理解和接受，就能够在道德教育的引领之下通过道德修养环节转化为自己的品德，反之则不然，这是一种规律。道德建设的设计者和领导者、道德教育工作者和伦理学的研究人员应当懂得，通过道德教育等各种途径传播的道德价值观念和行为准则如果久久不能为大多数成员所理解和接受，那就应当反思一下所提倡的这些社会道德是否存在需要检讨的真理性的问题，而不能抱怨社会成员落后，盲目地加强道德教育，试图以此来解决人们的道德品质方面存在的问题。

在道德建设中，道德修养也是防止道德教育中一切形式主义和虚妄作风的重要途径。一个社会倡导和要求人们自觉进行道德修养，不仅是为了促使人们形成良好的道德品质，也是为了防止和抵制道德教育形式主义和虚妄作风。中国是一个重视道德教化的国家，但是在道德教育和提倡上也存在一些不好的做法，如搞表层道德文化形式，对于启发和引导人们自觉地进行道德修养重视不够。这样的道德教育，不仅无益于道德进步，反而往往给沽名钓誉者以可乘之机。评判一个社会（社区、单位）道德建设的成效，主要应是看其成员的道德修养的自觉性及由此形成的良好的道德品质，以及在此基础上形成的良好的伦理关系，而不是看其写在纸上和贴在墙上的表层文化形式的“成绩”。

二、道德修养的内容

道德修养的内容，可以从不同的角度进行分析和阐述。从道德品质的内在结构来分析，道德修养的内容可以划分为如下几个方面。

（一）道德意识的修养

道德意识的修养，是整个道德修养的基础。

在人的品质结构中，道德意识是由道德认识和道德情感构成的。道德认识是人的道德品质的基础，它是人获得道德知识的过程和结果。人获得道德知识的途径有两种，一种是如上所述，以道德教育为前提条件，通过道德教育获得道德知识；另一种是自修或自习，即通过自己学习的方式获得道德知识。道德认识修养的目的是知道“什么是道德”，在知性的意义上了解和掌握是非善恶的道德标准。

道德情感是人的道德意识乃至整个道德品质结构中最为活跃的因素，是建构道德认识和道德行为之间的逻辑关系的中间环节，也是主体选择和实现道德价值的关键环节。没有道德情感，人就不可能有对向善避恶、扬善驱恶的思考、追问和付诸实际的行动。一个人如果知道什么是道德、掌握了是非善恶的道德标准，甚至可以因此而夸夸其谈，却在需要将此付之行动时采取无动于衷的态度，是缺乏道德情感的表现。道德情感的培养，是主体在获得道德知识并形成道德认识的前提下经过内心体验的结晶，这种体验就是关于道德情感的修养。人的道德情感的形成，更依赖于自觉的道德修养过程。

作为人的道德品质的一种修养境界，正常的道德情感应具备两个基本特性，一是丰富，二是稳定。丰富，指的是喜、怒、哀、乐、憎等各种情感都具备，结构合理，而且发展水平达到正常值。也就是说，要喜、怒、哀、乐、憎分明，表达方式得当，该喜则喜，该怒则怒，如此等等，不可“喜怒无常”。稳定，是一种时间概念，指的是喜、怒、哀、乐、憎等各种情感能够长期保持发展水平的正常值和合理的结构。一个具有良好的道德品质的人，应当具备丰富、稳定的道德情感，它的培养需要一个长期的修养过程。

（二）道德意志的修养

道德意志是道德品质结构的特殊层次，表现为一种坚定性和坚持精神，在日常生活中人们通常用恒心、决心等之类的词语来表达它。意志，属于多学科的对象和范畴，作为伦理学的对象和范畴的意志即道德意志，特指人的道德情操或节操。节，有节制、气节之意；操，有操行、操守的意思；节操，通常是指一个人在政治人格和道德人格方面所表现出来的坚定性和坚持精神。孟子推崇的“富贵不能淫，贫贱不能移，威武不能屈”[①]的“大丈夫”精神，陶行知说的“富贵不能淫，贫贱不能移，威武不能屈，美人不动心”的气概和骨气，夏明翰说的“砍头不要紧，只要主义真”，是政治人格意义上的节操。革命先驱者李大钊说的“宁可断头流血，决不出卖灵魂”，既是政治人格意义上的节操，也是道德人格意义上的节操。在中国伦理思想史上，节操也称德操，荀子说：“生乎由是，死乎由是，夫是之谓德操。”[②]在日常用语中，节操一般与气节、志气、骨气的意思相通。我国古代有“渴死不饮盗泉之水，饿死不食嗟来之食”“不为五斗米折腰”之类的美谈，也属于节操范畴。改革开放以来，在神州大

①《孟子·滕文公下》。

②《荀子·劝学》。

地上发生了许多为恪守良心、维护自己人格和民族尊严而不怕丢掉自家饭碗的事情，如曾在珠海市打工的青年农民孙天帅宁愿被“炒鱿鱼”也不向洋老板下跪、上海市柳女士为不卖假货而自动失业、天津市四青年为拒绝编制不良软件而集体辞职，[①]等等，都是重视节操的典型。

道德意志是道德品质结构中最稳定的部分，它的形成表明人的特定的道德品质的形成，同时也以“一贯性”的特点充当人的道德品质是否优良的衡量标尺。一个人可能一时行善，也可能一时作恶，人们可以对其行为作出或善或恶的评价，但一般都不能据此评价其道德品质是否良好，惟有观其是否时常行善或时常作恶，才能看出其道德品质是否良好，之所以应作如是观就是因为这种“一贯性”所体现的是人的道德意志品质。道德意志作为道德品质结构中最为稳定的部分，因其价值内涵和趋向的属性不同而存在优良与否之别，俗语说的“江山易改，本性难移”，说的是不良道德意志的特性。道德意志的修养，旨在培养优良的道德意志品质。

优良的道德意志的形成，是在道德认识和情感的长期支配下，坚持躬行实践的结果。

（三）道德行为的修养

道德行为的修养是为了养成良好的道德行为习惯。人的道德品质结构可以划分为主观与客观两部分，主观部分即道德认识、道德情感和道德意志，客观部分就是道德行为，一般来说它是主观见之于客观的表现。

主观见之于客观的道德行为，有两种不同的情况。第一种是出于自觉的选择，亦即出于善良的动机和愿望的选择，它以正确的道德认识和爱憎分明的道德情感为基础，与坚定的道德意志直接相联系。第二种恰恰相反，是出于不自觉的选择，或者是“随大流”，或者是“做样子”，但其行为的结果却是善的。在道德行为修养的过程中，虽然第一种情况更有助于形成良好的行为习惯，但是，第二种情况对于人们形成良好的行为习惯的作用也是不应低估的。一个人只要坚持选择善行，就可能会形成良好的行

① 参见《解放日报》1996年10月9日。

为习惯，最终形成良好的道德品质，此即所谓“积善成德”，也是道德行为修养的一种规律。

在许多情况下，人的道德行为修养与人的道德经验的积累很有关系。相对于道德知识和道德认识而言，道德经验属于感性的道德知识范畴，它是人们在日常生活处理实际的利益关系中逐步积累起来的。有个故事说，有个人不知道天堂和地狱的差别，天使便领着他分别到天堂和地狱看了下。在地狱里，他看到一口大锅里盛满食物，锅边围着一圈人，每人拿着长柄勺，但都吃不到食物，因为他们只是给自己盛食物却怎么也吃不着，饿得面黄肌瘦，而天堂里的情况恰恰相反，每人都给别人盛食物，因为“我为人人，所以人人为我”，大家都吃着了。这个故事在实际的道德生活中其实是不可能存在的，人们完全可以凭借经验来处理利益关系，实现各得其所，将“长柄勺”截为“短柄勺”就可以了。实际上，许多人的良好的道德品质的养成，凭的就是这种行为的经验积累而成的。

三、道德修养的途径与方法

道德修养作为人在道德上的自我教育方式，客观上也有一个途径与方法的问题。

（一）学习与实践

这里的学习指的是关于道德的自学。一是要学习道德教育文本的道德知识，这对于在校学生特别是大学生来说尤其重要。学生要通过自学消化和领会道德教育中所灌输的道德知识，将其转变为自己的道德认识，同时还应当围绕道德教育的文本扩大阅读范围，以丰富和扩充自己的道德知识结构。道德学习的主要目的，不是考试，而是获得和积累道德知识，为形成良好的道德品质奠定知识理性基础，教育者和受教育者都应当注意这一点。二是学习有益的道德经验。人们生活在经验世界之中一般都会以经验的方式面对经验世界，但人们往往不能感知经验的意义。道德经验，是处置各种利益关系的能力和习惯，有益的道德经验就是一种有益的能力和习惯，它是优良的道德品质的表现。学习和吸收别人有益的道德经验，是进行自我修养的重要途径和方法，它以“像他那样”的思维和行为方式指导自己的行动，久之自然会有助于良好的道德品质的形成。三是向道德榜样学习。这种学习也要提倡“像他那样”的态度，但实际上与学习有益的道德经验有所不同。如果说，学习他人有益的道德经验主要是锻炼和培养处置利益关系的行为能力，形成良好的行为习惯的话，那么向道德榜样学习则是为了提升道德品质，属于道德修养上的高标准要求的范畴。

实践，这里指的是践履社会提倡的道德标准，虽然与道德行为有联系，但是不可将其等同于道德行为。前者泛指一切具有道德倾向或道德意义的活动，包括认真学习和爱岗敬业，形式上既有个体的也有集体或群体的；而后者，则特指个体具有明确的道德价值取向的道德价值选择和实现的行为方式。与道德修养相关的道德实践，是个体道德行为选择和价值实现意义上的。道德实践贵在躬行，躬行贵在坚持。躬行，强调的是选择和实现道德价值行为的态度要虔诚、认真，不敷衍塞责，能够如此坚持下去既能够充分实现所选择的道德行为的价值，又有助于人形成良好的道德品质。毛泽东在中共中央庆祝吴玉章60寿辰大会上的祝词中说：“一个人做点好事并不难，难的是一辈子做好事，不做坏事，一贯地有益于广大群众，一贯地有益于青年，一贯地有益于革命，艰苦奋斗几十年如一日，这才是最难最难的啊。”[①]从道德修养的角度看，毛泽东在这里所说的就是躬行实践的重要性。

（二）迁善与改过

迁善改过，是中国古人倡导的修身之道。朱熹在主持白鹿洞书院期间曾为学子制订过《白鹿书院揭示》，提及一“目”（“五教之目”）和三“要”（“修身之要”“处事之要”“接物之要”），其中“修身之要”是鞭笞学子修身养性的思想和行动准则：“言忠信，行笃敬，惩忿窒欲，迁善

① 《毛泽东文集》第2卷，北京：人民出版社1993年版，第261—262页。

改过。”[1]所谓迁善，就是自觉地向善者看齐；改过，就是自觉地纠正过错。孔子主张：“见贤思齐焉，见不贤而内自省也。”[2]他曾大发这样的感慨：“已矣乎！吾未见能见其过而内自讼者也。”[3]他所说的“思齐”就是迁善，“自省”和“自讼”就是为了改过而进行的自我反思和自我批评。

改过，在道德修养中有特殊意义。人之为人孰能无过，有过能改则为有道德，坚持改过就能形成良好的道德品质。因此，不能以是否有过或曾有过来评判人的道德品质是否良好。一般说来，人之所以会出现道德上的过错，是因为人在名、利、权、势、色的问题上存有“过分之欲”。在现实生活中，人的名、利、权、势、色之欲本是无可厚非的，道德在某种意义上正是为了张扬和维护正当的名、利、权、势、色之欲的。但是，在有些情况下，人的这些欲望会膨胀，发展成为“过分之欲”，在社会处于变革、价值观念紊乱时期尤其会这样。“过分之欲”的危害在于诱导人犯过，侵害他人的正当欲望和社会集体的正当利益，因此，勇于改过是必要的，以勇于改过而修身更显得必要。

（三）慎独与慎始

《礼记·中庸》说：“君子戒慎乎其所不睹，恐惧乎其所不闻，莫见乎隐，莫显乎微，故君子慎其独也。”所谓慎独，是指个人在独处即在别人看不见、听不到的时候，能够高度警惕自己，自觉地按照社会倡导和推行的道德标准行事而不做坏事。慎独作为一种自觉进想道德修养的方法，实行的是自我监督、自我约束。大凡道德上不求上进或堕落的人都与做坏事有关，而坏事一般都是在一人独处、无他人监督的情况下做的，真正合伙干坏事的情况很少。从一些知法犯法、违法犯罪的案件看，当事人走进这种泥潭，也基本上是一人所为。它说明，一个人在独处的时候，如果没有强烈的自我监督、自我约束的意识，就很可能放弃社会道德标准去做坏

① 转引自陈正夫、何植靖:《朱熹评传》,南昌:江西人民出版社1984版,第131页。

②《论语·里仁》。

③《论语·公冶长》。

事。在一些不良的环境中，慎独的主张强调的实际上也是一种“自我防范”，提醒和约束自己不要与坏人为伍，不要接触坏事。当代中国正处在深化改革和大力发展社会主义市场经济的变革时期，各种成功的机会很多，但如果缺乏自律意识和精神，各种堕落的机会也很多，因此强调把慎独作为一种道德修身的方法是很重要的。慎独，也是一种道德境界，一个人能够做到慎独，就表明他在任何时候都能够经得起各种诱惑和考验，他的道德意志品质是很坚定的，人格是健康的，乃至高尚的。

慎独作为道德修养的方法，还特别要求注意防止“一念之差”。世界上真正坚持做坏事、“坏透了顶”的人是很少的，即使是在违法犯罪的人当中，真正的“惯犯”也不多见。大多数道德上有问题乃至违法犯罪的人，都是因“一念之差”造成或是从“一念之差”开始的。而“一念之差”的情况，一般都是在一人独处、无人监督的情况下出现的。从这点看，要做到慎独，就要坚决抵制“一念之差”，“莫以恶小而为之”。

与慎独相关的修身方法，还有慎始。《左传·襄公二十五年》有“慎始而敬终，终以不困”的记述，说的就是慎始。顾名思义，慎始主张的是凡事要有良好的开端，做到防微杜渐。这可以从两个层面来理解，一是从一生的发展过程和阶段来理解，强调的是要慎重地对待人生的起点和每个阶段所面临的人生课题，有一个良好的开端，不至于在此后的人生发展中陷入被动，留下遗憾。二是从做一件事情的角度来理解，强调的是做每一件事情都要有一个正确、良好的开端，防止出现一失足而成千古恨的事情。

道德修养是一种严格自我要求的过程及由此达到的道德境界。在激烈的社会竞争中，慎始往往会给他者一个良好的“第一印象”，赢得竞争获胜的机会。这表明，慎始的道德境界也是一种“人力资本”。对于求职的人来说，注意慎始、具备慎始品格有着特殊的意义。他们每到一个新的工作岗位，工作上应当从学会做好第一件事开始，学习上从学人家的长处开始，生活上要从简便、不求奢侈开始，思想道德方面的锻炼成长要从严格要求自己开始，如此等等。如果遇到困难或挫折，甚至犯了错误，就应当认真克服，认真改正，并且要从克服第一个困难或挫折、改正第一个错误做起，从总结第一次经验、吸取第一次教训做起。这样积少成多、积善成德，就会不断进步，不断走向成功，因为能慎始者一般就能善终。

第三节　道德评价

道德评价是重要的社会道德活动之一，其社会职能总的来说是扬善惩恶。中国以往的伦理学一般只是在道德行为选择的意义上研究道德评价问题，这是以社会为本位的评价观念的产物，在发展市场经济和建设民主政治的历史条件下显然是不够的。道德作为一种特殊的社会意识形态和价值形态，是依靠社会舆论、传统习惯和人们的内心信念来评价和维系的，没有评价也就没有道德。道德的生存方式犹如鱼与水的关系，离开道德评价也就无所谓道德。

一、道德评价及其领域

在伦理学的知识体系中，道德评价是一种集合性的概念，指的是人们依据一定的传统道德观念和现实社会提倡的道德标准，对社会道德现象包括道德评价本身进行是非善恶判断，表明褒贬态度的活动。道德评价，是关于道德价值和意义的评价。

道德评价在总体上可以划分为是非评价和善恶评价两个领域，两者之间存在差别又相互联系。关于道德是非的评价，评价的是道德的真理性问题，一般是针对社会默许和提倡的道德价值观念与行为准则而言的。一个社会默许和提倡的道德价值观念与行为准则总是包含传统与现代两个部分，这两个部分是否适应当时代社会发展对道德建设提出的要求，属于道德的真理观范畴，客观上存在一种是与非的问题，即是否具有真理性或在多大程度上具有真理性的问题，具有真理性在道德提倡中就能够实现，反之就难以实现，因此进行真理观意义上的“是”与“非”的评价是十分必要的。在这个问题上，应当注意的是，不能以为凡是社会默许和提倡的道德价值观念和行为准则就一定是真理，一定是“是”，即使在道德建设中不能取得广泛的共识、不能显现其“实践理性”，也想不到给以评价，加以研究和调整。关于道德是非的评价，在道德价值观念和行为准则存在“是非不明”的情况下会涉及人的行为选择，其评价用语通常是“对”或“错”，虽不直接涉及“是”与“非”，但实际上是在评价行为选择的真理性问题。

道德效果的评价主要有两个领域：关于社会道德活动效果的评价和关于个体道德行为效果的评价。关于社会道德活动效果的评价，又可以划分为两个具体领域，一是社会提倡的道德观念和行为准则。这方面的评价与上述的是非评价是相联系的，社会提倡的道德观念和行为准则是否合乎社会发展对道德建设提出的要求，其“是”与“非”的问题即真理性问题评判，是需要经由社会道德活动效果的调研的。二是社会组织开展的公益性道德活动。社会组织有广义与狭义之分，广义的社会组织泛指一切以社会的名义或具有社会名义性质的组织；狭义的社会组织特指具有一定的机构和工作人员的组织，如政党和政府的部门、社团组织、学校和职业单位等。社会组织开展的公益性的道德活动，客观上存在有没有道德效果或道德效果的大小问题，这是不言而喻的。对其进行道德评价，不仅有助于发掘和张扬道德活动所包含的道德价值与意义，提高人的道德觉悟，改良社会风气，而且有助于揭示和改正道德活动的缺陷，防止和抵制道德活动的形式主义和虚妄作风，为调整社会提倡的道德观念和行为准则，使之合乎真理性要求提供客观根据。

所谓道德行为，指的是在一定的道德意识的支配下表现出来的有利或有害于他人和社会的行为。道德行为是评价人的道德品质的主要指标。在人的道德品质结构中，道德行为是最有价值、最需要引起人们高度重视的部分，因为它使道德品质的价值可能转化为价值事实。关于个体道德行为的评价，是一个复杂的评价领域，涉及诸方面的理论问题。

其一，道德行为总是与特定的利益关系相联系，具有善或者恶的价值倾向。一个人，当其与他人（包括家庭成员）或集体构成某种利益关系的时候，他在这种利益关系中的行为就具有善或恶的倾向，就属于道德行为。从一定的利益考虑出发，在行为中调整某种利益关系，追求某种利益的实现，是一切道德行为的基本特点。

其二，道德行为具有多样性。道德的广泛渗透性特点决定了道德行为都不可能是“纯粹”的，它渗透在其他行为之中、以其他行为的方式表现出来，所以并不存在“纯粹”意义上的道德行为。如评价一个售货员的职业道德行为是否遵循买卖公平、等价交换这类职业道德准则，就是要看他的职业行为是否合乎执业操作规程，舍此便无法评判。道德的广泛渗透性特点使得道德行为选择只有两种情况——道德的选择和不道德的选择，一般不存在既不是道德的选择又不是不道德的选择的“第三种路线”。

其三，道德行为都是选择的结果，而主体在选择某种道德行为的时候都不可能是盲目的，总是要受一定的道德意识——动机和目的支配，从这点看，人对自己的道德行为的不良后果都应当承担道德责任，受到社会舆论和自己良心的谴责。但是，道德行为在其实施过程中一般都会遇到一些复杂的情况，甚至是很复杂的情况，致使善良的动机和目的不一定就有好的效果，或者出现道德悖论的现象，从而使得道德评价呈现复杂的情况。

其四，正因如此，关于个体道德行为的评价不能偏重于动机，也不能偏重于效果。在这个问题上，以往的伦理学一般都注重动机与效果相统一的理论分析，主张对个人道德行为的评价要把动机与效果统一起来。这实际上是很难做到的，因为从动机和目的出发到结果之间的行为过程的复杂情况，一般都不可能真正实现动机和效果之间的统一。这就使得个体的道德行为选择和实施客观上存在一个如何认识和把握自由与必然的关系问题，即“自由度”的问题，不同的选择对象有不同的“自由度”，不同的选择方式也有不同的“自由度”。对此，在关于个体道德行为的评价中，同样应当加以注意。

在实际的道德评价中，应当始终注意把关于道德是非与善恶的评价结合起来，在实践的意义上促使道德观念、道德准则、道德活动、道德行为的有机统一。

二、道德评价的标准与范畴

道德评价的标准，总的来说是现实社会提倡的道德观念和行为准则，当代中国道德评价的标准就是社会主义的道德原则和规范体系，与之相一致或相符合，就为是、为善，反之则为非、为恶。

道德评价的标准既是具体的，又是抽象的。具体，指的是可以直接用来评判是非善恶的一定的道德观念和行为准则，如团结友善、敬业奉献、勤俭自强、服务群众等。抽象，指的是用来进行评判是非善恶的道德观念和行为准则，同时是需要加以理解和说明的道德要求，难以像使用尺子那样直接用来度量。所以，在有些道德评价的活动中，人们使用逻辑判断的程式应当注意把“评判”与“评论”结合起来，使道德评价既是“评判”的，也是“评论”的，不应简单机械地发表是非善恶的评价意见。

道德评价的标准既是清晰的，又是模糊的。因为清晰，所以易于操作，如在家庭生活领域，家庭成员是否遵守了家庭道德规范，可以根据具体的家庭道德规范看得出来；在公共生活领域，一个人是否遵纪守法、爱护公物，也可以一目了然；在生产经营领域，职业部门和从业人员是否遵守相关的职业道德规范，人们在评价中几乎可以“对号入座”。但是从另一方面看，关于这些领域和对象的评价标准又具有模糊性的特点，在家庭生活领域究竟怎样做才算尊老爱幼、男女平等、勤俭持家，在公共生活领域究竟怎样做才算爱护公物、保护环境，在职业活动中究竟怎样做才算爱岗敬业、奉献社会，如此等等，并不是那么清晰，操作上具有某些不确定性。其所以如此，概言之是因为道德评价标准一般同时内含驱恶扬善的两种价值趋向，从驱恶的趋向看是清晰的，从扬善的趋向看则是模糊的。如爱护公物，相对于破坏公物而言其作为评价标准是清晰的，只要不破坏公物就为善，相对于“爱护”的要求而言其作为评价标准就显得模糊了，因为“爱护”作为一种善举是无止境的。

道德评价的标准既是现实的，又是历史的。这是因为，在任何历史时代，社会提倡的道德观念和行为标准体系，都是在传承传统道德的基础上依据现实社会发展对道德建设的要求而构建的。所以，运用道德标准进行道德评价，既不可拘泥于历史传统而无视现实需要，也不可片面强调现实需要而丢弃历史传统，正确的态度应当是把两者有机地统一起来。当代中国正在深入推进改革开放和发展社会主义市场经济，人们在进行道德评价的过程中，应当注意在中华民族传统道德主张的“推己及人”和现实社会呼唤的公平正义相统一的意义上来理解和把握道德评价的标准，统一的方法论原则就是要用社会主义公平正义的观念和标准，对“推己及人”作出新的解释。

道德评价需要运用一系列的伦理学范畴，它们以构成特定的对应关系的方式成为道德评价的伦理学话语，虽然本身不是道德标准，但却是道德评价的核心概念。在传统与现实相统一的意义上，中国人进行道德评价一般使用三对基本范畴，这就是：义务与权利、荣誉与耻辱、快乐与痛苦。

（一）道德义务与道德权利

义务，属于多学科的范畴，简言之就是应尽的责任，道德义务就是道德上应尽的道德责任。与其他义务一样，道德义务历来都是客观的，因为“作为确定的人，现实的人，你就有规定，就有使命，就有任务，至于你是否意识到这一点，那都是无所谓的。这个任务是由于你的需要及其与现存世界的联系而产生的。”[①]就是说，道德义务是不依人的愿望为转移的。人与人相比较不存在有没有道德义务的问题，只存在道德义务和责任的多或少、对承担的道德义务和责任有没有自觉意识的问题，也就是有没有应有的义务感和责任心的问题。道德义务，随着主体的社会角色的转换而表现出多样性的特点。一个人在家庭生活中，可能是孩子，同时也可能是丈夫或妻子、父亲或母亲，在传统家庭中还可能同时是哥哥或弟弟、姐姐或

① 《马克思恩格斯全集》第3卷，北京：人民出版社1960年版，第329页。

妹妹；而在亲戚关系中，还可能同时是什么表亲之类的角色，如此等等。那么，作为孩子就相应地承担孝敬父母的道德义务，作为配偶就要承担相敬如宾的妻子或丈夫的道德义务，作为父母承担抚养和教育孩子的道德义务，以及承担“情同手足”的哥哥或弟弟、姐姐或妹妹的道德义务，如此等等。再比如在校读书期间，一个人相对于老师来说是学生，同时也是别的学生的同学，是男同学或女同学，是班长或其他什么班干部；而从学缘关系看，还可能既是某些老师的学生，也可能是某些学生的老师。因而要相应承担立志成才、学习成才的义务和责任，互相关心、互相帮助的同学的义务和责任，相互尊重和爱护的男女同学之间的义务和责任，为同学服务的班长或其他什么学生干部的义务和责任，教书育人、为人师表的义务和责任。而当一个人走出校门进入社会生活海洋的时候，他又可能是游客、食客、顾客，也要相应承担一定的义务和责任，如此等等。职业方面的道德义务，是道德义务的最基本也是最重要的义务形式，一个人的道德义务感和责任心主要是通过其对待职业的态度体现出来的。

道德权利，在中国伦理学界是20世纪80年代中期提出来的一个新概念。中国传统伦理思想和传统道德没有道德权利的概念，它是适应中国社会实行改革开放和发展社会主义市场经济的客观需要应运而生的，作为与道德义务相对应的道德评价范畴，反映的是个人在履行某种道德义务之后对相应得到回报、尊重和表彰的要求。在社会主义制度下，一个人出于履行道德义务的善心和善举，应当相应得到他人和社会的回报、尊重或者表彰，这样才有助于道德建设和道德进步。反之，只是号召或要求人们履行自己应当承担的道德义务，而忽视人们相应的道德权利，是不利于社会主义的道德建设和道德进步的。其结果，必然会造成有道德觉悟的人能够自觉地履行自己应尽的道德义务和责任，缺乏道德觉悟的人不能自觉履行道德义务和责任，同时享用着能够自觉履行道德义务和责任的人的“讲道德的成果”，最终也会伤害那些本来能够自觉履行道德义务和责任的人的自尊心和积极性。道德权利及其与道德义务相关性问题的提出，适应了改革开放和发展社会主义市场经济对公平正义的呼唤，是中国伦理学研究的一项重要成果，也是当代中国社会主义道德评价一项重要的创新。

（二）荣誉与耻辱

荣誉与耻辱作为一对道德评价范畴，在中国伦理思想和道德文明发展史上源远流长。前文已经论及，荣誉是来自他人或社会的肯定性的评价，一个人或一个集体（群体）的行为得到他人或社会的肯定性评价也就获得了荣誉。反之，就是耻辱。在道德评价中，他人和社会对荣誉的肯定一般采用的是称赞和表扬的方式，对耻辱的否定一般采用的是指责和批评的方式。正因如此，荣誉往往成为人们直接争取的对象，而耻辱成为人们极力规避的问题，由此而演绎出不同的道德生活方式，以及不同的荣誉感和羞耻感。荣誉感和羞耻感，是人们对荣誉和耻辱的心理体验。一般说来，人都有荣誉感，因而都有对获得荣誉的追求，也都有耻辱感，因而都有规避耻辱的心理倾向。所以，正确运用荣誉和耻辱这对范畴开展道德评价，有助于引导人们扬善避恶，促进人们养成良好的道德品质，推动社会形成良好的道德风尚。然而，值得注意的是，追求荣誉和规避耻辱的心理具有两面性，既可能引导和促进人们选择善心和善举，走向崇高，也可能会诱使人图谋虚荣，以至弄虚作假，违背道德，甚至会违法犯罪。因此，在道德评价的表扬和批评活动中，正确地运用和把握荣誉与耻辱这对范畴，是十分重要的。

（三）快乐与痛苦

快乐与痛苦，中国伦理思想研究至今没有将其作为特定的领域和对象，也没有作为道德评价活动中特定的范畴，这与西方的情况不同。在西方伦理思想史上，自古希腊开始人们就关注快乐与痛苦。以亚里斯提卜为代表的快乐论者认为，追求快乐是人生的目的，而真正的快乐是现实的、眼前的、感性的肉体的快乐；快乐与痛苦又是相伴随的，纯粹的绝对的快乐是没有的，我们在感受快乐的同时其实也在感受痛苦。后来的伊壁鸠鲁发展和完善了早期的快乐论，主张快乐不应是一时的感受，而应当是一生的幸福，快乐的真正意义包含消除痛苦的过程。西方伦理思想史上的快乐与痛苦本身就是道德标准，强调快乐就是善，痛苦就是恶，而不是作为道德评价的一对范畴提出来的。我们在这里提出的作为道德评价范畴的快乐与痛苦，不应与之同日而语。作为道德评价的特定范畴，快乐与痛苦本身不是道德标准，不可直接用来评价对象的善恶与否。什么是快乐，什么是痛苦，都应依据相关的特定的道德标准作出回答。

快乐与痛苦的评价，与关于义务与权利、荣誉与耻辱的评价是密切相关的。反映在特定的主体身上，三者之间的逻辑关系大体上可以表述为：关于义务与权利是评价的前提基础，关于荣誉与耻辱的评价是实质内容，关于快乐与痛苦的评价是最终结果。一个人履行了自己应该履行的道德义务并因此而获得相关道德权利，其行为就会相应受到他人或社会的肯定，他因此而感到快乐，反之就会感到痛苦。

关于快乐与痛苦的道德评价，一般属于自我道德评价，而且多以心理体验的方式表现出来。因道德标准和个人的道德素养不同，快乐与痛苦具有相对性，不同时代的人对快乐与痛苦的体验和感受不一样，同一时代的人们对快乐与痛苦的体验和感受也不一样。从某种意义上说，对快乐和痛苦的体验和感受纯属个人的事情，同样一种人生经历或伦理境遇，在有些人看来是快乐，在另一些人看来却是痛苦，反之亦是。

三、道德评价的机制与途径

道德评价的机制可以从个体机制与社会机制两个角度来分析。个体评价机制是良心，社会评价机制是一种评价系统。

（一）良心及其在道德评价中的作用

良心反映的是特殊的个体的道德评价范畴。所谓良心，指的是人们对自己的道德行为的善与恶进行自我评价的自觉意识和能力。就是说，良心在结构上既是道德行为选择和判断上的自我评价意识，也是道德行为选择和判断上的自我评价能力，是由道德自我意识水平和道德自我评价能力水准这两种因素构成的。它是人在道德上进行自我评价的内在的心理机制。良心是每个人遵循社会道德规则、做有道德的人的内心的“道德法庭”。一个犯有罪错的人，只要良心尚未泯灭，就有改过自新的可能。在这种意义上我们可以说，没有良心就无所谓个体道德。

人的良心是怎么形成的？中外伦理思想史曾有过两种不同的看法。一种认为良心得之于天，是“天意”“天命”的产物，另一种看法认为，良心是人与生俱来的，这两种看法都是不科学的，任何一种良心，任何人的良心，都既不是天生的，也不是自身固有的，而是在后天接受教育的过程中逐步形成的。

良心作为个体道德评价的心理机制，其作用首先体现在对行为选择具有价值导向的作用。当主体面对特定的利益关系情境，需要依据相关的道德标准作出抉择的时候，是从道德义务感和责任心出发择其善者而行之还是无动于衷，起导向作用的是良心。有良心的人，就会作出正确的选择，反之就会若无其事，甚至反其道而行之，以至“丧尽天良”。

其次，良心能够对行为过程起监督作用。人的行为一般有三个环节，即动机、过程、结果或目标。动机和结果或目标有时会不一致，善良的动机有时会没有预想的结果或目标，甚至会出现“事与愿违”的情况，其中的原因就是行为的过程偏离了行为的出发点即行为的动机。偏离的原因，既有客观的因素，也有主观的因素，不论是客观的因素还是主观的因素，都需要进行适时的调整，这对于取得预想的结果，实现预期的目标是至关重要的。这种适时的调整，就是对行为过程的监督，而在其中起着关键作用的就是良心。不难设想，没有良心的人是很难做到这一点的。在有些职业活动领域，特别是执掌人权、物权的职业部门，良心的监督作用显得尤其重要，它时刻提醒从业人员要秉公办事、诚实劳动、恪尽职守，避免发生违背职业道德的不良之举。

最后，良心能够调整人的不良心态。面对纷繁复杂的现实世界，在名、利、权、势、色等的诱惑面前，人的心态有时会失衡，产生“不当之欲”和“非份之想”，做出不当之举，因此人在道德修养方面需要慎独和内省，需要改过，而这些修养的方法都离不开“良心发现”，离不开良心来调整。在良心发现之下调整自己的失衡心态，做到慎独、内省和改过，是人进行道德修养的内在规律。良心还可以调整人的浮躁、空虚、低迷等不良心态，促使主体端正学习和工作态度，焕发和调动学习和工作的积极性。

（二）构建社会评价机制

社会道德评价机制，结构上是社会舆论、相关制度和管理机构构成的有机统一体。通过营造适宜的社会舆论、建立相关制度和管理机构的途径，形成社会道德评价机制，对于加强社会主义道德建设是必要的。

道德是依靠社会舆论、传统习惯和人们的内心信念来评价和维系的，传统习惯其实也是一种社会舆论，或者说社会舆论构成本身就包含传统习惯的因素。社会舆论的存在本身就是一种道德评价的力量，也是道德建设的最为重要的“软环境”，历来以一种“无形的动力”或“无形的压力”形式引导和影响人们的心理，疏导和制约人们的行为。人们内心信念也是在社会舆论潜移默化的影响之中经过道德修养逐渐形成的。改革开放和发展社会主义市场经济需要加强道德建设，加强道德建设需要开展正常的道德评价，开展正常的道德评价需要构建健康、适宜的社会舆论环境。营造健康、适宜的社会舆论是一项系统的社会建设工程，其中最重要的是要抓好国家直管的主流媒体的建设。广播、电影、电视、报刊等主流媒体，凡涉及伦理道德问题都应当坚持正面引导，积极宣传社会提倡和推行的道德价值观念和行为准则。属于“曝光”的反面材料，在舆论导向上也应当引导到正面理解上来，防止产生负面影响。戏曲、音乐、舞蹈、美术、摄影、小说、诗歌、散文、报告文学，特别是网络文化等大众传媒，都应当反映社会主义道德的主导和主流价值观，不能各行其是，不可传播与社会主义伦理道德相违背的低俗的文化价值观。

道德评价的相关制度包含两个方面，一是关于社会舆论的管理制度，二是关于道德提倡的伦理制度。国家和社会的有关部门和团体，应当制定主旨明确而又便于操作的管理制度，对主流媒体和大众传媒实行切实有效的管理。管理社会舆论要严，对有些以传播低俗文化为主、严重影响未成年人健康成长的大众传媒，如街头网吧，在管理和治理无效的情况下应有坚决取缔的制度。伦理制度，是相对于法律规范和道德规范而设置的道德提倡和评价制度，其职能是以强制的方式确认人与人之间及个人与社会集体之间的伦理关系。它对人们的行为的约束和评价，是强制性的手段，却又不是借助国家力量的方式。伦理制度也又不同于一般意义上的管理制度，后者都是因“人性的弱点”而设置的，其立论的解读方式是“不相信人”，核心的价值理念是约束和惩罚。伦理制度的设置无疑也看到了“人性的弱点”，但它同时也肯定人性的价值，不仅看到了人不能自觉践行社会道德的一面，也看到了人能够自觉践行社会道德的一面，因此，其核心的价值理念应既有“惩罚”的一面，也有“鼓励”的一面，真正体现了道德评价扬善惩恶的社会功能。如吸烟有害健康，对谁都有害，有些地方就规定公共场所“不准吸烟”，这是关于社会道德价值观念和行为准则的规定，但是有些人就是不能自觉遵守，于是又规定“违者罚款”，这就是一项保障“不准吸烟”得以实行的惩恶性的伦理制度。再如见义勇为和拾金不昧，是道德规范，有些地方为使之行之有效便设立了“见义勇为”奖和“拾金不昧补偿办法”，对那些见义勇为和拾金不昧的人给予表彰，这就是一种扬善性的伦理制度。不难想见，如果没有这类伦理制度所确立的奖惩机制，“见义勇为”“拾金不昧”“不准吸烟”的风尚就不可能真正形成，已经形成的风尚也会渐渐地消退，同时对“见义不为”“拾金有昧”“就是吸烟”者也就无计可施。由此看来，所谓伦理制度，可以被视作为倡导社会道德价值观念和行为准则而制定的扬善惩恶制度，本质上是一种与道德建设密切相关的道德评价和监督机制。

建立当代中国的伦理制度，是一件史无前例的创举。它反映了社会主义社会道德发展与进步的客观需要，在道德建设上体现的是一种与时俱进的社会主义理性。

（三）开展社会道德调查

道德建设作为一项系统的社会精神文明建设工程，应当始终注意社会调查，这既应是道德建设的立足点和出发点，也应是道德评价的常规工作。

诚然，中国的社会主义道德建设，必须要由相关的领导管理机构发布宏观性的指导意见，要由自中央到地方组织开展各种各样、丰富多彩的道德活动，包括总结道德建设经验，宣传道德建设典型和道德人格榜样。与此同时，还应当注意开展道德调查。所谓道德调查，指的是运用社会调查的方法，对社会道德状况和道德建设的效果进行定量和定性的分析并提出改进措施的社会活动。它既是道德建设的应有之义，也是关于道德建设的评价活动。不难想见，不能开展正常的道德调查，道德建设就难免会出现无的放矢、盲目行动的情况，影响道德建设的实际效果，甚至会使得道德建设走向形式主义，最终动摇人们对道德建设的信心。

道德调查，作为道德评价的一种社会机制和实施途径，应以所有与道德建设相关的道德意识和道德活动现象为对象。在调查内容和价值取向上，既要调查有效果的积极的一面，也要调查没有效果的消极的一面，既要调查认真开展道德建设的地区和部门的先进经验，给予表彰；也要调查对道德建设采取敷衍塞责、弄虚作假的态度的地区和部门，追求他们的道德责任。为此，国家和社会有关部门要相应建立关于道德建设和道德调查的信息库。在这个问题上，伦理学研究应当实行理论创新，探讨和阐明有关道德调查的理论问题，建立有关道德调查的知识体系。

后　记

本书在叙述过程中参考了一些论著的成果，多未加特别说明或注释，在此谨向相关同仁致谢！

本书出版事宜，得到安徽省教育厅、安徽师范大学出版社的大力支持，被列为“安徽省高等学校‘十一五’省级规划教材”；安徽师范大学和安徽省高校人文社会科学重点研究基地安徽师范大学马克思主义研究中心给予出版基金资助；在撰写过程中得到博士生邱杰、王艳、赵冰和硕士生李靖、柏美芝的帮助；在此一并表示感谢！

附录

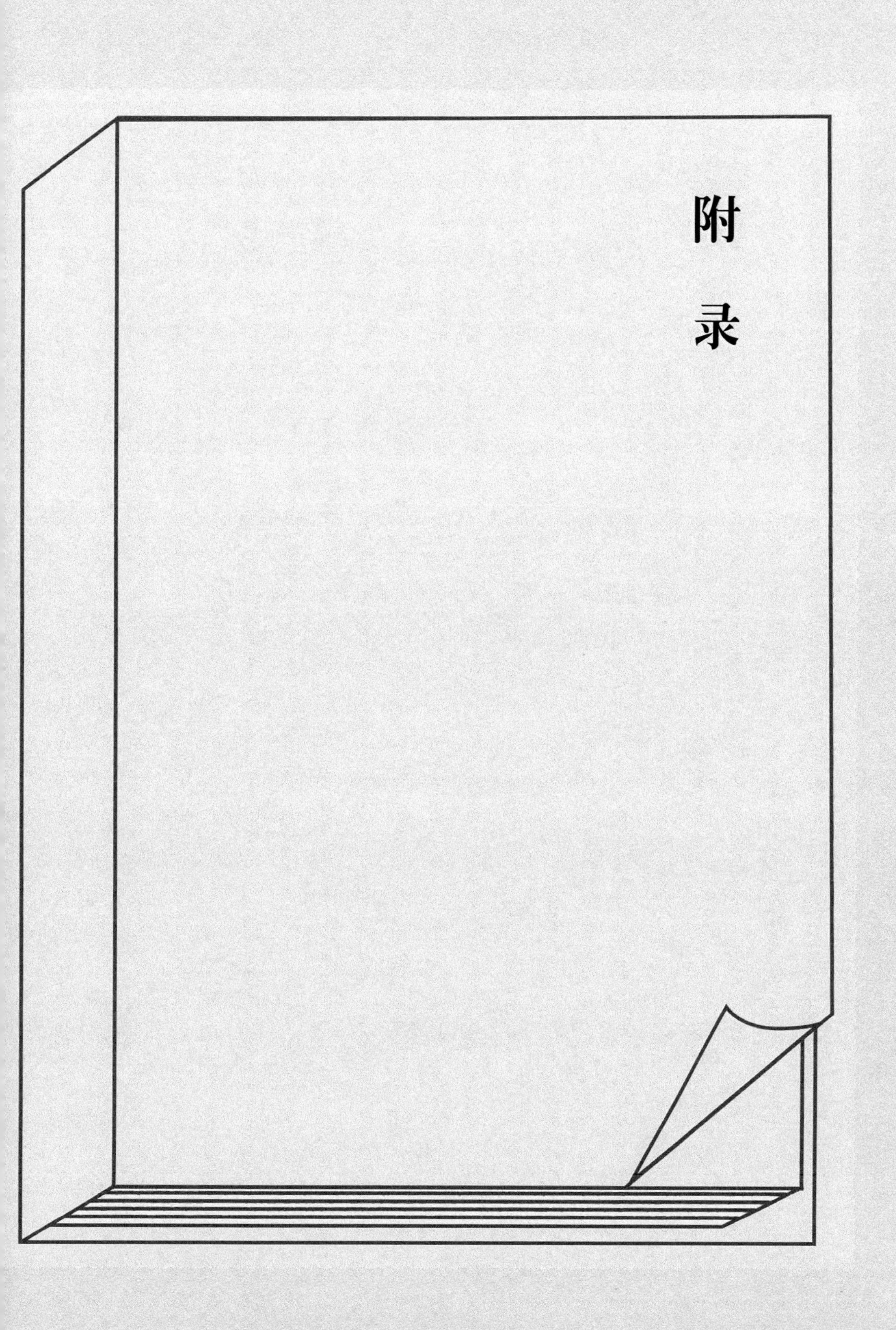

伦理学的对象问题审思*

学界一直以来基于"'伦理就是道德'或'伦理'与'道德'两个概念的含义，大体相近相通，在一定程度上可以互相替代"①的认识，将伦理学的对象归于道德。

在笔者看来，伦理与道德虽然有着内在的逻辑联系，但毕竟是两个不同概念，关涉两种不同的社会精神现象，是不可以、不应当"相互替代"的，更不能以道德"替代"伦理。只把"道德"作为伦理学的对象而舍弃"伦理"，势必会造成伦理学学科体系的结构性缺陷，使之成为"单边体系"或"半截子体系"，而这正是目前伦理学体系普遍流行的"缺陷样态"。这种存在论意义上的结构性缺陷给了我们一种学理性的逻辑警示：科学研究对象之"在者"边界越宽、内容越多，其实质内涵之"在"及其"是"反而会越少，以至于使得整体趋向"无"。

一、澄明伦理与道德及其相互关系是把握伦理学对象的学理前提

伦理与道德是两个有着内在逻辑关联的不同概念，反映两种不同的社会精神现象，唯有分析和厘清两者的内涵及其相互关系，才能真正把握伦

---

* 原载《道德与文明》2015年第2期，中国人民大学书报中心复印资料《伦理学》2015年第6期。

①《伦理学》编写组编：《伦理学》，北京：高等教育出版社2012年版，第2页。

理学对象问题的学理前提。

伦理与道德的区别和联系可以简要表述为：伦理是一种特殊的社会关系，即“思想的社会关系”；道德，不论是“社会之道”的价值规则还是“个人之德”的德性，实质都是一种特殊的社会意识。伦理作为“思想的社会关系”是因由“物质的社会关系”而出现的，道德是因由维护和优化伦理之需而被一定时代的人们创建出来的。

从语言逻辑来看，伦理与道德的这种差别和逻辑关联既可以从《礼记·乐记》和《说文解字》等古籍中找到释义性的词源根据，也可以从亚里士多德在《尼各马科伦理学》中发表的“善既可以用来述说是什么（‘如神和理智’），也可以用来述说性质（‘如德性’），还可以用来述说关系（‘如有用的’）”[①]之类的见解中找到西方古典式的学理解读，更可以从马克思主义经典作家基于唯物史观道德论的著述中得到直接的证明。

马克思和恩格斯曾将社会关系划分为“物质的社会关系”和“思想的社会关系”两种基本类型。后来，列宁在《什么是“人民之友”以及他们如何攻击社会民主党人?》中阐明“自从《资本论》问世以来，唯物主义历史观已经不是假设，而是科学地证明了的原理”[②]之后，又进一步明确指出：“他们的基本思想是把社会关系分成物质的社会关系和思想的社会关系。思想的社会关系不过是物质的社会关系的上层建筑。”[③]伦理之“理”就是“思想的社会关系”的一种普遍形态，它由一定的“物质的社会关系”所决定，同时又以思想观念的价值取向能量深刻地影响和支配着“物质的社会关系”的逻辑程式和实践方式。关于道德，马克思和恩格斯一般是在社会意识形态和“统治阶级思想”的意义上言说的。他们关涉伦理道德的著述，如《共产党宣言》《政治经济学批判序言》《德意志意识形态》《反杜林论》等，主要是创建和阐发历史唯物主义道德论的基本思想，所以并不特别关注道德与伦理的学理界限，也没有注意在学理上将两者合

① [古希腊]亚里士多德：《尼各马科伦理学》，苗力田译，北京：中国人民大学出版社2003年版，第7页。

②《列宁专题文集·论辩证唯物主义和历史唯物主义》，北京：人民出版社2009年版，第163页。

③《列宁专题文集·论辩证唯物主义和历史唯物主义》，北京：人民出版社2009年版，第171页。

乎逻辑地关联起来。

历史唯物主义道德论一反此前唯心史观“逻辑优先”的建构范式，通过对经济“物质关系”的批判揭示其间的“思想关系”本质，在“归根到底”的意义上探寻道德发生和发展的经济根源，从而创建了道德批判与经济批判相统一的建构范式，实现了道德科学理论的历史性变革。在历史唯物主义视野里，经济、伦理、道德三者关系的解读范式应为：一定的经济关系“派生”一定的伦理（关系），一定的伦理（关系）要求一定的道德体系与之相适应。因此，我们只能在“归根到底”的意义上而不能用“直译”的方式理解道德现象与经济关系的关系。否则，越过伦理的“思想的社会关系”这个中间环节，道德的制订和提倡就可能会误入主观主义、绝对主义的歧途，而这正是“左”的思潮盛行的年代留给我们的深刻教训。

概言之，在伦理与道德两者之间，伦理是“体”，道德是“用”。没有伦理之需何来道德之要？

如果仅把道德作为伦理学的对象，那就实在是有些“舍本求末”而使得伦理学缺失学理根基而陷落“不伦不类”的窘境了。当今人类普遍感到“生活在碎片之中”，为“我们的时代是一个强烈地感受到了道德模糊性的时代，给我们提供了以前从未享受过的选择自由，同时也把我们抛入了一种以前从未如此令人烦恼的不确定状态”[①]所困扰。人们“思想关系”上的这种无所适从的失序状态亟待梳理和抚慰。当代伦理学作为一门独立的学科不能不聚焦于伦理。

二、伦理之“理”的根源、样态及其实质内涵

伦理（关系）作为一种“思想的社会关系”，根源于物质形态的经济关系，有着不同的样态，因此有必要探究它的实质内涵。就生成机理而言，伦理（关系）有两种样态：一种是伴随“物质的社会关系”而“自

① [英]齐格蒙特·鲍曼:《生活在碎片之中——论后现代道德》,郁建兴、周俊、周莹译,上海:学林出版社2002年版,第61页。

发”形成的“伦理观念”，具有“自然而然”之必然性的伦理（关系）特质；另一种是依据政治和法制等物质的上层建筑建设之客观要求而建构的伦理（关系），同样具有一种必然性，但不是“自然而然”的必然性，而是“人为使然”的必然性。这种伦理（关系）有三种基本样态：家庭伦理、社会伦理（包含职业伦理和公共生活中的人际伦理）、国家伦理。由此可见，所有物质的社会关系“背后”都存在作为“思想的社会关系”的伦理（关系），它们可能会因为人们“看不见”而被轻视以至于忽视。

恩格斯在说到伦理作为一种“思想的社会关系”时指出：“人们自觉地或不自觉地，归根到底总是从他们阶级地位所依据的实际关系中——从他们进行生产和交换的经济关系中，获得自己的伦理观念。”[①]恩格斯的这个著名论断长期被我国伦理学界坚持历史唯物主义道德论的人们误读和误解，以为“伦理观念”就是“道德观念”，一个社会实行什么样的经济关系就“自然而然”地推行和倡导什么样的道德。这种貌似坚持唯物史观的“直译”的阐释范式，其实恰恰违背了唯物史观的方法论原理。因为它绕开和规避了经济与道德之间存在“思想的社会关系”之伦理（关系）这一最重要的社会关系事实。由此推论，即使视“道德观念”与“伦理观念”的“含义大体相近相通”，也更应在“归根到底”的意义上来解读道德与经济及“竖立其上”的整个上层建筑的关系。

历史证明也是如此。如在自给自足、一家一户搞饭吃的小农经济基础上形成的“各人自扫门前雪，休管他人瓦上霜”之“伦理观念”，本是小农经济社会普遍存在的基本“伦理”——“思想的社会关系”。这种“自然而然”形成的伦理（关系）样态并不能适应“竖立”在小农经济基础上的封建国家的政治和整个社会建设之“大一统”结构模式的客观要求，于是，作为国家意志和社会理性的儒学道德意识形态和价值取向应运而生。再如，在资本主义私有制经济关系中“自然而然”形成的“伦理观念”是“人对人是狼”的伦理（关系），这种伦理（关系）显然是有碍于资本主义国家和社会整体建设与发展的实际需要的，资本主义法制和所谓“合理利

①《马克思恩格斯文集》第9卷，北京：人民出版社2009年版，第99页。

己主义”及人道主义由此而在观念的上层建筑意义上应运而生，并伴以被创造的“上帝为大家”之宗教来梳理人的“心灵秩序”。中国正在大力推进社会主义市场经济体制建设，市场经济的本性是开放的、排他的，不会因为冠之以“社会主义”就自发产生社会主义的伦理（关系）和道德（意识），故而，我们强调要“深入开展爱国主义、集体主义、社会主义教育”，大力倡导和培育社会主义核心价值观。

由此看来，道德之于伦理的生成机理，一方面在于维护和固化直接与经济关系相适应的“伦理观念”形态的基本的“思想关系”，另一方面在于提升和优化“竖立”在经济基础上的政治等上层建筑的国家伦理秩序。后一种生成机理使得道德势必成为一种特殊的社会意识形态和观念的上层建筑，从而具有相左于“伦理观念”的性质。这种理论和实践的逻辑程式，可以从中国优良道德文化传统中看得很清楚。孔子主张“己所不欲，勿施于人”，“己欲立而立人，己欲达而达人”以及“为政以德”，无疑就是相左于“各人自扫门前雪，休管他人瓦上霜”之自私自利的小农“伦理观念”，其伦理和道德的基本立场是维护封建国家和社会的整体利益，故而在西汉被封建统治者推崇至“独尊”的地位，成为影响中华民族精神几千年的主导道德文化。

所以人类有史以来的每一个社会都有两种基本的伦理（关系），也有维护和优化两种伦理（关系）的道德。前一种道德是“广泛性”的道德，与生产经营活动直接相关，与法律规范相协调，为广大民众所必需；后一种道德是“先进性”的道德，为治者所尊崇并致力于践履。

伦理作为一种特殊的“思想的社会关系”，其实质内涵是一种“心灵秩序”，在人与人之间表现为“心照不宣”“同心同德”之类的“默契”，在国家和社会层面则表现为“心心相印”和“齐心协力”的观念认同，以及“民心所向”的社会风尚和风气。伦理（关系）处于常态就产生正能量，展示维护社会的稳定与和谐、推动社会和人发展进步的巨大的精神力量。反之，伦理（关系）失态或变态就会出现负能量，产生“离心离德”“貌合神离”的不正常的社会风气，使得“人心”涣散，社会和人的发展进步失去基本的社会认知基础。当一个社会出现“道德问题”包括当前中国社会出现的“道德领域突出问题”时，应视其本质上并不是道德问题，而是“思想的社会关系”的伦理之“理”出现了“不合理”的问题。正因如此，时下人们多用“人心不古”和“心灵无序”等词语而不是道德评价的标准来描述和评论当前道德领域的突出问题。

历史地看，中国先哲十分重视“人心所向”“人心向背”的问题。在治理国家问题上主张重视政治伦理或政治哲学建设，强调“得人心”对于“得天下” 的极端重要性；在人际伦理建设方面则大力倡导“推己及人”的伦理观念和生存智慧。孔子所说的“己所不欲，勿施于人”，“己欲立而立人，己欲达而达人”以及“为政以德”的主张，本意并非是在阐发什么具体的道德规则和教条，而是强调构建“推己及人”——“将心比心”伦理（关系）的重要性。同样之理，所谓“为政以德，譬如北辰居其所而众星拱之”这种美学形式的描述，不过是要赞美“劳心者”与“劳力者”之间“星星相映”——“心心相印”之政通人和之善的政治伦理（关系）正能量罢了。

三、道德的功能在于维护和优化伦理和谐

不论是哪一种伦理（关系），其价值取向的目标都是和谐。和谐是一种“思想关系”，所指并不是没有差别和矛盾。伦理和谐之目的是在承认存在“伦”的差别乃至矛盾的前提下，使各方观念认同、心灵有序，态度趋向一致，从而形成一种“心心相印”“齐心协力”的“心灵关系”。每个社会维护和优化伦理和谐都是一项系统工程，道德功能不过是其中的一个要素。

有史以来的伦理学著述都会仔细分析和阐述道德的功能，然而多缺失伦理（关系）的立场，避开了道德维护和优化伦理（关系）和谐的功能。实际上，道德功能的取向不在社会，也不在人，而在社会和人所需要的各种“思想关系”，促使社会和人具备尊重他者（他人、集体、社会）的伦理意识和伦理精神，能够彼此善良和善于与他者和谐相处，“心灵有序”

"心心相印"地共生共荣、相得益彰。也就是说，道德是经由维护和优化伦理（关系）而对全社会物质的社会关系包括其他思想的社会关系发生正能量作用的，由此而成为推动社会和人发展进步的最重要的文化软实力。这是道德功能的真谛所在。

道德维护和优化伦理和谐的功能是多方面的。职业道德的功能就是要规约和引导"同事"做到"同心同德"，社会公德的功能就是要规约和引导公众"心照不宣"地遵循公共生活秩序，如此等等。在社会主义制度下，一个人如果缺乏与他者"心心相印""同心同德""齐心协力"共谋发展的伦理精神，只是一味表露自己的高尚而不尊重和关切他者的伦理立场，这种"优良品德"对于维护和优化社会和人的发展进步所必需的"思想关系"或"有序心灵"，究竟能有多大的积极作用呢?"道德人"应首先和同时是"伦理人"，视珍惜和维护伦理和谐为"道德人"的本性。

这里值得注意的是，道德不能凭空发挥功能，就其与伦理的关系而言，它需要以一定的伦理为前提和基础。道德发挥功能的途径、方式和目标不能离开伦理。它借助的传统习惯、社会舆论和内心信念，实质内涵都是"思想的社会关系"，没有这些"心心相印"的社会认同和默契，道德发挥功能也就无从谈起。由此看来，道德发挥维护和优化伦理功能与伦理支持道德发挥功能，本是一个相辅相成、相得益彰的过程。

如此来理解和把握道德功能的真谛，对于伦理学提出培养和评价人的优良道德品质的目标和标准，也是具有学理性的启发意义的。优良道德品质本是一种历史范畴，不同时代有不同的标准，同一时代不同时期的标准也可能会有所不同。但是优良道德品质在任何时代都已或应隐含一种最为重要的德性元素，这就是：具备重视和善于同他者（包括社会集体）"心心相印""同心同德""齐心协力"共谋发展的思想观念和实际能力。在践行人民当家作主、大力倡导和谐、平等、公正、诚信、友善等社会主义核心价值观的历史进程中，这种优良品德元素更是不可或缺的。

四、伦理学应以伦理与道德及其相互关系为对象

由以上分析可以看出，如果把伦理学的对象仅归结为道德，那就是在“思想的社会关系”这种最广泛最重要的社会资源上，丢掉了伦理学存在论的学理基础，易使道德这种特殊的社会意识形态成为主观主义、绝对主义的“特殊”教条和说辞。其在道德建设上的危害性可以一言以蔽之：诱发“讲道德”的表面化和形式主义，营造虚空的社会道德进步假象。如此建构的伦理学体系易于成为伦理学家们的“精神家园”，却难于真正促进社会和人的道德发展与进步。伦理学应以伦理与道德及其相互关系为自己的研究对象。

为此，需要丰富和发展伦理学的基本原理。面对当今之世存在的“人心不古”和“心灵无序”的伦理（关系）缺失问题，伦理学基本原理要观照人们对伦理（关系）问题的普遍关切。历史地看，人类的伦理思想发端于社会关系特别是“思想关系”发生“分崩离析”的变革年代，一开始便显露出其关切社会和人生问题的情怀，彰显“第一智慧”的样态。

伦理学是人文社会科学家族中最古老的学科之一，其著述在数千年的发展演变中浩如烟海，学科范式也跟随社会变迁几经转换，其间的进步自不待说。当今的伦理学体系早已超越《论语》和《尼各马科伦理学》。但是《论语》和《尼各马科伦理学》的问世作为伦理思想史上原创性的重大事件，对于当今伦理学学科建设与发展的“解释学意义”并没有过时。伽达默尔说：“历史理解的真正对象不是事件，而是事件的‘意义’。”[①]在他看来，历史不是已经过去的事件，而是一种“不断产生效果”的发展过程，后人理解历史事件特别是重大事件，不是要去做一种复原性的注解工作，而是应该去关注历史事件对于当今的意义，真正把握“效果历史”。

近现代以来的著述家们，包括刷新孔孟儒学、程朱理学和现代新儒

① [德]伽达默尔：《真理与方法——哲学诠释学的基本特征（上卷）》，洪汉鼎译，上海：上海译文出版社1992年版，第422页。

家、试图恢复亚里士多德德性主义伦理学的学者们，多自觉或不自觉地基于“伦理就是道德”的逻辑前提津津乐道于各自的发现和发明，却忽视或很少仔细分析在“轴心时代”的先哲们那里，伦理学的对象是否包含伦理与道德，或是否立足于伦理（关系）来分析“善”的问题，进而才言说道德的。实际情况是，那些开创伦理思维的先哲们多是关注伦理与道德的区别，并将伦理（关系）之“善”作为提出道德要求的逻辑根据。孔孟儒学的“人性善”说其实就是“人心善”说，谈的是作为伦理范畴的“人心”问题，并非作为一般哲学范畴的“人性”问题。孟子所谓人的“四端”说则干脆把人皆有之因而心心相印的“善心”——“善端”，看成是仁义礼智信等道德规则赖以发生的根基。再如亚里士多德，他在《尼各马科伦理学》中分析和论证“善”时所说的“关系（‘有用的’）”无疑也包括伦理（关系）应有状态，因为伦理“关系”实在是很“有用的”！可以说，中外伦理学先哲们所谈论的“人性善”和“善”，主要是为了在“思想的社会关系”之伦理（关系）意义上，为道德何以必要和可能寻找逻辑根据，而不是为了论证道德的“根源”或“起源”，因此也就不存在有悖唯物史观的所谓“历史局限性”问题。[①]传承先哲关怀“思想关系”的伦理思维范式，应是当今伦理学的责任。

在历史唯物主义视野里，伦理与道德的根源或“起源”只在经济关系，伦理学基本原理的理论向度和样态至少应当能够说明三个基本问题。其一，分析和阐明一定的经济关系“自然而然”地“派生”作为“思想的社会关系”的伦理（关系），说明这种关系形成的必然性和普遍性。其二，梳理和说明伦理（关系）的本质特性、样态、实质内涵、功能及其获得维护的社会机理与机制。伦理学自然要研究道德，但应因伦理而研究，在研

① 什么是“善”或“善是什么”，一直以来有争论。但是，“善”究竟是属于伦理（关系）范畴还是属于道德（意识）范畴，或属于两者的共有范畴，多没有引起伦理学著述家们的认真关注，这或许正是引起“善是什么”之争论的根本性学理原因所在。有学者考证，伦理一词在西方伦理思想史上，源于荷马史诗《伊利亚特》的“ethss”，表示一群人居住的处所，后来扩展到表示这群人相处期间的性格和气质等“心心相印”的心灵秩序或心灵关系。公元前4世纪，亚里士多德将“ethss”改造为形容词“ēthicos”，赋予其“伦理的”意思，并创建了“ēthika”即“伦理学”（参见强以华：《西方伦理十二讲》，重庆：重庆出版社2008年版，第2—3页）。

究伦理基本学理问题的基础上展开。其三，分析道德与伦理（关系）的理论逻辑、实践逻辑、历史逻辑及其演绎史，提出创新当代道德理论的学术话题。如是构建起来的伦理学基本原理才能为伦理学体系提供可靠的学理基础，承担引导和推动社会和人发展进步的学科使命。

两百多年前，追随康德哲学的费希特在其著名的《论学者的使命》演讲中曾说："学者的使命主要是为社会服务，因为他是学者，所以他比任何一个阶层都更能真正通过社会而存在，为社会而存在。"[①]他还认为，学者应当把自己的知识"真正用于造福社会。他应当使人们具有一种真正需求的感觉，并向他们介绍满足这些需求的手段"[②]。当代中国伦理学家们要使自己的著述让业外人们有"真正需求的感觉"，就应切实关怀社会改革和发展，培育与社会和人发展进步之需"心心相印"的伦理情怀和学科使命感。

---

①［德］费希特:《论学者的使命 人的使命》,梁志学、沈真译,北京:商务印书馆1984年版,第42页。

②［德］费希特:《论学者的使命 人的使命》,梁志学、沈真译,北京:商务印书馆1984年版,第42—43页。

维护和优化伦理精神共同体*

伦理是一种特殊的社会关系。马克思和恩格斯曾将复杂的全部社会关系划分为"物质"和"思想"两种基本类型，后来列宁又进一步明确指出："思想的社会关系不过是物质的社会关系的上层建筑"①。伦理就是一种特殊形态的"思想的社会关系"，它由经济、政治、法制等各种各样的社会关系所决定，同时又对这些"物质的社会关系"具有巨大的反作用。②在弘扬中国精神和凝聚中国力量、实现中华民族伟大复兴的中国梦的进程中，有必要探讨伦理关系作为一种伦理精神共同体及其当代维护和优化的相关理论问题。

一、伦理作为一种精神共同体

伦理之"理"，实质内涵是一定的社会历史观和人生价值观，指的是不同"辈分"和"类别"的人们之间合乎特定理性要求的"思想的社会关系"。它使得不同身份的人们在同一种"理"即社会历史观和价值观上相

---

* 原载《光明日报》(理论周刊)2015年8月12日。

①《列宁专题文集·论辩证唯物主义和历史唯物主义》，北京：人民出版社2009年版，第171页。

② 参见钱广荣：《"伦理就是道德"质疑：关涉伦理学对象的一个学理性问题》，《学术界》2009年第6期；《伦理学的对象问题审思》，《道德与文明》2015年第2期，中国人民大学书报中心复印资料《伦理学》2015年第6期全文转载。

知共识、和谐相处。这决定了伦理关系必然是一种精神共同体。

中国人惯用“心心相印”和“同心同德”、“齐心协力”和“万众一心”等描述伦理的精神共同体，用“以邻为壑”和“离心离德”、“同床异梦”和“勾心斗角”等来批评违背伦理精神共同体要求的思想与道德问题。在伦理认知上，中国人一向特别关注别人怎么看自己，重视自己是否置身于伦理精神共同体之中，自觉或不自觉地视此为自己精神生活需求的核心，这是一种源远流长的优良传统。

诚然，一个人可以用“自得其乐”和“孤芳自赏”的方式满足自己的精神生活需求，其所“赏”的对象和“乐”在其中的内容，无不包含与他者和社会进行“心心相印”或“心灵沟通”的伦理内涵。如果不是这样，所谓“自得其乐”和“孤芳自赏”就可能恰恰表明其正处于“精神空虚”的状态，不过是“自我陶醉”而已。一个人也可以毫无羞耻感地追逐“一脱成名”之类的“精神生活”，用“不伦不类”的方式表达“我酷故我在”，这似乎只是个人的自由权利，但殊不知却已将自己置身于伦理精神共同体之外，成为同胞的笑柄。一个人甚至还可以为了自己的精神快乐，在背地里用恶言诋毁那些为创建伦理精神共同体作过巨大贡献的历史人物，然而在这种情况下他同时也就站在置身于伦理精神共同体之中的人民大众的对立面了。人在精神生活领域享有充分的个人自由，但任何社会都不会允许这种自由无视伦理精神共同体的存在。

从人性生成和发展的逻辑来分析，一个人是否具有伦理精神共同体的自觉意识，是评判其人性实际水准的重要标志。在历史唯物主义看来，“人的本质不是单个人所固有的抽象物，在其现实性上，它是一切社会关系的总和。”[①]所谓“一切社会关系的总和”无疑包含“思想的社会关系”，特别是作为精神共同体的伦理关系。在这种意义上可以说，“思想的社会关系”是人的社会本性的实质内涵。有的人之所以会被同类视为“异类”，就是因为他们的精神与众格格不入，脱离了“思想的社会关系”，游离在伦理精神共同体之外。人之为人，应当既是利益共同体中的人，也是伦理

①《马克思恩格斯文集》第1卷，北京：人民出版社2009年版，第505页。

精神共同体中的人，由此而使自己成为命运共同体中的人，得到他者和社会的悦纳，获得个人生存和发展的必要条件。这样说，并不是要否认生命个体之个性存在的合理性，也不是要贬低个性对于创造人生价值和推动社会发展进步的意义，而是要强调个性的存在和表现不能无视共性。

伦理关系作为一种精神共同体，具有“虚拟”的特性。人们不能“看到”它，却能感悟到它的真实存在和巨大能量。一个人离开伦理精神共同体会感到精神无所寄托，一个社会缺损伦理精神共同体会出现人心涣散、亲和力弱化的问题，却往往说不清这种深层的原因。因此，理解和把握伦理关系作为一种精神共同体，需要运用历史唯物主义的方法论原理，分析和认识它的结构与功能。

二、伦理精神共同体的结构及功能

一个社会的伦理精神共同体，大体上是由“伦理观念”、国家的“观念的上层建筑”伦理和社会公共生活伦理三种基本形态有机构成的整体，其功能多表现为一种整体效应。

恩格斯在说到伦理关系与经济关系的关系时指出：“人们自觉地或不自觉地，归根到底总是从他们阶级地位所依据的实际关系中——从他们进行生产和交换的经济关系中，获得自己的伦理观念。”[①]这里所说的“伦理观念”，就是伴随生产和交换之“物质的社会关系”而形成的伦理的“思想的社会关系”。它是一种“自然而然”形成的伦理关系，在“基础伦理”的意义上成为维系人们从事物质生产和经营活动的精神共同体。今人常说的经济伦理和家庭伦理，属于此类结构形态的精神共同体。“观念的上层建筑”的伦理关系，属于列宁所说的“不过是物质的社会关系的上层建筑”范畴，它是“竖立”在一定的“生产和交换的经济关系”之上、体现国家意志和社会共同理性的精神共同体，由政治伦理和法制伦理以及超越现实之信仰的“思想关系”构成，多具有意识形态属性，对“基础伦理”

①《马克思恩格斯文集》第9卷，北京：人民出版社2009年版，第99页。

起着“补充”和“纠偏”的作用。社会公共伦理，它是“基础伦理”与“上层伦理”在社会公共生活领域相遇、相互碰撞、交互作用而发生融合的结果。正因如此，“公共伦理”总是充当一个社会的伦理精神共同体的晴雨表，人们常用“社会风尚”来给予评论。

在一个社会伦理精神共同体的整体结构中，居于主体地位、发挥主导作用的是“上层伦理”的精神共同体，它经由执政集团成员的共同体意识和行为方式表现出来，具有升华和引领“基础伦理”和“公共伦理”的功能，在整体上决定人们精神生活的社会属性和发展进步的逻辑方向。

以中国封建社会为例。在小农经济基础上形成的“伦理观念”是“各人自扫门前雪，休管他人瓦上霜”的“思想的社会关系”，属于“基础伦理”范畴。体现封建国家意志和社会公共理性的“上层伦理”，是“推己及人”和“为政以德”的儒家伦理，它以“大一统”的精神共同体样式，引导人们关心国家大事和社会公共事务。这两种伦理精神共同体的贯通，便形成了注重和睦相处、礼尚往来的社会公共伦理。世人称赞中华民族为礼仪之邦，正是基于这种“公共伦理”的晴雨表而言的。

伦理关系作为一种精神共同体，具有精神家园的功能。它一方面给人以精神的享受和抚慰，使人心灵有序，保持健康的社会认知心态；另一方面，给人以精神的激励和策动，使人态度积极，乐观地迎接各种人生挑战，创造人生价值。如果说，人类至今的物质生活仍然离不开家园，那么精神生活则更需要通过精神家园来满足。一个人缺失这样的精神家园，就会去寻找或创造，寻找或创造不成就可能会发生精神疾病，以至饥不择食，被邪教设置的“精神家园”所俘获。伦理精神共同体的精神家园是一国一民族最重要的文化软实力。

正因如此，自古以来国家和社会的管理者们都十分重视伦理精神共同体的建设，力图建造一种人们共享的精神家园，尽管并不是所有统治者都持有这样的理性自觉，他们所用的“精神质料”也不一样。

三、伦理精神共同体的维护和优化

实行改革开放和发展社会主义市场经济以来，我国经济和政治等方面的“物质的社会关系”发生着深刻的变化，作为“思想的社会关系”之伦理关系也在发生着相应的变化，加上道德领域突出问题的消极影响，使得加强维护和优化伦理精神共同体的精神文明建设显得尤其重要。

维护伦理精神共同体，旨在继承中华民族重视伦理精神共同体的传统，弘扬中国传统精神中的伦理精义，如注重和睦相处、善解人意、友善待人、诚实守信等。优化伦理精神共同体贵在创新，创新的指导原则应是要在历史与现实相统一的意义上，科学解读和宣传社会主义核心价值观的伦理内涵及其与传统伦理精神的内在逻辑关系。如在政治伦理上，要解读和宣传今天的民主原则与传统的民本思想之间的逻辑关联；在公共生活和人际关系伦理上，要阐明和宣传今天的平等和公正原则与传统的“己所不欲，勿施于人”“己欲立而立人，己欲达而达人”等之间的逻辑关联，如此等等。同时，也应正面回应社会主义核心价值观主动吸收西方价值观有益因素，如民主、法治、平等、公正、友善等的中国胸怀和中国气魄。总之，优化伦理精神共同体的目标，就是要在维护传统伦理精神共同体的同时，促使社会主义核心价值观真正逐步深入人心，使之成为中国新时期伦理精神共同体的核心价值，从而创建起适合中国改革和发展客观要求的新型伦理精神共同体。就是说，维护和优化是一种相辅相成的互动过程，需要在维护的基础上循序渐进地推动优化，在优化的引领下实行精心的维护。

维护和优化伦理精神共同体，要实行道德建设的理念创新。道德发挥社会作用并不是“直奔主题”的。道德建设的实质是通过人与人之间和个人与社会之间的“心灵沟通”，梳理、维护和优化经济、政治、法制和社会公共生活等领域内伦理的“思想的社会关系”，从而发挥道德的社会作用。不这样看，道德就容易成为图解社会生产和社会生活的标签，变成形式主义的东西或表面文章，抑或沦为心地不良分子伪装门面的说辞，久之反而会损伤人们对于道德功能的信念和道德建设的信心。历史上，道德维护和优化伦理精神共同体的作用其实是有限的。这是道德在我国封建社会何以会被政治化、刑法化以至于一度沦为“吃人礼教”的根本原因，也是近现代资本主义社会何以要用“新教伦理”解读资本主义精神、用完备法制规约人们行为而并不特别推崇道德作用的主要原因。

在人民当家作主和崇尚自由、平等、公正、法治的社会主义社会，道德建设的根本宗旨和主要任务应当是在维护传统伦理精神共同体的前提下，为创建社会主义新型的伦理精神共同体作出自己应有和可能的贡献。为此，要建构和倡导与中华民族传统美德相承接、与社会主义市场经济相适应、与社会主义民主法制相衔接的思想道德体系及其实践模式。

伦理的必然性与道德自由*

近些年来，伦理学界有种观点认为，伦理与道德是两个相互关联的不同概念，反映的是两种不同的社会现象。伦理是一种特殊的社会关系，道德是一种特殊的社会意识，唯有在将两者相区分的前提下才能合乎逻辑地将其联系起来，因此认为“伦理就是道德”的看法是不正确的。[①]虽然这一探讨的必要性和重要性目前还没有引起学界更多的关注和广泛的认同，但其对于伦理学基本理论研究与建设的学理意义已渐露端倪。

本文试在此前这种探讨的基础上，提出伦理的必然性与道德自由及其逻辑建构的问题，以期推动这种具有学理意义的学术探讨。

一、伦理的必然性及其形上形态

众所周知，伦理与道德在语词学上是两个不同的概念，反映两种不同的社会精神现象和生活领域。中国古人认为“伦，辈也，从人”[②]，伦理

* 原载《伦理学研究》2016年第6期，中国人民大学书报中心复印资料《伦理学》2017年第2期全文转载。

① 参见：韩升的《伦理与道德之辨正》（《伦理学研究》2006年第1期）、王仕杰的《“伦理”与“道德”辨析》（《伦理学研究》2007年第6期）、朱翠萍的《中国文化语境中的伦理与道德》（《汉字文化》2008年第4期）、钱广荣的《“伦理就是道德”质疑：关涉伦理学对象的一个学理性问题》（《学术界》2009年第6期）及《伦理学的对象问题审思》（《道德与文明》2015年第2期）。

② 许慎：《说文解字》，北京：中华书局1963年版，第264页。

所指是“事物之伦类，伦各有其理”[①]。在社会生活中，人与人相比和人群与人群相比，存在“辈分”和“类别”是差别及“各有其理”，是最为普遍的社会现象，人人皆可感知。所谓伦理之“理”，就是不同“辈分”和“类别”的人们之间必须具备的社会理性，由于这种“理”的存在而使得不同“辈分”和“类别”的人们之间的关系具有“合理”性。中国成语“不伦不类”，指的是这种关系违背社会理性的不“合理”状态。中国学人自古以来对道德的习惯理解，既指社会规则即所谓“社会之道”，也指个人的德性即所谓“个人之德”，故而有“学至乎礼”则“谓道德之极”[②]的说法。

在历史唯物主义视野里，社会是由各种形态的社会关系构成的生活共同体，全部的社会关系可以划分为“物质”和“思想”两种基本类型。列宁在《什么是“人民之友”以及他们如何攻击社会民主党人》一书中，解释马克思在《资本论》第一卷序言中所说的“社会形态的发展是自然历史过程”时，把社会关系明确地划分为“物质的社会关系”和“思想的社会关系”两种基本类型，并进一步指出：“他们的基本思想（在摘自马克思著作的上述引文中也已表达得十分明确）是把社会关系分成物质的社会关系和思想的社会关系。思想的社会关系不过是物质的社会关系的上层建筑”[③]。伦理之“理”的社会理性就属于“思想的社会关系”范畴，它是由各种不同“辈分”和“类别”的人们之间以经济关系为基础的各种各样的“物质的社会关系”决定的。而道德，不论是“社会之道”还是“个人之德”，都属于社会意识范畴，虽然在归根到底的意义上也由“物质的社会关系”所决定，但是就其本身属性而言则不属于“思想的社会关系”范畴。在阶级社会和有阶级存在的社会，“社会之道”多具有意识形态的属性和功能，从而也使得“个人之德”或多或少地带有阶级性的特色。

伦理作为一种由“物质的社会关系”决定的“思想的社会关系”的这

① 郑玄注:《四书五经》(中册),北京:中国书店1984年版,第405页。

②《荀子·劝学》。

③《列宁专题文集·论辩证唯物主义和历史唯物主义》,北京:人民出版社2009年版,第171页。

一规律和本质属性，决定了伦理关系的形成具有必然性。因此，所谓伦理的必然性，指的就是伦理这种特殊的“思想的社会关系”的形成不依人们主观意志为转移的客观规律和本质属性。在这种意义上完全可以说，在一定的社会里，人们身处什么样的“物质的社会关系”之中，就会相应地形成什么样的作为伦理的“思想的社会关系”。

亚里士多德在说到事物的必然性时指出：“必然性有两种：一种出于事物的自然或自然的倾向；一种是与事物自然倾向相反的强制力量。因而，一块石头向上或向下运动都是出于必然，但不是出于同一种必然。”后一种必然性不同于前一种必然性，它不是“自然而然”，而是“人为使然”，缘于人“为了某一目的”或“为了某种目的”。[①]这种古典的必然观，对于我们认识伦理的必然性及其结构形态，是具有启发意义的。

一般说来，一个社会的伦理这种“看不见”的形而上学形态，可以在“自然而然”和“人为使然”两个相互关联的层面上加以考察。

恩格斯在说到伦理关系与经济关系的关系时指出：“人们自觉地或不自觉地，归根到底总是从他们阶级地位所依据的实际关系中——从他们进行生产和交换的经济关系中，获得自己的伦理观念。”[②]这里所说的“伦理观念”，其实就是伴随生产和交换这种“物质的社会关系”而形成的“思想的社会关系”，一种“自然而然”的伦理形态，其形成的必然性是毋庸置疑的。除此之外，还有另外一种伦理形态，就是列宁所说的“不过是物质的社会关系的上层建筑”的“思想的社会关系”。这种伦理形态不是“自然而然”形成的，而是一定社会“为了某种目的”的“人为使然”，本质上属于观念的上层建筑范畴，具有意识形态特质。相对于“竖立其上”的一定社会的经济基础而言，这种伦理形态体现的是国家意志和社会共同理性，表现为一种“纠偏”或“补充”“自然而然”形成的伦理形态的“强制力量”。在一定的社会里，伦理必然性的两种结构形态缺一不可，两

---

①［古希腊］亚里士多德：《工具论》，余纪元等译，北京：中国人民大学出版社2003年版，第328页。

②《马克思恩格斯文集》第9卷，北京：人民出版社2009年版，第99页。

者相互依存、相得益彰，由此而构成一定社会伦理关系的整体结构。

以中国封建社会的整体结构为例。第一种形态是在小农经济基础上形成的“各人自扫门前雪，休管他人瓦上霜”的小农伦理的“思想的社会关系”，第二种形态是“推己及人”和“为政以德”的儒家伦理诉求的“思想的社会关系”。儒家伦理是“竖立”于小农经济基础之上、超越小农伦理的“各人自扫门前雪，休管他人瓦上霜”的封建国家的社会意识形态。它对于前者而言，具有“纠偏”和“补充”的“强制力量”的质性，体现的是“大一统”的国家意志和社会共同理性，适应封建国家以高度集权的专制政治统摄普遍分散的小农经济的客观要求。正因如此，儒家伦理的学说主张在西汉初年封建帝制确立之后被统治者推崇到“独尊”的主导地位。中国封建社会这两种必然性的伦理形态，在“思想的社会关系”层面上充当着整个社会最重要的文化软实力，是中华民族历史上虽屡遭战乱和外敌入侵却聚而不散的巨大的精神力量。依据这种逻辑推论，那种认为实行市场经济体制就应当“自然而然”地推行自由主义、个人主义和利己主义的伦理关系与道德标准的看法是不正确的，因为它没有看到“人为使然”之必然性的伦理形态，在认知伦理形态问题上背离了唯物史观的方法论原则。须知，在我国，仅凭市场经济“自然而然”形成的伦理形态而放弃“人为使然”的伦理形态的主导地位，就不可能建构中国特色社会主义现代化建设所必需的“思想的社会关系”及其凝聚的精神力量。

正因如此，维护和梳理“心灵秩序”以建构伦理的“思想关系”，一直是每个社会思想道德和精神文明建设的主题。参与其中的社会建设工程关涉经济、政治、法制和其他文化要素，不唯独是道德。道德建设的真谛在于“得人心”，它对于经济、政治和法制等生活的功能和作用是经由维护和梳理伦理的“思想关系”实现的。正因如此，道德的作用在厉行专制和垄断私有制的社会里其实都是很有限的。这是我国封建社会道德何以会被政治化、刑法化以至于一度沦为“吃人礼教”的原因，也是近现代资本主义社会何以要用“新教伦理”解读资本主义精神、用完备法制规约人们行为而并不直接推崇道德作用的根本原因所在。道德之于伦理的作用，在实行社会主义市场经济和民主法制建设的当代中国，真正获得了可以自由维护和梳理伦理的“思想的社会关系”条件，关键要看如何理解和把握道德的这种自由。

二、道德自由及其伦理尺度

道德作为社会倡导的价值标准和个体选择的价值取向意识，本性崇尚自由。这种倡导和选择，表面看来似乎可以不受任何限制和约束，以至于可以营造一种“人皆可以为尧舜”的社会舆论氛围和愿景目标，其实不然。恩格斯在反对杜林道德理论上的“永恒真理”和抽象“平等”观之后，主张要用自由与必然这对范畴看待道德的自由问题。他说：“如果不谈所谓自由意志、人的责任能力、必然和自由的关系等问题，就不能很好地议论道德和法的问题。”[①]就人类至今的现实社会来看，《礼记·礼运》描绘的那种绝对自由的“大同世界”从来没有出现过，不过是用以“鼓舞人心”的“道德乌托邦”而已。所谓“天下为公”，要么只是不满现实不公的人们对原始共产主义的美好回溯，要么只是现实社会的人们基于公平的进步而对未来“绝对公平”前景的浪漫追问。诚然，讲道德不能没有关于道德的理想和意志自由，但是主导现实社会人们道德生活的价值标准和行为规则，本质上却必须是实践的，不能仅归结为理想和意志的自由，因为“全部社会生活在本质上是实践的”[②]，道德生活不可以例外。

具体说来，理解和把握道德自由的伦理尺度，应从社会和个体两个向度展开。

社会道德自由是指社会在何种意义上和以何种方式，运用道德的自由理性和自由意志提出和倡导自己的价值标准和行为规范体系。在唯物史观视野里，一个社会提出和倡导的道德，唯有在既能说明和适应伴随生产和交换关系“自然而然”形成的“伦理观念”的必然要求，也能说明和适应

①《马克思恩格斯选集》第3卷，北京：人民出版社1995年版，第454页。

②《马克思恩格斯文集》第1卷，北京：人民出版社2009年版，第501页。

“纠偏”或“补充”“伦理观念”的必然要求的情况下，才能获得真正的自由，展现其梳理和维护伦理的“思想的社会关系”的作用。适应前一种伦理必然性要求的道德自由，可称其为道德的基本自由，适应后一种伦理必然性要求的道德自由，可称其为道德的理想自由。前者体现现实社会生活对道德水准的实际需要，后者体现现实社会期许道德进步的逻辑方向，两种道德自由相互依存、相得益彰，构成一定社会道德自由的整体风貌。

因此，一定社会推崇道德理论和倡导道德规则的自由，不可混淆不同伦理形态对道德自由提出的不同要求，不能轻视和忽视基本自由的道德价值，以理想自由代替基本自由，要求人们凡事都要做到“高大全”。当然，也不可以用基本自由替代理想自由，因为后者在任何社会所要维护的伦理，都关涉社会根本制度的“心灵秩序”和“人心所向”，给予整个社会的伦理优化和道德建设以合乎逻辑的进步方向。若是理想自由缺位，所谓基本自由也就难以发挥作用，伦理关系的维护也就会随之出现“人心涣散”的混乱局面。正确的选择应是两种道德自由并举，同时坚守理想自由的主导地位，发挥其引领作用。

个体道德自由主要是就道德选择自由而言的，本质上是认知和践行社会提出和倡导的道德要求、赢得或恪守“道德人”资格的自由，属于意志自由范畴。一个人面临道德选择能否获得这样的自由，情况通常是比较复杂的。在这个问题上，至今可供凭借的思想理论资源多限于动机论，总体倾向是强调一个人面临特定的伦理情境没有选择不讲道德的自由，亦即推崇社会道德要求和善良动机的至上性。然而，从维护和梳理伦理之必然性的客观要求和实际效果来看，如同没有选择不讲道德的自由一样，人们面临特定的伦理情境其实也没有随心所欲选择“讲道德”的自由。就是说，在个体道德选择自由的问题上，社会道德要求和人的善良动机只具有相对的优先性，不具有绝对的至上性。换言之，人们面临特定的伦理情境的道德意志自由，真谛应是优先考虑如何讲道德——把善心与善果统一起来，实行意志与理性的有机结合。这在一般情况下是可以做到的。也只有在这种情况下，才可能真正获得“讲道德”和做“道德人”的自由，由此看来，见义勇为者施救溺水者的道德意志自由，如果出现溺水者被救而见义勇为者折损或者两者俱损的情况，就需要审查其自由选择的科学性和道德意义。不论出现哪一种情况，彰显施救者见义勇为的道德选择是必要的，也是必须的。但是，不应因此而忽视总结见义勇为失效以至于无效的教训，更不应担心这样做会“冲淡”见义勇为道德选择的价值。在理解和把握个体道德选择自由的问题上，除了赞许善心，还需审查善果，真正倡导动机与效果相统一的科学的道德评价观。如此把善心与善果统一起来，才能真正获得道德自由，引导人们乐于和善于“讲道德”，做“道德人”。不言而喻，“做事”要尊重规律、讲究“怎么做”即追求“做事”的效果，“做人”是否也存在和需要尊重规律、基于“善心”而追求“善果”呢？回答应当是肯定的。

因此，在个体道德选择自由的问题上，应当倡导把“要讲道德”和“怎样讲道德”尽可能地一致起来的道德自由观，这样才能真正有助于维护和梳理伦理的“思想的社会关系”。

或许有人会说，如此计较“讲道德”的利害得失，会引导人们走向“道德功利主义”。

这种担心提出的问题是：一个人作出有利于他者和社会集体的道德选择，同时考虑自己的得失抑或就是从个人得失出发的，是错误的吗？回答应是否定的。诚然，如果每个人作出道德选择都能不考虑个人的得失，真的能够建构一种“我为人人，人人为我”的社会风尚，那当然好，但这其实不过是一种“形式哲学”的逻辑假设。自古以来的社会生活都在证明，社会道德提倡如果要求人们不计较“成本”，不仅会使其“得人心”的作用十分有限，而且还会诱发伪善和虚伪的不良风气。

道德哲学和伦理思想史上，唯意志论和绝对主义以社会为本位向人们发布“绝对命令”，利己主义和自由主义以个人为本位向社会提出单极要求，它们关涉道德理性和意志的自由主张其实都是缺失“实践理性”的。因为，它们的理论立场都不是为了维护和梳理一定社会的伦理（关系），不过是要用各自的道德主张来宣示“自由权利”而已。如上所述，伦理的精神崇尚的是“心心相印”“同心同德”的心灵和谐，这决定了它不需要道德在确立社会和人孰为本位的前提下选择适合自己的自由尺度。社会和人都需要伦理和谐，如果用伦理必然性要求的尺度来审度道德自由，或许也就不难解读思想史上那些令人纠结不已的争论。

三、伦理的必然性与道德自由的逻辑建构

将伦理必然与道德自由（度）作为一对基本范畴引进道德哲学和伦理学，并进一步构建两者的逻辑关系，使之真正具备合规律性与合目的性相统一的实践理性，有助于正确推进思想道德和精神文明建设。这种逻辑建构应从三个方向展开。

其一，理论逻辑建构的方向。旨在遵循历史唯物主义的方法论原则，开展道德理论及其推演的道德价值标准和行为规范体系的研究。要看到伦理作为一种必然性的“思想的社会关系”是一个历史范畴，在不同社会和时代有不同的内涵，因此道德也应随之与时俱进，实行变革和创新。如在我国，过去人们能够吃饱肚子就会感到满足，如今有些人却“端起碗来吃肉，放下筷子骂娘”。这种“人心不古”的变化，只有立足于人民群众当家作主的社会主义的新型的政治伦理关系，才能得到合乎道德理性自由的解读。如果在道德评价上只是简单地用“忘恩负义”来鞭笞这种“人心不古”现象，那就是文不对题。这样的道德批评不可能梳理时下一些人失衡的伦理心态，维护社会主义新型的伦理关系。这种方向的逻辑建构，应促使社会道德自由具备和彰显社会主义的平等观和公正观的现代内涵。

其二，实践逻辑建构的方向。旨在保障思想道德建设之“得人心”即梳理与维护伦理的“思想关系”的实际效益，尽可能避免道德建设上出现不计效益的形式主义和表面文章。社会推进思想道德建设的着眼点，应始终盯着“心心相印”和“同心同德”的伦理目标，依据构建伦理关系的客观要求发布道德自由之“应当”的指令。因此科学理解和把握“应当”是关键所在。道德和法律，是相辅相成的两大社会调节体系。相对于法律的

"必须"而言，道德"应当"首先应是"本当"，视"应当"为道义责任而不仅仅是道德义务。同时，"应当"也应是"适当"，即不可超越伦理尺度。就是说，不应对道德的"应当"指令作随意性的解读和发布。T.W.阿多诺认为"我们应当做什么"是"道德哲学的真正本质的问题"，他在区分道德与伦理之学理界限的前提下指出，如果随意发布"应当"的道德指令，就可能"越不知道我们应当做什么，我们获得正确生活的保证也就越少"①，对道德"应当"作如此学理性解读是必要的。这样，才能让道德建设远离形式主义和表面文章，促使思想道德和精神文明建设真正有助于构建伦理的"思想的社会关系"。为此，将"怎样讲道德"的道德智慧引进个体道德选择和价值实现的实践活动，帮助人们做真正自由的"道德人"是必要的。

其三，历史逻辑建构的方向。旨在把握伦理与道德历史发展的客观规律。在唯物史观看来，人类社会形态的发展和演变是一种自然历史过程，对伦理与道德的历史发展也应作如是观。一国一民族要在"自然历史过程"的意义上，坚持对自己优秀伦理精神和道德文化传统的传承与创新，在社会变革时期尤其要这样。在这个逻辑建构的方向上，有必要将一国一民族伦理的"思想关系"传统与道德学说主张的传统区分开来，不可将两者混为一谈，虽然两者之间存在内在的逻辑关联。同时，也应当在"世界历史意义"上把坚守国情本色与观照世情结合起来。世界各国各民族，伦理道德文明生成和发展的历史过程及实际水准固然存在着差别，但是，由于同处一个生存和发展的大环境，彼此之间的交往和相互学习从未间断过。这就使得越是一个民族的优秀文化往往越能引起别国别民族的关注，因而具有世界历史意义，而越具有世界历史意义的优秀文化往往越具有民族的普适性，易于被特定民族吸收，因而越具有民族性。人类伦理与道德发展演变的历史过程，充分证明了这种历史辩证法。因此，有必要在"自然历史过程"和"世界历史意义"相一致的意义上把握必然性与道德自由

① [德]阿多诺:《道德哲学的问题》,谢地坤、王彤译,谢地坤校,北京:人民出版社2007年版,第3页。

的历史逻辑。

四、余论

中国特色社会主义市场经济及其上的民主法律制度，为在理论与实践、历史与现实、国情与世情相统一的意义上，创建中国特色社会主义的新型伦理关系及其与道德自由的逻辑建构提供了坚实的社会历史条件。党的十八大提出和倡导的社会主义核心价值观，正是基于这种逻辑建构的一大创新。

理解和把握伦理的必然性与道德自由及其逻辑建构的基本理路，应立足于学习和践行社会主义核心价值观，科学解读和宣传社会主义核心价值观的伦理内涵及其与传统伦理精神和道德要求的内在逻辑关系。如在政治伦理上，要解读和宣传今天的民主原则与传统的民本思想之间的逻辑关联；在公共生活和人际关系伦理上，要阐明和宣传今天的平等和公正原则与传统的“己所不欲，勿施于人”“己欲立而立人，己欲达而达人”等之间的逻辑关联，如此等等。同时，还应正面回应社会主义核心价值观主动吸收西方价值观有益的话语样式，如民主、法治、平等、公正、友善等的中国胸怀和中国气魄。

总之，开展伦理的必然性与道德自由这一学术话题的研究，就是要依据自由与必然的辩证关系原理，在历史唯物主义指导下，促使社会主义核心价值观真正逐步深入人心，使之成为人们普遍尊崇和信奉的社会历史观和人生价值观。

树立历史唯物主义道德观*

习近平同志在中共中央政治局第十一次集体学习时强调，推动全党学习和掌握历史唯物主义，更好认识规律，更加能动地推进工作。落实党的十八大关于“深入开展道德领域突出问题专项教育和治理”的重大工作部署，迫切要求我们树立历史唯物主义道德观，运用历史唯物主义这个“看家本领”，分析和阐明相关的理论问题，为全社会应对当前道德领域的突出问题夯实思想认识基础。

一、运用社会基本矛盾原理认识当前道德领域突出问题的成因

历史唯物主义认为，生产力与生产关系、经济基础与上层建筑的矛盾是社会基本矛盾，社会基本矛盾运动是社会发展进步的基本动力。从实践上看，当前我国社会道德领域的突出问题是改革开放激活我国社会基本矛盾运动的结果，是改革开放取得辉煌成就同时出现的“副产品”，具有某种必然性。

中国在历史上长期是一个以高度集权政治适应普遍分散小农经济的封建专制国家，伦理文化和道德生活方式具有“大一统”的“天下意识”和“各人自扫门前雪，休管他家瓦上霜”的“小农意识”的双重结构特质。19世纪中叶之后又一度沦为半殖民地半封建社会，在帝国主义殖民文化的

* 原载《辽宁日报》(理论版)2014年4月15日。

侵略和渗透下，一些人形成了盲目崇拜西方文明的民族自卑心理。新中国成立后，一度实行高度集权的计划经济，政治思想观念和道德文化又受到“左”的思潮的深重影响。

伦理道德观念上这些新旧传统的“历史局限性”，在实行改革开放和发展社会主义市场经济之社会变革的宽松环境中必然会充分暴露出来，而适应社会变革要求的新伦理道德观的形成需要一个形而上学的批判和创新的思辨过程，更需要一个教育和普及的社会实践过程。这就必然会使得旨在激活和推动社会基本矛盾运动的改革开放和发展社会主义市场经济对道德的影响是双重的，既聚集着道德发展进步的正能量，给社会带来生机和活力，也会泛起背离传统美德的负能量，干扰、破坏社会和人的发展与进步。在这种情况下，道德领域出现以“道德失范”和“诚信缺失”为主要表征的突出问题，是难以避免的。

历史地看，每当社会处于变革前夜或正值变革时期，都会出现道德领域的突出问题。如我国从奴隶制向封建制过渡的春秋战国时期，政治伦理和人际伦理就曾全面出现“礼崩乐坏”的突出问题；西方社会在中世纪政教合一的封建制度土崩瓦解时期，道德领域也曾出现人欲横流、极端利己主义风靡一时的突出问题。虽然当代中国改革发展和社会转型不同于那些变革时期，当前我国道德领域突出问题与历史上的道德领域突出问题也不可同日而语，但它们演绎的是同一种历史逻辑。当前我国道德领域的突出问题，不过是“道德领域突出问题史”上的一个特例，是人类社会道德发展进步史上的一个逻辑环节而已。作如是观，就不会因出现道德领域突出问题而感到“困惑”，淡化甚至失落对道德价值的应有信仰和信念，以至于生发和散布对社会的片面看法和偏激情绪，选择激化社会矛盾、制造社会不和谐的不当行为。

二、立足“自然历史过程”理解应对道德领域突出问题的发展前景

在历史唯物主义视野里，人类社会的发展进步遵循的并不是线性逻辑，而是一种“自然历史过程”的辩证逻辑，道德的发展进步也是这样。

1890年9月，恩格斯在给约瑟夫·布洛赫的信中描述社会发展轨迹呈现“自然历史过程”时指出：“历史是这样创造的：最终的结果总是从许多单个的意志的相互冲突中产生出来的，而其中每一个意志，又是由于许多特殊的生活条件，才成为它所成为的那样。这样就有无数互相交错的力量，有无数个力的平行四边形，由此就产生出一个合力，即历史结果，而这个结果又可以看做一个作为整体的、不自觉地和不自主地起着作用的力量的产物。任何一个人的愿望都会受到任何另一个人的妨碍，而最后出现的结果就是谁都没有希望过的事物。所以到目前为止的历史总是像一种自然过程一样地进行，而且实质上也是服从于同一运动规律的。”[①]

道德发展进步的实际轨迹，既不是道德意识形态的“理想蓝图”，也不是自发产生于一定社会的“生产和交换的经济关系”的、未经意识形态理论加工的“伦理观念”，而是两者经由无数生命个体交互作用的“平行四边形”的“对角线”，从而显示为一种“自然历史过程”。

我国是社会主义国家，道德发展进步的“自然历史过程”与封建专制社会和资本主义社会的情况不一样，有些方面甚至根本不会一样。中华民族传统伦理道德是否完全适应当代中国社会发展要求，现代西方资本主义先进文明是否或哪些方面可为当代中国道德建设所用，尚需在“自然历史过程”中经受理论逻辑的鉴别和实践逻辑的洗礼。由于我们正处在这种鉴别和洗礼、创建适应改革开放和发展社会主义市场经济所需要的新伦理观念和新道德秩序的实践过程之中，所以道德领域必然会出现突出问题，从而也使得道德发展进步的“自然历史过程”显得甚为复杂和曲折，不可能一蹴而就。

不难理解，这种过程必然会引起人们心理上的“阵痛”，越是崇尚道德文明、注重做“道德人”的人，这种“阵痛”反应就会越强烈。因此应当看到，“阵痛感”作为当代中国人普遍存在的社会心态，是促使当代中国道德发展进步的一种巨大的正能量，对此应持积极乐观的态度。只要我们坚持开展爱国主义、集体主义、社会主义教育，倡导社会主义核心价值观，同时深入开展道德领域突出问题的专项教育和治理，就会不断化解道

①《马克思恩格斯文集》第10卷，北京：人民出版社2009年版，第592—593页。

德领域的突出问题，推动中国社会道德不断发展进步。

三、依靠广大人民群众开展道德教育和治理的专项活动

历史唯物主义认为，人民群众是社会历史的创造者和实践主体。对此，我们过去多是在物质财富创造、社会变革参与，特别是在一个阶级推翻另一个阶级的国家革命的意义上来理解的。如果说在阶级对立和阶级统治、统治阶级掌控观念文化主导权的社会，人民群众只能充当物质生产和社会变革主体力量的话，那么，在今天人民群众当家作主的社会主义社会，仍然这样来看待人民群众作为历史创造者的主体地位，就显得不够了。

社会生活包括道德生活在本质上是实践的，因而也是广大人民群众的。在我国，广大人民群众是创造物质财富的主体，也是创造精神财富和道德生活的主体；是接受道德教育和道德建设、感受道德文明和精神生活的主要对象，也是开展专项道德教育和治理的主体力量。应对我国当前道德领域的突出问题，固然离不开与此相关的学术研究和宣言，但根本途径还是要动员、组织和依靠广大人民群众开展全社会的道德实践。

实际上，“深入开展道德领域突出问题专项教育和治理”之“深入”，就应当含有深入社会基层和广大人民群众的意思。如果没有广大人民群众的积极响应和参与，即使有优质的学术研究和强势宣言，也无济于事。在我国，类似“深入开展道德领域突出问题专项教育和治理”的全社会性道德实践，唯有能够真实地而不是虚妄地体现广大人民群众的主人翁地位，充分发挥广大人民群众的主体作用，才能逐步收获预期成效。为此，我们需要改造阶级对立和对抗社会中形成的道德治理观及其实践模式，努力创新应对当前道德领域突出问题的道德治理观念和实践路径。

综上所述，运用历史唯物主义基本原理说明当前道德领域突出问题的必然性成因、社会道德发展进步本是一种“自然历史过程”、人民群众是创造精神财富和道德生活的主体力量，是应对我国当前道德领域突出问题的思想认识基础。

社会道德现象的三维结构*

作为精神现象，道德总体上是由社会现象（社会之“道”）与个人现象（个人之“德”）两个基本部分构成的，其社会现象本质上是实践的，表现为实践经验、实践理性和实践假说三种基本形态。分析社会道德现象的三维结构及其内在的关系，对于从整体上正确认识社会道德现象，进而科学地理解和把握道德发展进步的客观规律具有方法论的意义。

实践经验部分，主体形态是“生产道德”和“交换道德”，派生形态是“消费道德”。恩格斯说：“人们自觉地或不自觉地，归根到底总是从他们阶级地位所依据的实际关系中——从他们进行生产和交换的经济关系中，获得自己的伦理观念。”[①]这里所说的“伦理观念”其实就是“生产道德”和“交换道德”。人们怎样进行生产和交换就会怎样去生活，生产方式决定着消费方式，“生产道德”与“交换道德”也直接派生和影响“消费道德”，使“消费道德”也属于实践经验的道德形态，具有“社会道德现象”的某些特征。“生产道德”“交换道德”和“消费道德”反映道德与经济关系的方式是直接的，具有某种“自发”的性质。正因如此，实践经验的道德具有广泛性、群众性的特点，在任何一个社会都是最普遍的社会道德形态，其“社会职能”主要表现在维护人类社会物质生产实践和物质

---

* 原载《光明日报》(理论周刊)2007年8月28日。

①《马克思恩格斯选集》第3卷，北京：人民出版社1995年版，第434页。

生活实际过程中的伦理关系，维系人类自古以来对道德生活与精神文明的基本需求。

但是，社会的发展进步不能也不会仅仅沿着经验铺垫的路径往前走，还需要有一种可以维护“竖立其（经济基础）上”的上层建筑的道德，这就是实践理性形态的道德。康德在西方思想史上的杰出贡献，就是在指出“纯粹理性”如果超越“经验”势必会产生“二律背反”之后，又强调以“实践理性”超越“经验”之界限的必要性。实践理性形态的道德有两个基本特征：一是适应上层建筑尤其是政治和法律制度及其建设的要求，反映社会发展进程的现实要求，因此，虽然形式是“应当”和“可能”的，但实质内涵却是实践的，是能够转化为道德现实的。二是超越“生产道德”“交换道德”和“消费道德”的经验形式，体现特定历史时代的社会理性。这决定了实践理性的道德形态不会是直接反映“生产与交换的实际关系”的经验，而是超越经验的理性。如同政治是经济的“集中表现”一样，实践理性形态的道德是对实践经验形态道德的“集中表现”。正因如此，实践理性道德一般都具有与“生产道德”和“交换道德”的价值趋向“相左”的倾向。如“己所不欲，勿施于人”，“己欲立而立人，己欲达而达人”的“推己及人”的道德要求，与“各人自扫门前雪，休管他人瓦上霜”的小农生产的经验准则相比较，就具有相左的倾向。从这点看，“一个社会实行什么样的经济关系就应当提倡什么样的道德”的命题，并不适合实践理性形态的社会道德。与“生产道德”“交换道德”和“消费道德”的实践经验道德相比较，实践理性道德具有先进性、代表性的特点，在任何社会都是主导和引领社会道德发展进步的决定性的精神力量。

实践假说的道德形态，是关于社会道德现象演变的逻辑走向的推导和假说，通常表现为社会的道德理想和人的理想人格。一方面，它虽然并不存在于经验与体验之中，却以一定的经验与体验为实践的基础，可以在特定历史时代的先进分子的身上得到相关的说明。另一方面，它的提出是为了实践，为了引导人们以实际的道德实践活动去追求美好的社会生活远景，而不仅仅是为了学理性的“探索”和“研究”。在一定的社会里，道德假说不仅超越了道德的实践经验形态，也超越了道德的实践理性形态，通常具有信仰与信念的特质。《礼记·礼运》篇关于“大道之行，天下为公”理想社会和人格理想的种种假说，就是这方面的典型例证。当然，社会道德的实践假说必须是合乎逻辑的，必须反映人类道德文明发展的逻辑走向，而不能是脱离逻辑走向的“遐想”。人类有史以来，关于社会道德的实践假说通常是以文本形式表达的，这样的形式除了纯粹学理形式（如《礼记·礼运》所记载的“天下为公”）以外，尚有大量的诗歌散文、神话传说和民间文艺作品。人类伦理文明的善与美的融合，一般就是通过民间文艺表达形式体现出来的，它们以“文以载道”的方式把一代代人类对可能实现的美好社会的向往和追求传承下来，传播开去。在这种意义上我们可以说，正是实践假说的社会道德理想一直在鼓舞和引导着人类追求善与美，引导着人类不懈地走向美好的未来。

社会道德现象三种不同实践形态之间的逻辑关系是：从状态结构来看，经验是基础，理性是主体，假说是目标；从价值结构看，经验是稳定部分，理性是主导部分，假说是超越部分。在一个特定的社会当中，三者之间的关系如果合乎这样的逻辑要求，社会道德现象的结构就处于和谐的状态，社会道德就会凭借自身内在的逻辑力量赢得发展与进步。社会道德现象传统的三维结构的和谐关系，在社会处于变革时期最容易被打破，引发普遍的“道德失范”，这种现象或许是暂时的，但其引发的“道德冲突”却会在根本上扰乱整个社会变革和发展进步的应有节奏。因此，在社会变革时期，社会道德建设应当高度重视调整社会道德现象三维结构的传统关系，并把重点放在建设新型的“生产道德”和“交换道德”上面。不作如是观，实践理性的社会道德在其提倡和推行的过程中就会缺乏应有的现实基础，实践假说的社会道德就会被人们看成是脱离实际的“遐想”而遭到嘲笑，致使整个社会道德现象的结构处于一种失衡的状态，从而影响社会道德的发展与进步。

道德逻辑体系的认知结构*

面对当代人类生存和发展面临的问题，逻辑学和伦理学应改变“自娱自乐”的老作风，为人类提供可应对挑战的精神食粮。然而，作为“思维科学”的逻辑学却不大关心人们的科学思维，作为“实践理性”的道德科学却不大愿认真指导社会的道德实践，反而津津乐道于日渐复杂的话语系统和经院式的表达方式，把简单的问题弄得很“学问”，让其他学人不易看得懂，更令普通民众望而却步。

其实，逻辑学和伦理学这两门古老的科学都来自社会生活，都并不神秘或不应该神秘。从亚里士多德的形式逻辑到康德的先验逻辑，再从黑格尔的唯心论辩证逻辑到列宁的唯物论辩证逻辑，逻辑的对象和核心问题都是规律，凡有规律可循之处就存在逻辑问题，合乎逻辑就是合乎规律，逻辑的意义就在于反映规律，逻辑学就是研究规律的学问。事物的逻辑就是事物的客观规律，思维的逻辑就是反映事物客观规律的思维规律（规则），而实践的逻辑就是反映“主观见之于客观”的实践规律，能够正确反映和表达这些规律就是合乎逻辑，反之就是不合逻辑。逻辑学的基本问题就是发现、说明和把握主客观现象的规律，凡是有规律需要说明的地方逻辑学就应在场。逻辑悖论或悖论逻辑，是可以用“三要素”给予建构和说明的

* 原载《安徽师范大学学报》2009年第6期。基金项目：国家社会科学基金项目“道德悖论现象研究”（08BZX065）。

特殊逻辑，反映的本是客观事物的特殊规律，因而其“自相矛盾”是合乎逻辑的。道德悖论现象是道德实践过程中出现的逻辑问题，其善与恶相对立的自相矛盾现象表明它是一种“主观见之于客观”的特殊规律，同样可以用“三要素”方法加以建构和说明，因而也是合乎逻辑的。伦理学的对象是道德（也有学者认为，伦理学的对象是伦理与道德及其相互关系）及其价值，道德的广泛渗透性特点使得道德无处不在、无时不有，社会和人的发展与进步不可一刻离开道德价值的引导和梳理，在社会处于变革时期尤其是这样，否则人们就会因“道德失范”而感到“困惑”，失却内在的精神动力。如果说逻辑学是指导和帮助社会和人思考如何“合规律”地生活，伦理学是指导和帮助社会和人思考如何“合目的”地生活，那么促使两者“相适应”和“并列”就是一个逻辑与正义相关联的逻辑问题。逻辑学和伦理学的学科人都应当具备这样的“学理性冲动”。

笔者研究道德悖论现象以来，一直有人在运用逻辑悖论的方法质疑“道德悖论”的科学性及道德悖论研究的话语权，对此，笔者曾在相关文章中作过较为集中的应答。[①]如果说那些文章言说的道理已经表现出某种逻辑力量的话，那也是“纠缠”于道德悖论现象研究的方法而没有真正立足于道德悖论现象研究的本身。笔者渐渐有了这样的觉悟：关于“道德悖论是不是逻辑悖论”或“是不是纯粹逻辑悖论”的争论其实并不重要，重要的是道德悖论现象研究在何种意义上与逻辑悖论研究“并行”和“相适应”，并在此前提之下寻找和拓展自己的“拐点”，延伸自己的生命线。有学者指出：“柏拉图、笛卡尔、康德、胡塞尔这样的大哲学家之所以有巨大的精神创造性，缘于他们能抓住常识问题中的破绽，他们有异乎寻常的辨别细微差异的能力。”他称这些大师对人类思维最大的启发性贡献就是寻找创造新理论的“拐点”。[②]此言甚是！我等与这些大师当然不可相提并论，但生逢变革与创新的年代，寻找“拐点”是一种千载难逢的历史机

① 参见钱广荣：《把握道德悖论概念需要注意的学理性问题》，《道德与文明》2008年第6期；《道德悖论研究的话语权问题》，《齐鲁学刊》2009年第5期等。

② 尚杰：《“外部的思想”与“横向的逻辑”》，《世界哲学》2009年第3期。

遇，也是学人需要具备的职业良心和责任。

基于这种觉悟和认识，笔者不打算再纠缠于“道德悖论是不是逻辑悖论”或“是不是纯粹逻辑悖论”的争论，开始立足道德自身的逻辑问题[①]，在与逻辑学和伦理学“并行”和“相适应”的前提之下探究道德现象“常识问题中的破绽”，寻找和发展支撑道德悖论现象研究的“拐点”。

道德真理逻辑：求真

道德真理逻辑是道德逻辑体系的基础，其对象是道德与经济、政治、法制之间的逻辑关系，通过揭示和叙述这类客观逻辑关系的真实面貌说明“道德是什么”。就是说，道德真理的逻辑方向或反映的规律是求真，其知识形式属于真理观范畴。因此，证明道德真理科学与否或科学水平如何，只能放到经济建设、政治建设、法制建设的实践中去检验，能够经得起经济、政治、法制建设的实践检验方可视为道德真理，反之则不是。用以检验的标准，形而上的抽象概念是“相适应”，即与一定社会的经济、政治、法制建设的客观需要和要求相适应，不相适应就是不合逻辑，就不是道德真理；而形而下的实用形式则是“有助于”，即有助于维护和促进一定社会的经济、政治和法制建设。可见，道德真理逻辑的本质在于反映一定社会发展与进步的客观规律，合规律性是其逻辑力量的根源和真谛所在。正因如此，在任何一个历史时代，道德真理逻辑都是那个时代的社会历史观的有机组成部分，也是那个时代的道德价值观和人生价值观的理论来源，属于观念的上层建筑。在阶级社会，道德真理逻辑的“真理性”所反映和体现的多是一定历史时代的统治者的道德意志。

历史上道德真理逻辑的知识都是以伦理思想的文本记载的，内涵和形式大体上有两种。一种是一般社会历史观和方法论意义上的成果，叙述的是当时代的人们（在阶级社会则是统治者及其他阶层）对道德与经济、政

① 道德逻辑是一种体系，总体上可分为“内在结构”和“外在结构”两个部分。关于“外在结构”部分，笔者将另文论述。

治和法制等社会存在之间的逻辑关系的认识。另一种是在第一种理论成果的指导之下，具体揭示和叙述特定社会里的道德与经济、政治和法制之间的逻辑关系，直接从道德上体现“统治阶级的意志”。后一种受到前一种的深刻影响，实际上是前一种合乎逻辑推演的结果。因此，从思维逻辑来看，要科学地建构道德真理逻辑，关键是要坚持和运用科学的社会历史观和方法论。

马克思主义唯物史观诞生以前，道德真理逻辑由于其自身存在的相对性（片面性）和有限性，不可能是彻底的，不可能真正揭示和说明道德与经济及“竖立其上”的上层建筑之间的逻辑关系，统治者及其士阶层为了提升道德真理知识的逻辑力量，惯于在形而上学本体论的意义上做文章，把现实社会的道德现象根源推到彼岸世界或人自身，用先验的预设形式宣示道德理论“不证自明”的绝对真理性，使之具备毋庸置疑的逻辑力量。这种虚拟的道德真理逻辑，在中国封建社会主要表现为“天命”观、“天道”观、“天理”观以及与生俱来的“性善”论。在黑格尔那里，则是可以外化并以自然界和人类社会的异在方式表现的“绝对观念”（他以“逻辑学”的范式，对这种“绝对观念”作了完整而精彩的唯心主义推演和论证）。这类形而上学的道德本体论，以其虚拟的方式掩饰了阶级社会里道德与经济及“竖立其上”的政治等上层建筑之间的客观关系，因此是不合逻辑的，但从主观逻辑来看，却反映了阶级社会里道德与经济及“竖立其上”的政治等上层建筑之间特定的“相适应”的客观关系，“有助于”阶级社会的稳定与发展，因此又是合乎逻辑的。在阶级社会，私有制必然合乎逻辑地产生普遍的私有观念，而普遍的私有观念是不利于统治阶级维护其利益和社会发展的整体要求的，这就在社会历史条件的意义上为虚拟和建构形而上学的道德本体论提供了“客观依据”。

实际上，道德作为“实践理性”，其根源和本质是无须用本体论加以证明的，更无须用先验的本体论加以证明，因为道德理论思维的对象和基础是现实社会的道德经验现象。它只是表明，在道德真理逻辑中建构和推崇先验的本体论只是阶级社会里的特有现象，并不具有永恒和普遍的意义。这样说，不是要否认人类在建构道德真理逻辑中需要运用形而上学的思辨方法。

道德真理逻辑的知识和学科形态是多以文本的形式建构和表达的伦理学。历史地看，伦理学的内容体系丰富多彩、五花八门，但其逻辑对象却无一不是社会的、历史的，所要回答的本质和规律问题都是“道德是什么”。在历史唯物主义视野里，伦理学有史以来关于“道德是什么”的绝对真理的对象其实只有一个。伦理学的理论叙述方式乃至范畴形式可能会是个人的，但其对象和实质内涵必须是社会的、历史的，具有社会公认度和公信力。一个人可能会创建反映他“一家之言”的伦理学，但他的“一家之言”不应背离“道德是什么”的求真逻辑和绝对真理，而只能是围绕“道德是什么”丰富和发展求真逻辑和绝对真理的内涵，表达个人的叙述风格和个性特征，所谓“一家之言”的本质内涵必定是“大家之言”。不作如是观，“一家之言”就不可能合乎道德真理的建构逻辑，获得社会的公认度和公信力，无益于伦理学的学科建设。不要以为，花了许多年的工夫写就了关于道德的鸿篇巨著，冠之以“伦理学原理”，它就是了。真正的伦理学原理不应当离开历史唯物主义的方法论路径，侈谈“道德是什么”。

当社会处于变革时期出现了道德价值多元化和“道德失范”时，人们需要道德真理给予合乎逻辑的解读，以排解“道德困惑”，因而需要发展道德真理逻辑，这样的解读和发展不可离开唯物史观的视野。当代中国的改革开放，在取得举世公认的成就包括人在思想道德方面的巨大进步的同时，也出现了诸多“道德问题”。很显然，这些问题的出现源于社会的经济关系发生了变革，以及随之引发的民主与法制建设，它们呼唤着伦理学的“原理”给予合乎逻辑的解读。在这种情势下，我们是到变革的实践中去寻找理论创新的逻辑力量，还是希冀“多元主义的解放”或“德性伦理”的回归，难道还需要太多的“见仁见智”的争论么？

道德价值逻辑：向善

道德价值是关于道德价值的观念和标准及践履道德价值的行为准则和规范的总称，观念、标准、准则和规范是其基本范畴。道德价值的对象是人关于理想生活的意象和目标的价值祈求，即道德与理想生活之间的主观关系或“思想关系”。道德的广泛渗透性特点多体现在道德价值方面，一切社会关系包括家庭等“私人关系”和“私生活”领域，凡涉及观念、标准、准则和规范问题，一般都包含这样的“思想关系”，具有道德价值，涉及善恶评价的道义问题。

道德价值作为特定的观念、标准、准则和规范历来都是由社会提出并加以倡导的，即所谓“价值导向”，个人可以内化观念、恪守标准、遵从准则和规范，却不能提出和倡导观念、标准、准则和规范。社会提倡的道德价值无疑都是引导人们向善的，所以道德价值的本质和逻辑是向善，这是其逻辑建构的基本特性和要求。它通过叙述和诉诸主体实存状态与其希冀的理想之间的某种（或某些）价值联系，说明和告诉人们“道德应当是怎样的”，引导人们向善。

如果说，一切价值关系都具有假设（或预设）的特性，那么在道德价值关系中这种假设特性就更为明显，“假设—理想—实现”是道德价值逻辑最基本的推演形式。中国古代关于道德价值假设最为经典的记载，要数《礼记·礼运》的如下文字：大道之行也，天下为公。选贤与能，讲信修睦，故人不独亲其亲，不独子其子，使老有所终，壮有所用，幼有所长，鳏寡孤独废疾者皆有所养。男有分，女有归。货恶其弃于地也，不必藏于己；力恶其不出于身也，不必为己；是故谋闭而不兴，盗窃乱贼而不作；故外户而不闭，是谓大同。这种“大一统”的“封建乌托邦”式的理想社会，就是基于道德价值的假设而描绘的。假设是道德价值的本质特性，没有假设也就无所谓道德价值。这一本质特性容易使人产生一种错觉：关于“道德应当是怎样的”的假设似乎可以由心而发，随心所欲，不存在什么规律和逻辑问题。其实不然。不论是社会还是个体，假设任何理想生活的意象和目标都是为了实现某种（某些）实在的价值。虽然，在某种特殊的情境下人们假设某种“想当然”的向善目标或许是必要的，如同中国古人假设和追逐“大道之行，天下为公”的目标那样，但是，这不应当是人类假设向善目标的普遍原则和真谛所在。如果“讲道德”的价值追求仅仅停留在“讲讲”的精神愉悦上面，不顾“讲”的结果是否真实地实现了道德价值，道德价值岂不成了一种装潢社会和人生的形式了吗？这样的向善导向其实是在误导社会和人生！如此看来，向善的合目的假设也是有其合规律性的特殊要求的，这就是“可望而可及”，或虽“可望而不可及”却有不可或缺的意义。

道德价值逻辑的向善知识具有超验的特点，体现这一特点的语言命令形式就是人们常说的“应当”；道德价值逻辑的知识体系就是依照“应当”的命令建构的，抽去“应当”也就不合其逻辑了。不少年来，学界一直有人主张倡导“普世伦理”和“底线道德”的价值标准和行为准则，对此人们见仁见智。在我看来，重要的是其主张倡导的“普世伦理”和“底线道德”如果属于“应当”范畴，那还是应该引起关注的，反之就大可不必了，因为那样的“伦理”和“道德”已不属于道德价值逻辑范畴。

道德价值逻辑的“应当”表达和传播方式与道德真理逻辑有所不同。求真逻辑的知识一般是以文本方式表达和传播的，而向善逻辑的知识除了文本以外更多的则是以社会经验和风俗习惯的方式表达和传播的，形成一种广泛渗透、源远流长的民族传统。儒学伦理文化的道德价值观多是以文本方式记述和传承的，将道德真理问题与道德价值问题混为一体，这造成了一种误导：以为读了儒家经典文本就掌握了道德真理和道德“真谛”，既可以做“智者”（“学问人”），又可以做“圣人”（“道德人”）。实际上，道德价值一旦成为文本知识，“读道德书”和“做道德人”就成了两码事。一位从未读过道德书的文盲村妇，不会因为贫穷而偷盗，因为向善逻辑的经验和习惯所建构的社会氛围已经使她成为“道德人”。而一个熟读经书的文化人虽可成为“智者”却也可能会同时成为伪君子，干出伤天害理的缺德事情来，原因就在于他只把道德经典当作“道德书”来读了，没有经过村妇那样的洗礼。须知，当“读道德书”的人只是把书中的向善逻辑知识当作求真的逻辑知识来追问的时候，他可能会成为“智者”（“学问人”），但不一定能够成为“圣人”（“道德人”），他可以去应对涉及道德知识的考试和说教，却难能担当社会和人生的责任；当一个社会形成这样的“读书风气”的时候，这个社会的“道德学问”可能会很发达，但这个社会的“道德风气”却恰恰可能会因此而低迷。中外伦理思想史上有一种现象：一些本属于道德价值逻辑的道德经验被当作道德理论逻辑载入了道德文本，被当作道德真理教导着一代代新生人类。[①]事实证明这容易产生“道德教育误导”，使受教育者误以为只要自己能够做到“推己及人”“将心比心”，别人也就会“己所不欲，勿施于人”，“己欲立而立人，己欲达而达人”，“君子成人之美，不成人之恶”了。这种误导所积累的效应必定是悖论性质的，即在培养真心实意“讲道德”的仁人君子的同时，培养了假仁假义“讲道德”的伪善小人，而后者通常是以前者“讲道德”的成果为寄生条件的。

需要注意的是，向善只是道德价值的逻辑方向或趋向，并不就是道德价值的逻辑走向，更不是道德价值本身。“方向”和“趋向”反映一种“势”，表现的是道德价值的观念、标准、准则和规范可能成为实际的道德价值的“势”；“走向”展现一种“走路”的“方向”，表达的是道德价值付诸实现的路径。因此，向善不等于就走向善，走向善（路径）也不等于就获得善的结果。就是说，道德价值逻辑的向善只是一种道德价值的可能形式，并非就是一种道德价值的实际路径，更不就是道德价值事实本身。因此，以为有了道德价值的向善的逻辑体系就可以赢得社会和人的道德进步的看法，是不正确的。如何理解和把握道德价值的向善逻辑以将道德价值的可能转变为道德价值的事实？这是另一个道德逻辑话题，此处暂不展开。这里我们要分析的是，向善的道德价值逻辑的建构和评价的问题。

① 如《论语》记载的“己所不欲，勿施于人”，“己欲立而立人，己欲达而达人”，“君子成人之美，不成人之恶”，当代歌曲“只要人人都献出一点爱，世界将变成美好的人间……”（《爱的奉献》）等。

长期以来，中国伦理学关于道德价值评价的标准大体是：将道德评价的标准等同于道德价值的观念、标准、准则和规范，与此相符就是合乎道德，反之就是不道德。这种“用尺子量尺子”的评价范式，缺失客观内容，掩盖了一种方法论的错误。在历史唯物主义视野里，道德价值是一个历史范畴，其向善的逻辑方向自然也是一种历史范畴，虽然人类社会有史以来一直传承着一些具有永恒意义的向善因子。

在一定社会里，道德价值总是一元主导和多元并存的统一体，这是道德价值的求善逻辑一个重要特征，片面强调道德价值的一元化或多元化都是不合逻辑的。而关于道德根源和本质的真理则只能是一个。人类面对自己的生存和发展环境，感到最熟悉而又最复杂的问题是价值问题，面对道德价值问题的感觉更是这样。这主要是因为，对同一种价值的认同和选择，不仅不同时代的人们会“见仁见智”，而且同一时代的人们也会，甚至面对一个具体的伦理情境的道德价值选择时，不同的人也完全可能会如此。

道德选择逻辑：求善

道德选择即道德行为选择。道德行为是指在一定的道德认识支配下表现出来的有利于社会或他人的行为，因此，道德行为选择也就是关于道德价值的选择，逻辑指向是求善。以往的一些伦理学论著把有害于社会或他人的行为也列入道德行为，这是不合逻辑的。

作为道德逻辑体系内在结构的一个层次，求善的道德行为选择只受善良动机即“他人意识”“集体（社会）意识”的道德认识和情感的支配，这是它的逻辑终点，也是道德逻辑体系的外在结构即道德实践逻辑的起点。然而，很多人对这个逻辑环节却不大关注，忽视它至少涉及的两个重要的逻辑问题。

首先是求善选择与向善标准是否合乎逻辑的问题。道德行为选择的向善的道德价值标准，只有在一致或大体一致的情况下才可以建立起求善与向善之间的逻辑关系，为求善的道德行为选择及价值实现奠定逻辑前提，选择才有道德意义。如果选择的动机是出于求善，而选择的价值标准却不是向善的，或虽是向善的却不适合所选行为的向善要求，那么这样的选择就是不合逻辑的，就会因失去求善的逻辑前提而使求善的行为合乎逻辑地同时走向“求恶”，最终演绎出道德悖论现象。浩然的小说《艳阳天》里有一位乐于助人的焦淑红，为帮助揭不开锅的懒汉把自家的粮食赠送给他，结果那懒汉因解决了肚子的问题反而变得更懒了。焦淑红求善的选择没有错，她的错在于选错了不合适的向善标准——仅是助人以物品而没有助人以精神。

其次是求善选择的自由与必然（责任）是否合乎逻辑的问题。自由与必然是马克思主义实践哲学的一对基本范畴，也是伦理学涉论的一个基本问题。在道德选择中，自由与必然的问题亦即自由与责任的问题，如何认识和对待两者的关系涉及主客体方面诸多具体的逻辑问题。比如：求善的选择自由是否存在责任问题？也就是说，只要出于善良动机是否就可以对行为选择所产生的不良后果不负责任？中国传统伦理学的道德评价理论对此的回答倾向一贯是持肯定态度的，即使已构成法律上的“过失犯罪”也确认是“情有可原”的，这就是所谓“动机论”。不能说这种传统的评价意见没有道理，因为“好心办坏事”的情况难以避免，如果因此而给予道德批评，那就会挫伤人们“讲道德”的积极性。但同时也应当看到，这种传统的评价意见毕竟是不符合求善逻辑的，因为它实际上否认了自由与责任之间互为依存条件的逻辑关系。

再比如：求善的选择自由属于思想自由还是行为自由抑或两者兼而有之？如果只属于思想的自由，那其实就否认了求善选择应当受到客观条件的限制。人的思想总是绝对自由的，一个人持何种高尚的动机选择他的行为别人是管不着的，但从求善的结果反观之则不可这样看。分析和说明这当中的逻辑问题，涉及主体求善的条件和环境。主体选择求善需要具备力可从心的条件，否则就会在初始的意义上种下产生“道德悖论现象基因”，在此后由求善到具体行善的过程中会同时“作恶”，最终演绎出善恶同在的道德悖论现象，致使求善的目的不能真正达到或基本不能达到。一个穷国无私地支援别国，却是以本国国民勒紧裤腰带为前提的，这种“高尚”的求善之举合乎道德逻辑吗？一个完全依靠农村父母种地收入（有的甚至变卖家产、卖血）资助其上学的大学生，为了助人为乐而时常慷慨解囊，此种善举是以花费父母的“血汗钱”为代价的，能够给予表扬和提倡吗？[①]从环境因素看，主体的求善选择总是要受到环境因素的保障和制约的。保障是有利的环境因素，制约是不利的环境因素，有利或不利的因素在主体求善的过程有的是可变的，这就在逻辑起点的意义上影响着求善是否为善的行为选择。由此看，求善的动机虽然是一种“思想自由”，但却是受到多种因素限制的，因此不能不考虑求善的动机是否合乎逻辑的问题。

诚然，求善必定完全为善的情况并不多见，相反，善恶同显同在的自相矛盾情况司空见惯，这本身就是合乎逻辑的，也是研究道德悖论现象之必要性和意义所在。因此，刻意要求人们求善选择必须最终完全为善并不是科学的态度，但是，若是因此而不追问求善选择是否合乎逻辑那就更不应该了。

由上可知，道德逻辑体系内在结构的三个层次，既不是纯粹的道德主观逻辑，也不是纯粹的道德客观逻辑，而是道德主客观逻辑在人的思维活动中建构的产物，它表明，道德逻辑体系的内在结构是关于道德真理、道德价值和道德选择相统一的逻辑体系，分析和建构这样的逻辑关系至关重要。

道德的求真、向善和求善逻辑的逻辑关系，大体上可以描述为：求真的真理逻辑是道德逻辑的认识前提，向善的价值标准逻辑是道德逻辑的推演方向，求善的选择逻辑是道德逻辑的判断环节，道德逻辑体系的内在结构经由这个判断环节而延伸到道德逻辑的外在结构，进入道德实践逻辑的演绎领域。由此可以看出，道德逻辑体系的内在结构是其向外推延和扩张的逻辑前提，其是否合乎逻辑在前提的意义上影响到道德实践中的逻辑建构问题，也就是说，在根本上影响到社会和人的道德进步。

---

① 这个问题的复杂性在于它涉及求善的价值比较问题：按照一些人的观念，帮助他人是“公德”而体谅和孝敬父母属于“私德”，“公德”大于“私德”，因此这位农村大学生应当帮助他的困难同学，否则就是自私，他的行为是该表扬的，甚至是值得提倡的。然而我认为，这样的行为不该表扬，更不能提倡，其道德价值比较也不存在所谓“大”与“小”的问题，即使在道德价值的评价上可以分出“大”与“小”，也表明它是一个道德悖论问题，需要的是“具体情况具体分析”。

“道德”涵义辨析及对构建伦理学体系的反思*

中国古人视界中的道德是由在此之前的“道”与“德”这两个不同概念演变而来的。“道”的基本含义是独立于个体而存在的社会规范和行动准则，“德”是个体得社会之“道”而形成的“心得”——“德者，得也”[①]，即个人的道德品质。“道”与“德”的逻辑关系自荀子加以贯通连用为道德后，含有社会道德原则规范与个人道德品质两层基本意思，后者实则为“德（得）道”。两者之间古人更看重“道”，先后提出具有本体论意义的“天”“天道”“天理”“天性”“人性”等范畴，其实都是为了说明道德的社会规范和规则的绝对权威性和无可置疑性。这是古人的理解范式。

中国伦理学自20世纪80年代初开始复兴以来，一些权威性的伦理学论著阐释道德的含义采用的方法是从介绍上述古人的理解范式、说明“道”与“德”及道德的历史由来起步，但是在此后分析和阐述道德的时候，视界却局限于古人所说的“道”，把道德仅仅看成是独立于个体而存在的一种特殊的社会意识形式和“社会规范的总和”，一般是这样表达道德的含义的：道德是由一定的社会经济关系决定的，依靠社会舆论、传统习惯和人们的内心信念来评价和维系的，用以调整人们相互之间以及个人

* 原载《学术界》2007年第2期。

①《礼记·乐记》。

与社会集体之间的关系的行为规范的总和。一些权威性工具书的解释如出一辙。如《汉语大词典》称道德是“社会意识形式之一，是人们共同生活及其行为的准则和规范”，《中国国情大全》说“道德是人类社会的一种特殊社会现象，它是人与人之间、个人与集体、国家、社会之间的行为规范的总和”，《中国大百科全书》认为道德是“伦理学的研究对象。一种社会意识形式，指以善恶评价的方式调整人与人、个人与社会之间相互关系的标准、原则和规范的总和，也指那些与此相适应的行为、活动”。《中国大百科全书》对“道德”的阐释相对于前两种要周全一些，但基本倾向还是将道德归结为特殊的社会意识形式和“社会规范的总和”，亦即古人所推崇的“道”。这种通用的伦理学方法早已渗透在学校的道德教育体系中。笔者曾作过相关的调查，发现在校学生在回答“什么是道德”的时候，绝大多数将道德视为“身外之物”的“道”，将其归结为一种特殊的社会意识形式和社会规范的总和。

这种通用的伦理学方法使得目前我国通行的伦理学体系，存在不少“硬伤”，如分析和阐述“道德本质”“道德特征”“道德起源与发展”“道德进步”“传统道德”，只是分析和阐述社会意识形式和“社会规范的总和”的“道”的本质、特征、起源与发展、进步，只是传统之“道”即传统的道德理论、道德思想，将道德与政治、法律、文艺、宗教作比较，只是将“道”与政治、法律、文艺、宗教的思想和规范作比较，等等。在学理上，这种通用的伦理学方法给人们留下了一个大疑问：个人的道德品质有没有“本质”“特征”“起源与发展”“进步”和“传统”？一个人的道德品质与其政治观念、法制意识、文艺创作与欣赏能力及宗教信仰有没有关系？如果有，那是什么关系？

诚然，当代中国伦理学体系一般在后部分都论述到“道德情操”“道德人格”“道德品质”“道德教育”“道德修养”等领域，但问题是既然已将道德归结为社会之“道”，那么所谓“道德情操”“道德人格”“道德品质”“道德教育”“道德修养”，岂不成了关于“道”的“情操”“人格”“品质”“教育”和“修养”了吗？抑或不是这样，而是关于个人道德品质的“情操”“人格”“品质”“教育”和“修养”，那么从伦理学体系的内在逻辑结构看，这种前后不一致的情况是不是偷换了学科的基本概念呢？不仅如此，就道德建设（目前流行的伦理学学科体系尚没有这一部分的内容）而言，究竟是关于“道”即特殊的社会意识形式和“社会规范总和”的建设，还是关于个人道德品质的建设或两者兼而有之？似乎也因此而成了问题。观察思考一下多年来我们的道德建设，许多地方、许多情况下所建设的是“道”而不是包含个人道德品质在内的道德整体，所取得的显著成就多在“道”的层面而不在“德”的层面，道德的发展进步更多的是“道”的丰富和趋向完善而不是“德”的发展进步，这个人所共知的事实与盛行这种通用的伦理学方法难道不存在某种联系？当然，“道”的建设和繁荣对于社会的道德发展和进步是必不可少的，但是道德建设的宗旨是要促使人们“德（得）道”，以养成与经济发展和整个社会文明进步相适应的个人道德品质，如果只注重“道”的建设和繁荣，包括关于“道”的教育和修养，而轻视“德”的教化和养成，那就易于使道德建设包括道德教育和道德修养走上形式主义，这样的道德发展和进步、个人所形成的道德品质其实往往是“表面”的，因而多具有“虚假”的性质。

那么，道德究竟是什么？道德在整体上究竟是怎样的？这个最为基本的问题是需要我们认真加以辨析，给予重新认识的。在我看来，作为伦理学的特定对象的道德，是社会规则与个人品性的统一体，它是人类在满足其自身生存和发展需要的实践理性的指导和驱动下创造的一种特殊的精神世界和精神生活方式。

当人猿揖别自身演化成人类的时候便同时“演化”出区别于一般动物类的精神世界和精神生活方式，这一世界和生活方式的基质和主要内容是道德。人类童年的道德，主要表现为原始共同体约定俗成的风俗习惯，一般与原始宗教禁忌的观念和活动方式浑然一体，并不具有多少后来以文字文化记述和诉诸的社会意识形式和“社会规范的总和”之“道”的形式，但却是维系原始共同体的社会生活和人们相互关系的极为重要的精神纽带。进入以小农经济为基础的专制社会后，经济关系的变革及阶级对立和对抗的产生，使得原始社会的道德呈现两个演变和发展方向：一是渐渐与原始宗教禁忌疏松、疏远乃至最终脱离，以“约定俗成的风俗习惯”的形式存续下来并在此后的历史变迁中不断得到扬弃和丰富，沉积在最广泛宽厚的庶民社会之中，这是今人仍然保持着远至原始人古风的世俗道德的原因所在。二是同专制（奴隶制和封建制）政治和刑法联姻并相互包容与渗透，上升为国家的社会意识形式，并在社会规范的意义上具体化为“政治化的道德”“法律（刑法）化的道德”。在中国，这种演变和发展就是起步于西周而形成于西汉时期的“纲常伦理”，先秦诸学崇奉的“天道”，宋明理学鼓吹的“天理”，无非是要在“本体论”的意义上给“纲常伦理”以一种根本性的支撑而已，将前者转化为“地道”和“地理”之“大道”，两者并无本质的不同。“大道之行”的宗旨在于让庶民“得道”，将社会之“道”转化为庶民之“德”，演变成“日常伦理”，中国封建专制统治者厉行的“教化”可以由此而一言以蔽之。如是，道德世界这两个演变和发展方向的产物实现了统一，形成了封建社会人们一种特殊的精神世界和精神生活方式。道德也因此而充当了封建统治者管理国家和治理社会的一种手段，一种“统治之术”，即所谓“德治”。耐人寻味的是，在第二方向的演变和发展过程中，道德的社会意识形式部分——“道”被不断地突显出来，而其本有的面貌——“道”与“德”的统一体却渐渐地变得模糊不清了。

然而，不论是在传统还是现实的平台上，人们总是习惯于把道德作为一种与自己休戚相关的精神世界和精神生活来看待，感到“道”是“身外之物”，自己离开其特定时代的“道”依旧可以生活，道德就实实在在地存在于自己的日常生活中，不仅人与人之间和个人与群体之间相处相交往和合作需要那些既成的道德，而且自己的心理感受也离不开那些既成的道德，处在这样有道德的环境中就会心情舒畅、感到幸福，促使事半功倍，反之则会感到“烦死人”甚至“不想活了”。就是说，生活在现实道德世界中的人们所关注的往往不是现行的“道”，而是传统的“德”及其营造的道德环境。在这个问题上，中国人与西方人其实并没有什么不同。西方人从古希腊开始便主要将道德归结为个人的道德品质或素质，认为“道德是一种在行动中造成正确选择的习惯，并且，这种选择乃是一种合理的欲望”[①]，是“行为、举止的正直（正当）和诚实”。

正因如此，关于什么是道德，中国自古以来统治者和思想家与普通老百姓的看法总是大不一样，前者关注的更多是社会推行的“道”，后者关注的更多是社会之“德”，道德整体世界长期被人为地切成两块。今天通用的伦理学方法实际上强化了这种“两张皮”的现象。它的形成和习惯使用，与一些人对马克思主义关于社会存在决定社会意识、经济基础决定上层建筑的基本原理缺乏辩证分析和理解是直接相关的。

马克思主义认为，道德根源于一定社会的经济关系。恩格斯说：“人们自觉地或不自觉地，归根到底总是从他们阶级地位所依据的实际关系中——从他们进行生产和交换的经济关系中，获得自己的伦理观念。”[②]理解和把握这个著名的科学论断，需要注意的是：产生于一定经济关系基础之上的“伦理观念”是自发的，不确定的，既不是社会之“道”，也不是个人之“德”，因而并不是道德，或不是完整意义上的道德，而只是构筑“道”“德”和整个道德精神世界的“质料”；道德与经济的关系并不是“伦理观念”与经济的关系。“伦理观念”转化为道德的社会意识形式和“社会规范的总和”，也就是如今一些伦理学人惯用的“道德”，需要经过一系列的“社会加工”过程，“加工”的标准是与政治制度建设和社会发展进步的总体需要相适应。

第一，是人文社会科学尤其是伦理学进行理论思维的“社会加工”。其使命是根据国家建设和社会发展进步的客观需要，通过取舍、提炼将自发、不确定的“伦理观念”这种道德世界的“质料”上升到社会意识形式的层次，提出道德的“社会规范的总和”。一定社会的道德的“社会规范的总和”总是对其时代的“伦理观念”的超越，源于“伦理观念”又与“伦理观念”存在质的差别，不能以为社会存在什么样的经济关系就必须

① 周辅成编：《西方伦理学名著选辑》上卷，北京：商务印书馆1964年版，第331页。

②《马克思恩格斯选集》第3卷，北京：人民出版社1995年版，第434页。

提出什么样的社会之“道”。实行改革开放和发展社会主义市场经济以来，学界有些人一直主张为“个人主义正名”“以个人主义代替集体主义”，其主要“理论依据”就是改革开放和发展市场经济中的“生产和交换关系”必然产生尊重个性解放、个人自由、个人独立性之类的“伦理观念”。其理论思维的失误在于没有看到这类“伦理观念”在自发的意义上虽是个人主义的温床，但社会主义国家的建设及全社会的文明进步需要的不是个人主义而是集体主义，作为伦理道德观的个人主义之“道”与集体主义之“道”之间存在本质的差别。由于理论“加工”的产品多是“正统”的“道”，所以一般都以文本形式给予固定和传承，通用伦理学方法所涉猎的“传统道德”，其实多为这种传统之“道”。

第二，是政治的“社会加工”。它一方面为理论的“社会加工”提供指导和监督，要求理论的“社会加工”过程和产品在真理与价值上同自己保持方向一致。另一方面为理论的“社会加工”的产品特别是“社会规范的总和”的提倡和实行提供可靠的社会保障条件。道德文明史表明，社会之“道”的提倡历来离不开政治的“干预”，离不开政治的“庇护”，否则必会失去自己的生命力。“徒善不足以为政”[①]，诚哉斯言。

第三，是法制的“社会加工”。这种“加工”不仅体现在以法律的形式确认“社会规范的总和”的合法性，实现“良法”与“善道”的统一，而且体现在打击违背“良法”的“缺德”行为，净化人的德性和道德环境。道德，不论是在“道”的提倡和推行上还是在“德”的教化和养成上都需要法律和法制的支撑，孟子曰“徒法不足以自行”，其实“徒道”也是“不足以自行”的。

第四，是教育包括自我教育即道德修养的“社会加工”。其宗旨在于用社会意识形式和“社会规范的总和”的道德育人，使人们脱离对“伦理观念”的自发接受和由此而产生的可能的不良影响，实现由个人道德品质生发的价值取向与国家建设的要求和社会发展进步的方向相一致的转变，变成“道德（‘得道’）人”。

①《孟子·离娄上》。

第五，是道德风尚的“社会加工”，也就是一些伦理学人常说的营造道德环境。“道德人”是道德世界的主体。“道德人”既是道德环境的创造者，也是道德环境的享用者。道德世界中人与环境的关系的真谛是：人在“加工”和营造各种道德要素以形成道德环境的过程中把自己塑造成“道德人”，“道德人”在这一过程中同时又营造和享用着道德环境；“道德人”“加工”和营造着各种道德要素以形成道德环境，道德环境影响和培育着“道德人”；“道德人”与道德的发展进步是一种互动的社会历史过程。由于受自身和各种外在因素的影响，“道德人”所“得”之“道”已不是“原质”意义上的社会意识形式之“道”，“道德人”并不是“道的人”，故而由其创造和享用的道德环境也并不是“道的环境”；在人类历史上，作为“统治阶级意志”的“道”从来都没有完整地“统治”过它的“道德人”和道德环境。

由此看来，根源于一定社会的经济关系基础之上的道德世界，整体上由“伦理观念”、社会之“道”、个人之“德”及社会风尚四个部分构成。其内在的逻辑关系是：“伦理观念”是道德世界的原始“质料”，“道”是道德世界的上层建筑，“道德人”是道德世界的主体，社会风尚是道德世界的内部环境。“道德”——道德之“道”与整个道德世界是存在重要差别的，仅以“道”立论看道德的本质、特征、传统、发展与进步等的伦理学方法是不科学的。

道德的数量关系形式及伦理公平问题*

一

恩格斯在谈到经济与道德的关系时指出："人们自觉地或不自觉地，归根到底总是从他们阶级地位所依据的实际关系中——从他们进行生产和交换的经济关系中，获得自己的伦理观念"[①]，而"每一个社会的经济关系首先是作为利益表现出来的。"[②]普列汉诺夫在谈到道德时也认为"利益是道德的基础。"[③]利益本质上是社会关系，不论是人们相互之间还是个人与社会集体之间的利益，都需要用"关系"的理解范式加以解读和把握。利益作为道德的客观基础，正是在这样的"关系"的基础之上形成、发展和走向进步的。

各种利益关系，在数学的视野里都需要用数理关系的形式来说明，不同的利益关系需要用不同的数量关系来表达。在这里，利益关系本身是道德的性状和调整方向的实质内容，反映利益关系的数量关系则是道德的性状和调整方向的表现形式。由此看，道德的内容和形式的一致也可视作利

* 原载《安徽理工大学学报》(社会科学版)2003年第2期。

①《马克思恩格斯选集》第3卷，北京：人民出版社1995年版，第434页。

②《马克思恩格斯选集》第2卷，北京：人民出版社1972年版，第537页。

③《普列汉诺夫哲学著作选集》第2卷，北京：生活·读书·新知三联书店1961年版，第48页。

益关系与数理关系的统一，道德的“形而上”与“形而下”的统一。道德离开利益关系就会“出丑”，离开反映利益关系的数量关系就只是“形而上”的东西，不易于为人们所把握，在认识和实践的层面上都失去其可操作性。

在实际的道德生活中，道德的数量关系的常态形式是“一”与“一”、“少”与“多”，表达的是个人之间（“一个人”与“另一个人”之间）的利益关系、个人与社会集体（“一个人”与“多个人”之间）的利益关系。人关于这种数量关系概念的形成与其道德观念的形成是紧密联系在一起的。一个人在自己与另一个人发生利益关系时，如果只是抱着“我一个”的概念，即只看到自己的利益以至于只以自己的利益为中心而无视“另一个”的利益，他就违背了人与人之间在利益问题上需要互相关心、爱护和帮助的道德要求。夫妻之间的婚姻关系是“一加一”的数量关系，如果有“一方”在婚姻关系之外“加”上了“另一方”，在一夫一妻的婚姻制度下他（她）的行为也就同婚姻道德的要求相背离。车上只有“一个”座位，一个老者随你身后上车，你是抢先占座还是留给后面的“这一位”，事实上也存在一个是否合乎道德要求的选择问题。一个人在自己与集体（“多个人”）发生利益关系时，是注意将“我一个”与集体（“多个人”）的利益结合起来还是对立起来，在发生不可调整的矛盾的时候是以“我一个”服从集体（“多个人”）还是置集体（“多个人”）于不顾，更是一个十分典型的伦理道德问题。

数理关系概念与道德观念的普遍联系，在许多情况下还以某些特殊的形式表现出来。如在年龄上有“长”（“多”）与“幼”（“少”）的数量关系，如果不尊重长者，那就是“长幼不分”，不符合社会公共道德要求。在人际交往的礼节上，有“轻”（“少”）与“重”（“多”）的数量关系，所谓“礼多人不怪”，“千里送鹅毛，礼轻人意重”，说的正是“多”（“重”）与“少”（“轻”）的数量关系，其间的道德主张不言自明。在实物分享上，有“大”（“多”）与“小”（“少”）的数量关系，谁若将“大”苹果让给别人，“小”苹果留给自己，一般人们便说其行为是合乎道德的，反之则会被人们指称为“自私鬼”。如此等等，都表明任何人在表达自己的道德选择和态度的时候，都会不可避免地将道德观念与数量关系的概念联系起来，差别仅在于道德选择的价值取向和态度不同，数量关系合理就是善，反之就是恶。一个人是否能够自觉地运用特定的数量关系来处理自己与他人和集体所发生的利益关系，是衡量其是否具备特定的道德品质的价值尺度。道德的数量关系值也是道德标准，关系合理也就是道德自身的价值实现。

从数量关系上认识、理解和把握道德，是人道德品质养成和进步的基本方式。人从呱呱坠地到能够跟着大人们“一、二、三……”地数数、“识数”，表明人的数量概念已经萌发；从“识数”到能够渐渐地跟着大人们学会用“数”的“多”与“少”对己待人、“做人”,将多的“数”给他人而将少的“数”留给自己，或反其道而行之，表明人已经产生了数量关系概念，并在其中表明自己初步的道德立场和道德选择态度。后来，随着人的受教育经历和人生经验的积累，数量概念与道德的联系便渐渐宽泛，变得越来越深刻。一个人在自己的发展过程中，一刻也离不开对数量关系法态度表明，一刻也离不开由此出发获得的道德认知，作出的判断和选择。

二

道德的数量关系与道德的价值标准相一致，是“真”与“善”的统一。对数量关系的态度，反映特定历史时代的社会道德风尚和人的道德境界。

人类至今，大凡数量的“多”与“少”之“真”为人们所普遍认同的历史时代，社会道德风尚一般是良好的；反之，谁都可以对数量关系不负任何责任，社会道德风尚必定呈现出“世风日下”的衰败堕落的状况。大凡忠诚于数量的人，道德品质总是高尚的或是有道德的，他们“一是一，二是二”，以其对数量关系之真而表现出其道德之善。在这种人当中历来都有一些乐于慷慨解囊的人，他们常用自己数量不等的财物支持那些需要帮助的人们。而大凡缺乏数量概念或对数量之“真”抱着玩世不恭态度的人，总是“缺德鬼”。这类人当中还有一种爱玩数字游戏的人，他们热衷于做数量游戏的勾当，却对数量游戏的结果不愿负任何责任。而在爱玩数字游戏的人当中往往有一些握有实权、承担着特定领导责任的人，他们为了自己的升迁，爱在数量上大做沽名钓誉、欺世盗名的表面文章，时而编造出一些“天文数字”糊弄他们的上司，而他们的上司当中也不乏喜欢“天文数字”、明知被哄骗却又高兴得痒痒的人。这些人的卑劣行径，自古以来都遭到有良知的政治家和正直的人们的耻笑和唾骂，不断地被记载在历史的档案中。1998年，当时的朱镕基总理在安徽考察粮食问题时，曾看到该省某粮站“粮食满仓”的壮观景象。但当年11月12日中央电视台的《焦点访谈》却作了这样的曝光：某粮站的“粮食满仓”原来是当地为了迎接总理的视察，突击从全县数家粮站运去的。共运去1031吨粮食，加上原先的851吨，于是数量大增，终于够上“满仓”。这是试图以数字游戏糊弄他们上司的一个典型案例。也许正因为如此，在西方，古希腊有哲人十分重视数量与道德的联系，直至在本体论的意义上将道德归于“数”，认为“万物皆可以数来说明”，并将合道德状态归于“数的和谐关系”①。而后来的功利主义者则将合道德状态归于“最大多数人的最大幸福”，以此来修正和取代把人与人之间的关系理解为“人对人是狼”的霍布斯的极端个人主义思想。

20多年来我们一直坚持物质文明和精神文明“两手抓、两手都要硬”的发展方针，在物质文明取得举世瞩目的辉煌成就的同时，也赢得了道德与精神文明的巨大进步。但是毋庸讳言，社会道德生活中还存在不少“道德失范”的问题。《公民道德建设实施纲要》指出：“社会的一些领域和一些地方道德失范，是非、善恶、美丑界限混淆，拜金主义、享乐主义、极端个人主义有所滋长，见利忘义、损公肥私行为时有发生，不讲信用、欺

① 北京大学哲学系外国哲学史教研室：《古希腊罗马哲学》，北京：生活·读书·新知三联书店1957年版，第36页。

骗欺诈成为社会公害，以权谋私、腐化堕落现象严重存在。”这些“恶”的问题，多数与不能以“真”的态度对待数量关系直接相关。从这点看，规约和引导人们以诚实守信的态度对待数量关系，正确处理各种利益关系，正是法制和道德建设题中之义。

三

在道德上，人们相互之间及个人与社会集体之间的利益关系，本质上是道德权利与道德义务的关系，这种关系也可以用数量关系来表示。一个人只有尽了“一”份道德义务，才能相应地享受“一”份应得的道德权利，欲享受“一”份道德权利，就得首先尽“一”份道德义务；尽的道德义务“少”，相应享受的道德权利就“少”，尽的道德义务“多”，相应享受的道德权利就“多”。反映这种数量关系特定的合理性平衡状态的伦理范畴便是伦理公平。

中国的改革和发展社会主义市场经济，说到底是对过去在数量关系上失衡了的利益关系进行必要的调整，也是对以不同的数量关系形式表现出来的权利与义务的关系进行调整，其中就包含道德权利与道德义务的调整。这不仅是经济体制领域里的革命，也是道德领域里的革命，因为中国历史上长期没有道德权利一说。

中国历史上一方面是普遍分散的小农经济，一方面是高度集权的专制政治。小农经济是小农自私自利的“伦理观念”之根。自私自利的“伦理观念”具有自以为是、离心离德的自发倾向，不利于封建国家的整体稳定和繁荣，需要“大一统”的整体观念来改造和提升，由此而造就了用高度集权的政治统摄普遍分散的经济，用封建整体观念来扼制自私自利的小农意识的中国封建社会的经济政治和文化的结构模式。从数量关系来看，这是普遍分散的“多”与高度集权的“少”、自私自利的“小”与“大一统”的“大”的“统一”。在此基础上产生的儒家伦理文化实际上内含两个基本价值趋向。一是与“大一统”相一致，调整的对象是个人与国家及宗族之间的关系，基本特征是小视个人的权利，教人无条件地服从整体，属于所谓的“政治伦理”范畴。二是与自私自利的小农意识相左，小视自我的权利，调整的对象是人与人之间的关系，劝人无条件地善待他人，属于所谓的“人伦伦理”范畴。在这里，一方重握权利，一方重担义务。在儒家伦理文化长期影响下，中国人形成了重视“大”和“多”的他方权利、轻视“小”和“少”的己方义务的“做人”处世处人原则。在中国共产党所领导的革命战争年代形成和发展起来的革命传统道德，顺应了劳苦大众求翻身得解放的需要，中国共产党人实现自己崇高社会理想的需要，反映了中国共产党人无私奉献的高贵品格。中华人民共和国成立后，我们自然要继承和发扬革命传统道德，但也应创造新鲜经验，对革命传统道德实行与时俱进的改造、丰富和发展。但是，在计划经济年代和“左”的思潮盛行时期，在看待个人与国家集体之间的关系问题上，奉行的是“个人的事情再大是小事，国家集体的事情再小是大事”的价值标准，在看待和处理人与人之间的关系问题上强调的是重视他人“那一个”，小视自己“这一个”，谁违背了就会“理所当然”受到批评。

很显然，中国传统伦理道德在道德权利与道德义务的关系问题上长期处于一种失衡的状态，缺乏伦理公平的基质。这一历史性缺陷，可以放在道德的数量关系的平台上来解读，也可以放到这一平台上来调整。

综上所述，当代中国的伦理学研究和道德建设应当经过改革开放和发展社会主义市场经济的洗礼，充分注意各种道德现象和道德活动中的数量关系形式，高度重视道德权利和道德义务的对等和均衡，认真贯彻和实现伦理公正原则。

个人主义历史演变的内在动因及逻辑结构探究*

当代德国学者P.科斯洛夫斯基在考察“资本主义的道德性”时曾发出这样的感慨：“在对资本主义的哲学和政治经济学的基础所进行的研究的框架内，对资本主义的伦理学和道德所进行的研究肯定是最棘手和最缺乏清晰度的。”①对此，中国思想理论界多有同感。这种“个人主义困惑”表明，我们有必要对作为资本主义社会伦理道德的核心范畴和主导价值的个人主义作深入的探讨。本文试运用道德悖论的方法，分析个人主义历史演变的内在动因及逻辑结构，探究产生“个人主义困惑”的原因，进而揭示个人主义的真实面貌。

个人主义作为一个独立的概念，是18世纪法国学者托克维尔在其著作《美国的民主》中第一次提出来的。什么是个人主义（individualisms）？《不列颠简明大百科全书》作了这样的解说：一种极为重视个人自由的政治和社会哲学。现代个人主义与斯密和边沁的观点一起出现在英国，而托克维尔则认为这个概念是美国人的秉性中所固有的。个人主义是通过一种价值体系、一种人性理论、一种对某些政治、经济、社会和宗教希望的信念来体现的。个人主义者的一切价值都是以人为中心的；个人本身具有至高无上的价值，所有

* 原载《江淮论坛》2009年第5期。基金项目：国家社会科学基金项目“道德悖论现象研究”(08BZX065)。

① [德]P.科斯洛夫斯基：《资本主义的伦理学》，王彤译，北京：中国社会科学出版社1996年版，第1页。

个人在道德上都是平等的。个人主义反对没有经过认可的权威，认为政府的权力应该受到极大限制，只是维持法律和秩序，社会仅仅被看作是许多个人的集合。个人应该有权利在没有政府擅自干涉下，按照他们自己的方式选择他们的生活和处理他们的财产。在19世纪末和20世纪初，由于出现了一些直接对立的思想，例如共产主义和法西斯主义，个人主义思想的影响有所减弱，但在20世纪后期，个人主义思想又重新获得主导地位。应当说，这种界说是最具有权威性的，然而它只是叙述了个人主义的基本内涵和理论特征，并没有说明个人主义在其历史演变的过程中何以会出现不同的形态，没有揭示个人主义历史发展和演变的内在动力与逻辑结构，而这两个问题恰恰是科学认识个人主义的关键之处，也是研究个人主义“最棘手和最缺乏清晰度”的症结所在。

个人主义在其历史演变的过程中出现过不同的形态。早期形态是粗陋的目的论意义上的个人主义，表现为经济利己主义或极端利己主义，是“直译”资本主义商品生产和交换的经济关系和经济活动的产物，它是由霍布斯在《利维坦》中创建的。

霍布斯的利己主义学说有三个核心概念，即“自然状态”“自然权利”和“自然法”。它的建构逻辑是这样的：人在“自然状态”下具有一种自爱、自私的“天性”，这是“每个人所享有的按照自己意思使用自己的力量保全自己天性的自由，这种天性也就是他自己的生命”，是天赋的“自然权利”。“于是，如果两个人希望得到同一事物，可是却不能共同享有，则他们会变成仇敌，在达到这一目的的过程中（这一目的主要是为了自我保全，有时仅为了他们的自我愉悦），他们彼此都努力想毁灭或征服对方。”这样，就需要“一个使所有人都敬畏的权力”，否则“在一个没有共同权力使众人敬畏的时代，人们往往处于战争状态，而这种战争是个人对个人的战争”，“在这种战争状态中，暴力和欺诈是两个主要的美德”，这对个人与社会来说自然都是灾难。于是，“理性”告诉人们必须建立“达成一致的方便易行的条件”，即所谓“自然法”。[①]在“原理创造历史”的问题上[②]，霍布斯利己主义学说的价值在于第一次从经验出发并以经验的形式揭示和解读了利己主义的逻辑基础，合乎逻辑地提出用“自然法”的方法论遏制“自然权利”的目的论，初步构建了具有内在统一性的“个人主义原理”。这一“原理”的要义和“机理”可以概要地表述为：人在“自然状态”下的“自然权利”是一种自相矛盾的“悖论权利”，内含一种“悖论基因”[③]，在价值取向上必然会产生善恶不同的两种实践张力，结果必然会在实践过程中显现善恶不同的两种价值事实，于是人们必须运用“达成一致的方便易行的条件”即“自然法”加以控制，以扬善抑恶。霍布斯利己主义学说的贡献在于，第一次在个人与社会、认识与实践相统一的意义上为“原理创造历史”找到了方法论的依托，开创了西方个人主义研究和发展的学术范式。从这一点来看，霍布斯是“个人主义原理”的奠基者，虽然他没有提出“个人主义”的概念。他的创造，使得古希腊智者派的“自然”说和“约定”说相统一的可能性假设，在当时代的历史条件下以“个人主义原理”的方式转变为统一的理论形态。霍布斯利己主义学说的根本缺陷在于，他的利己主义目的论主要是经济活动和利益占有意义上的，又只将遏制个人主义“悖论基因”之恶的“解悖”方法论交给国家和政府而没有同时交给个人，只交给了政治学和法学而没有同时交给伦理学。他的个人主义目的论学说本质上还是一种依靠政治和法制维系的经济自由主义，并不具有后来出现的漠视政府权威的“政治哲学”的理解价值。

不论是作为目的论还是作为方法论，个人主义作为伦理道德范畴从其

---

① [英]霍布斯：《利维坦》，刘胜军、胡婷婷译，北京：中国社会科学出版社2007年版，第十三章《论有关人类的幸福和苦难的自然状况》、第十四章《论第一和第二自然法以及契约》。

② 马克思在《哲学的贫困》中批评蒲鲁东的“政治经济学的形而上学”时强调指出，“原理”与“历史”是一种辩证统一的过程：“每个原理都有其出现的世纪。例如，权威原理出现在11世纪，个人主义原理出现在18世纪。因而不是原理属于世纪，而是世纪属于原理。换句话说，不是历史创造原理，而是原理创造历史。”（《马克思恩格斯选集》第1卷，北京：人民出版社1995年版，第146页）

③ 这种“悖论基因”的“矛盾等价式”是：因为每个人享有“按照自己意思使用自己的力量保全自己天性的自由”，所以每个人不能享有“按照自己意思使用自己的力量保全自己天性的自由”。

把握的对象和实践主体来看归根到底都属于“个人问题”，这决定了个人主义伦理学的“解悖”的根本出路在于个人而不是社会，在于个人主义伦理学说能够为自己找到“自圆其说”的原理支撑。霍布斯的个人主义伦理学说并没有找到这样的支撑，这使得其“原理”的价值十分有限。后来，杜威在批评“早期的经济个人主义”问题时指出：“最专制的国家也不是通过物质的力量，而是通过观念与情感的力量来确保其臣民的忠诚。”[①]正因存在这种根本性的缺陷，所以霍布斯的学说问世后即受到学者的批评，批评的旨趣是要改造和发展个人主义，以维护和发展个人主义“原理”的力量，而批评的内容则是沿着目的论和方法论两个方向拓展。

沿着个人主义目的论方向展开的批评，在继承和维护霍布斯利己主义学说传统的基础上扩充了其自由主义的内涵，使得自由主义超越了经济活动的范围，发展成为个人主义目的论的最高形式，也成为个人主义目的论最为复杂的概念。广义的自由主义包含“经济”和“利益”意义上的利己主义、漠视或无视政治和政府权威却又重视个人政治参与的无政府主义、强调个性自由和自我表现的个性主义等。狭义的自由主义，是相对于经济利己主义而言的，特指一种强调“个人应该拥有完全的行动自由”、“不信任政府”的“政治哲学”（《不列颠简明百科全书》下卷）。所以在英语中利己主义（egoism）与个人主义（individualisms）是两个不同的概念。

超越经济活动的广义的自由主义大体上有两种形态。一是政治自由主义，强调每个人都有关心国家和政治的言论自由和行动自由的权利，本质上是一种“个人政见第一主义”或“个人政见中心主义”，其推崇者所要宣示的政见一般都是个人关于国家和民族的治政主张，与资本主义民主政治相互依存、相互呼应。政治自由主义在充分肯定和展示个人的积极性和智慧、可能发表有助于国家政治建设和民族进步的“意见”的过程中，同时又会表现出漠视整体权威和统一规则、扰乱国家必要安宁和社会必要稳定的危害性。胡适曾鼓吹的“健全的个人主义”或“真的个人主义”（他

---

① [美]杜威：《新旧个人主义——杜威文选》，孙有中、蓝克林、裴雯译. 上海：上海社会科学院出版社1997年版，第76页。

称其为“个性主义”），本质上就是这种政治上的自由主义，是针对当时蒋介石国民党的专制统治而言的。二是个性自由主义。这种自由主义崇尚个人价值实现和生存与表现方式的与众不同，认为每个人都是独立的主体，都是自己“独立世界”的主人，都享有“自我支配、自我控制、不受外来约束”的生活方式的绝对权利。个性自由主义一般不会给他人和社会的文明与进步带来危害，但却散发着蔑视传统价值的气息，存在着动摇和危害现实社会必须以传统文明为基础的信念的倾向，在潜移默化的影响中散布对普遍性和同一性的怀疑，以及对社会的不信任情绪。

沿着个人主义方法论方向展开的批评，大体经历了功利主义——合理利己主义——新个人主义——社群主义的演变过程。相应出现了四种有代表性的方法论意义上的个人主义学说主张。功利主义创建者是边沁，批评继承和刻意创新者是密尔。边沁把人在“自然状态”下的自爱、自私的本性由具体转变为抽象，提出关于人的本性的“趋乐避苦”的命题。他说：“功利原则指的就是：当我们对任何一种行为予以赞成或不赞成的时候，我们是看该行为是增多还是减少当事者的幸福；换句话说，就是以该行为增进或者违反当事者的幸福为准。这里，我说的是对任何一种行为予以赞成或不赞成，因此这些行为不仅包括个人的每一个行为，而且也要包括政府的每一种设施。”[①]较之前人，边沁功利主义的推进在于从发展（“趋”）和约束（“避”）两个方面明确规定了个人快乐最大化的原则，并将获得和实现快乐的路向划定在个人与社会两个方面。密尔肯定了边沁的功利主义的快乐论，同时又对快乐论进行了尖刻的批评，指出它只追求快乐而无视实际可能存在的痛苦和不幸，是“堕落的学说，只配给猪做主义”[②]。密尔认为，不论是快乐还是痛苦与不幸都可以给人带来幸福，因此他将功利主义的快乐论修正（“修补”）为功利主义的幸福论，使功利主义带有“精神快乐”的特色。利己主义有助于最大限度地调动和发挥个人的潜能和创造性，最大限度地实现个人的价值，从而有助于社会的发

① 周辅成编：《西方伦理学名著选辑》上卷，北京：商务印书馆1964年版，第221—222页。

② [英]密尔：《功用主义》，唐钺译，北京：商务印书馆1957年版，第7页。

展和繁荣，但同时也不可避免地直接损害和牺牲他人、社团和集体的利益，给他人和社会带来痛苦和不幸。功利主义虽然改变了早期的经济个人主义的粗俗特征，但是并没有真正改变早期经济个人主义的原生性的“悖论基因”。

合理利己主义，也可称其为“合理个人主义”，研究的不是个人主义先验意义上的“自然”“天赋”的“合理性”，而是个人主义“自为”“社会”的合理性即行动、实践的合理性问题，突出代表人物是费尔巴哈。合理利己主义论者强调，他们“所说的利己主义是和那种纯粹的利己主义不同的，是一种宽厚的、自己克制的、只在对他人的爱中寻求满足的、健康的、与本性相协调的利己主义”[①]，主张把个人权利与他人权利结合起来，在谋求个人需求和发展时要考虑到大多数人的最大利益和最大幸福。不难理解，作为一种个人主义的方法论学说，合理利己主义或合理个人主义使“个人主义原理”成为新个人主义或现代个人主义的雏形。

新个人主义的杰出代表人物杜威公开宣称他此前的个人主义都属于“旧个人主义”。他认为，“欧洲形式”的“旧个人主义”存在两个方面的局限性，目的论只是强调“满足于宣称其与不变的人性——据说此种人性只被个人获利的希望激发——的一致性”，即只是强调个人获取和占有而忽视个人的价值实现，而方法论则主要表现在其价值的“暂时的合理性”[②]。同时他认为，在当时的美国，经济利己主义与其“欧洲形式”没有什么本质的不同，以轻视政府权威为主要特征的自由主义虽然具有不同于“欧洲形式”的“罗曼蒂克形式”，但其价值的合理性也是有限的。据此，他得出一个结论：“旧个人主义的全部意义已经萎缩为一种金钱尺度与手段”、“哑然失声”了，创建他的新个人主义已是势在必行的事情。[③]他又指出，新个人主义的建构也不能依赖于“慷慨、好意与利他主义”的

① 罗国杰主编：《伦理学名词解释》，北京：人民出版社1984年版，第50页。

② [美]杜威：《新旧个人主义——杜威文选》，孙有中、蓝克林、裴雯译，上海：上海社会科学院出版社1997年版，第91页。

③ [美]杜威：《新旧个人主义——杜威文选》，孙有中、蓝克林、裴雯译，上海：上海社会科学院出版社1997年版，第84页。

共产主义的道德主张。[1]基于以上这些认识，杜威提出建构“一种与当代现实和谐一致的新个人主义”的设想。[2]杜威强调，新个人主义与“自我奋斗”“唯利是图”的旧个人主义的根本差别就在于主张“互助”与“合作”，它要“创造一种新型个人——其思想与欲望的模式与他人具有持久的一致性，其社交性表现在所有常规的人类联系中的合作性”[3]。不难看出，作为实用主义的哲学大师，杜威的基本主张是用价值论即“关系论”的方法替代唯物论或唯心论的“极端方法”，他的个人主义方法论本质上是关于“人与人”之间的合理行动和实践方式的描述系统，在伦理学的视域里主要属于“人伦伦理”和“德性伦理”的范畴，并未广泛涉及个人与社群之间的伦理道德问题，这是新个人主义包括以往一切个人主义的方法论学说后来受到社群主义批评的学理性原因之所在。

在社群主义尚未形成强势之前，个人主义历史演变出现了一种貌似否认方法论的“价值回流”的现象，这就是费里德里希·哈耶克（F.A. Hayek）的个人主义学说的问世。1945年，哈耶克发表了他的著名的学术演讲《个人主义：真与伪》，这篇专论后来被他收进《个人主义与经济秩序》的论文集，出版后一度产生了广泛的国际影响。该书2003年被翻译介绍到我国（邓正来译，三联书店2003年1月出版），对中国人尤其是“文化人”的个人价值观产生的影响是空前的。哈耶克强调个人主义的存在是一个毋庸争辩的前提，但个人主义有“真与伪”之别，“真正的”个人主义也就是经过托克维尔完美发挥的个人主义，“虚假的”个人主义是经过笛卡儿、卢梭等人的理性主义梳理的个人主义，其虚假之处在于倾向于社会主义或集体主义。不难看出，哈耶克的“真正的”个人主义其实就是目的论意义上的个人主义，“虚假的”个人主义其实就是方法论意义上的个

① [美]杜威:《新旧个人主义——杜威文选》,孙有中、蓝克林、裴雯译,上海:上海社会科学院出版社1997年版,第90页。

② [美]杜威:《新旧个人主义——杜威文选》,孙有中、蓝克林、裴雯译,上海:上海社会科学院出版社1997年版,第96页。

③ [美]杜威:《新旧个人主义——杜威文选》,孙有中、蓝克林、裴雯译,上海:上海社会科学院出版社1997年版,第91页。

人主义。然而，有趣的是他称前者为“方法论个人主义”，而将后者即真正的方法论个人主义赶出个人主义历史演绎的舞台。这种“价值回流”现象在几乎与其同时代兴起的社群主义渐渐形成强势的过程中，渐渐退缩到台后。

社群主义是个人主义方法论最具代表性的当代形式。邓正来在《哈耶克方法论个人主义的研究——〈个人主义与经济秩序〉代译序》中有一处专门考察了“社群主义对方法论个人主义的批评”，其中列举了诺齐克在其《无政府、国家与乌托邦》中对《正义论》的意义曾作过推崇备至的评价：“《正义论》是自约翰·穆勒的著作以来仅见的一部有力的、深刻的、精巧的、论述广泛和系统的政治和道德哲学著作。……政治哲学家们现在必须要么在罗尔斯的理论框架内工作，要么必须解释不这样做的理由。”[①] 在考察“社群主义对方法论个人主义的批判”时将《正义论》列在其中是否合适，我们姑且不论，但是有一点是需要明确的：社群主义对以往个人主义的批评本质上仍然是方法论的批评，并未伤及更未摧毁个人主义目的论的本质，其学说本质上仍然是一种个人主义的方法论，不过是试图完善“个人主义原理”的一项当代工程而已。社群主义认为，真正理性的个人必须懂得，选择自己行为的唯一正确方式是把个人放到其社会的、文化的和历史的背景中去考察，这样才能真正获得个人自由。由此可见，强调社群是实现个人自由和目的的必要前提是社群主义的实质性主张，也是其优于此前的个人主义方法论的耀眼之处。不过应当看到，这种耀眼之光仍然是方法的演变和革新，并非是本质的变更和转移。社群主义是西方社会20世纪80年代后产生的最有影响的政治思潮和伦理思潮之一，它使“在20世纪后期，个人主义思想又重新获得主导地位”。

综上所述，个人主义历史演变的逻辑走向大体是：由霍布斯的利己主义的“个人与社会（法制）相结合”走向费尔巴哈的合理利己主义的“个人与他人（包括多数个人）相结合”，再走向杜威的新个人主义的“个人

① [英]哈耶克：《个人主义与经济秩序》，邓正来译.北京：生活·读书·新知三联书店2003年版，第15页。

之间的互助与合作”，最后走向社群主义的“个人发展要以社群为依托”。从中可以看出，个人主义历史演变的内在动因是其立论基础——人的“自然权利”或“利己的自然本性”内含的亦善亦恶之“悖论基因”，这种“悖论基因”的实践张力势必会造成亦善亦恶的悖论结果，在给资本主义社会带来繁荣和进步的同时又给资本主义社会制造不尽的麻烦和堕落，这就促使个人主义需要不断地完善自身，以说明、鞭笞和扼制个人主义实践张力之恶，由此而形成以方法论来弥补目的论的缺陷的演变模式，使得个人主义在逻辑结构上演绎为目的论与方法论的统一体。个人主义有史以来出现过许多的形态，社群主义之后还可能会出现新的形态，但其演变只是方法论之“变”，不可能“变”及“个人本身具有至高无上的价值”这个目的论的核心。

概言之，个人主义历史演变的过程就是不断论辩和刷新“个人主义原理”的过程，也是不断培育崇尚个性与尊重规则相统一的资本主义精神的过程，正是这种带有悖论性征的过程使得个人主义成为人类文明发展史上“最棘手和最缺乏清晰度”的伦理道德话题。

价值论与哲学品质问题断想*

2008年3月和4月，中国社会科学院哲学研究所和安徽师范大学两次在芜湖市联合举办了全国性的哲学盛会："全国第五届马克思主义哲学创新论坛——30年马克思主义哲学研究的回顾与反思"和"全国外国哲学学术研讨会——纪念'芜湖会议'暨'两学会'成立三十周年"。会上，哲学人们多提及自20世纪80年代以来价值论一直在挑战哲学包括马克思主义哲学的问题，由此引发了诸多的"回顾和反思"。哲学人普遍感到，就当代中国哲学发展的生命力之源看，采取重建形而上学的策略以捍卫哲学的品质来应对价值论的挑战，会使哲学离人和社会生活越来越远，势必会导致自身"边缘化"。

由此，笔者生发了关于价值论和哲学品质之间应有的逻辑关系问题的一些思考，认为这种思考关涉哲学包括马克思主义哲学的创新和现代化问题，从根本上来说是一个关乎当代中国哲学的前途和命运的问题。

第一，价值问题的核心是人的生存问题。哲学不过是人关注自身生存之需的一种精神活动方式而已，这从根本上决定了哲学须具备价值论品质，也决定了哲学的命运。

哲学家朱德生在为《近现代西方本体论学说之流变》作序时说："人和自然动物不同，他总不满意既定的现状，总想超越这种现状，实现某种

* 原载《滁州学院学报》2008年第5期。

理想。这种理想实现了，他是不是心满意足了呢？他还是不满意，又产生了更高的理想。这个更高的理想实现了，他是不是便满意了呢？不会，他总想追求某种最满意的状态。这不就是追求某种最完满的终极存在吗？”又说：“人们不是学会了营养学才吃饭的，而是因为要吃饭，才研究营养学的。”[①]这种哲学的大白话在有些哲学人看来是不那么哲学的，但对于帮助我们理解价值论与哲学之间的联系及哲学应具有的品质来说是颇具启发意义的。

人类为什么要有哲学，要研究哲学？因为我们要认识存在的世界，认识存在的世界是为了要改造存在的世界，改造存在的世界是为了我们的生存。离开价值追求，“做学问”除了“做秀”还能会是别的什么？哲学的对象是与人的生存有关的存在，是人类思维可以视摄和设问的存在，包括先验、超验的本体“存在”。价值论的对象是生存，是人类为关注自身生存所建构起来的“关系学”，包括超越现实的理想学说。诚然，思考生存问题不可离开存在，但存在一旦进入人的价值视域就成为为生存而思考的对象了。朱先生所说的“终极存在”不就是关于人未来价值问题的“终极生存”么？

人类只关注与自己生存有关的存在，或者说，存在只有具有生存意义才可能进入人类的视域，所以贝克莱说“存在就是被感知”，笛卡儿说“我思故我在”。哲学史上形形色色的感觉论，其实多是价值论，它们所描述的是人与存在的关系即作为关系的存在，而不是作为实体的存在。用“基本问题”的分界线把感觉论归于主观唯心主义的传统方法，其实是需要重新审视的，也许是认识论对价值论的一种千年误会。

哲学只有关注人的生存，人才可能关注哲学。人类从来不关心与自己生存无关的存在，哲学若是站在人之生存问题的边缘而被“边缘化”了，怨谁呢？离开人的生存意义，如果还有什么哲学的话那就是“无所谓的哲学”了。道家鼓吹“无为”，表明哲学可以不关心生存么？不是，那不过是一种关于“生存方式”的哲学罢了——“无为”也是一种生存和生存方

① 钱广华等：《近现代西方本体论学说之流变》，合肥：安徽大学出版社2001年版，序第5页。

式，此即所谓“无为而有为”。道学，形式是本体论或存在论的，骨子里则是一种方法论或生存论的，它是一种地地道道的“人生哲学”或“道德哲学”。据说，古希腊哲学起步于古城邦一些不愁温饱即不愁生存之需的“闲人”，这似乎可以说明哲学与生存无关。其实，那正是哲学人的一种生存方式（也是哲学的一种发展模式），以“闲人”的方式生存，追问属于“闲人”的存在及其“本质”。亚里士多德把“科学”划分为理论科学、实践科学、创制科学三大类，认为“理论科学”尤其是其中的“第一哲学”是研究者仅为求知而求知的产物，这叫今人看起来似乎与价值思考无关，然而细想一下，为“求知而求知”不就是一种价值追求吗？纵观哲学史，哲学人各有各的说法，但说来说去都没有离开其一定的价值思考和追求，如此而已！

第二，人作为认识和实践主体从来都是价值主体。脱离价值思考的主体并不存在，即使存在也是“抽象主体”“概念主体”，毫无意义。

当人以认识和实践主体的身份出现的时候，在此以前其实已把自己预设为价值主体了，尽管他也许是不自觉的。人在认识和实践的过程中之所以会义无反顾、勇往直前，没有别的原因，只是为了自身的需要。恩格斯说：“在社会历史领域内进行活动的，是具有意识的、经过思虑或凭激情行动的、追求某种目的的人；任何事情的发生都不是没有自觉的意图，没有预期的目的的。”[①]这个颇有些绝对化的著名论断自然也适应那些在哲学领域内追问存在包括人自身存在的人们，即使是那些只把哲学追问当作自己的“精神家园”的哲人也难逃此“窠臼”。

生存需要催生和发展人的“存在”。猴子当初从树上转而下到地上，是为了生存，由此而发生一次空前的自然革命，它们把自己渐渐地演化出一种特殊的动物类——人类，“它们”变成了“我们”，世界因此而合乎逻辑地被分划为自然和社会、主体和客体。这场革命的真实动因是“猴子”需要适应自己生存的环境，尽管这是一种被动的价值需求，被动的适应，还不是作为主体的追问、追求和创造，尚无什么关乎价值问题的思考，更

①《马克思恩格斯选集》第4卷，北京：人民出版社1995年版，第247页。

没有什么价值论观念的指示，但它的革命性质是不容置疑的。这种“价值革命”和“价值创造”，是我们价值思考包括哲学思考在内的整个人类思想过程的原点。没有“猴子”演出的“价值革命”，没有“猴子”创造“我们”，“我们”至今还在树上，还奢谈什么“哲学”！

人类诞生以来，尽管如同“猴子”般的被动适应环境的特性至今依然保留着，甚至还时而发生着某种或某些方面的强化（蜕化），但需要的“本能”却渐渐地演变发展成为属于人的“本性”，渐渐地有了“人定胜天”的意识、能力和业绩。它集中体现在要求“客体的存在、作用以及它们的变化对于一定主体需要及其发展的某种适合、接近或一致”。[①]执着于价值思考、价值理解与价值实现，是一切人类的本性。对价值问题的执着，使人类渐渐地由愚昧走向睿智，从野蛮走向文明，走到了当代，无疑还会继续走下去。

就是说，人类的一切文明形式，包括关于自然、社会和人类自身进行整体和本质的把握的哲学文明形式，其发展进步的内在动力都是围绕“人的需要”这个轴心集聚和展现的。“哀莫大于心死”，这句中国人的古训，不仅适合每一个生命个体，也适合每一个民族，乃至于适合整个人类。看看吧，从古到今那些为人类文明进步作出突出贡献的人都是具有明确的价值追求的人，那些强于别个民族的“哲学民族”都是长于价值思考的民族！“哲学民族”首先是酷爱价值追求的民族！

第三，承认自然物不以人的意志为转移的客观性和独立性，不是为了确立“自然中心”，而是为了培育和提升“人类中心主义”的价值自觉。

人以生存事实赋予存在事实以意义而成为一切存在的“中心”，永远会用“人类中心主义”的价值尺度看待存在的事实。强调人以外的不依人的意志为转移的存在的客观性和独立性，是为了认识和把握独立的客观存在的规律，利用规律为人服务，确证和强化“人类中心”的地位，而不是为了否定或弱化这种地位。反“人类中心主义”者列举人类种种玷污自然的罪名证明不能实行“人类中心主义”，否则就会最终殃及人类自身，这

① 李德顺:《价值论——一种主体性的研究》,北京:中国人民大学出版社1987年版,第13页。

种哲学伦理本身恰恰就是从维护“人类中心主义”出发的。一个不关心自己生存的“中心位置”的人会关心自己生存的环境么？同样，一个不关心自己生存的“中心位置”的民族会关心自己所处的国际社会么？哥白尼因反对“地球中心说”而献身，其出发点是为了让地球“边缘化”以维护宇宙的尊严么？一些人类之所以需要宗教，是因为宗教不过是“人类中心”的异化形式，他们可以在宗教的虚拟世界里找到在世俗世界里失落的“中心”位置。同样的道理，一些人之所以鼓吹“自然中心主义”，是因为“自然中心主义”正是“人类中心主义”的异化形式，他们可以在“自然中心”的理性世界找回在喧闹的现实世界里失落了的作为“中心”的人的尊严，这体现的是一些人对“人类中心”的一种价值自觉，不过是“人类中心主义”指导下的一种关于自然的理想而已。由此看，鼓吹“自然中心主义”自然是可以理解的。

不可理解的是，享用着人作为“中心”才能开发和创造的财富却又批评人作为“中心”的生存地位，仅仅把人归于自然的一个部分，这样的哲学思维是否有些作伪之嫌？诚然，人作为自然的一个部分相对于自然来说实在是太渺小了，但作如是观是为了把人看得太渺小、把人归于自然么？显然不是。人类尊重自然只是因为自然生生不息，创造和呵护人类。

人与自然的关系的哲学解读应遵循如是价值论范式：本体论和认识论经人类思维把自然的本有状态交给人类，价值论经人类思维把自然的应有（理想）面貌交给人类，实践论经人类思维在自然的本有状态和应有面貌之间为人类建构行动理性。

第四，马克思哲学的灵魂和活力是价值论，关注的是无产阶级和人民大众的翻身解放，这才喻哲学为“时代精神的精华”。

马克思解剖资本和剩余价值、分析社会结构和人的本质等，无不以“特定的关系”为对象，在一定意义上我们完全可以说，他的哲学尤其是社会历史哲学都是“价值分析”的结晶。

以关于人的本质的学说为例。马克思说：“人的本质不是单个人所固有的抽象物。在其现实性上，它是一切社会关系的总和。”[①]在这里，马克思所要揭示的并不是“人的本质是什么”，而是人的本质应当怎样去揭示，提供的是把握人的本质的价值论的方法论原则，即沿着现实的普遍联系的路径去揭示和把握人的本质。在马克思那里，人的本质一般地被解读为存在于人在现实社会的普遍联系之中，属于价值思考的对象，揭示人的本质的方法论实际上就是价值论。因为，人在现实意义上建立普遍的社会联系的动机和方式，都是关联自身需要的预设和实践。人类至今，群体内部和个体之间都存在着不同的需要和追求方式，为了实现各自不同的需要必须寻求和建构共同方式，必须在现实的意义上承认和构建普遍联系，由此而体现特定的人的具体本质。就是说，“现实的一切社会关系的总和”本质上是基于价值关系的总和，人的本质不论是一般还是具体只有在价值论的意义上才能得到合乎逻辑的说明。如果离开价值论来说明人的本质，那么人的本质其实就被说明为“共同人所固有的抽象物”了，这样的说明有什么理论和实际意义呢?

马克思说：“任何真正的哲学都是自己时代的精神上的精华。”[②]这个简短论断，其精到精辟之处过去哲学界多有分析，但多是就哲学谈哲学，似乎忽视了一个基本点：马克思的这一著名论断正是产生于他关于哲学的价值思考和价值自觉。拉法格回忆马克思时写道：“马克思曾说过：‘科学绝不是一种自私自利的享乐。有幸能够致力于科学研究的人，首先应该拿自己的学识为人类服务。’他最喜欢说的名言之一是‘为人类工作’。”[③]“为人类工作”是马克思在青年时代就确立的指导自己人生的价值原则。正是在这一原则的指导之下，他放弃了他自己原来所学的法律专业，开始了哲学研究。在博士论文的“序言”中，马克思把哲学比作普罗米修斯，公开表明了哲学要为推动人类历史进步而献身的哲学价值观：“哲学，只要它还有一滴血在它那个要征服世界的、绝对自由的心脏里跳动着，它就

①《马克思恩格斯选集》第1卷，北京：人民出版社1972年版，第18页。

②《马克思恩格斯全集》第1卷，北京：人民出版社1995年版，第220页。

③[法]保尔·拉法格等：《回忆马克思恩格斯》，马集译，北京：人民出版社1973年版，第2页。

将永远用伊壁鸠鲁的话向它的反对者宣称：'渎神的并不是那抛弃众人所崇拜的众神的人，而是同意众人关于众神的意见的人。'"[①]可见，青年马克思是从"为人类工作""为人类献身"的价值思考出发，开始他的哲学研究之旅的。而其原点则是研究存在"普遍苦难"的、与现存制度发生了全面的矛盾并在不断壮大的、"被彻底的锁链束缚着的阶级，即形成一个非市民社会阶级的市民社会阶级。"[②]由此而逐步形成了马克思的哲学历史观。马克思对以往和当时代的许多哲学家不关心"市民社会阶级"的现象提出了尖锐的批评，认为"哲学家并不像蘑菇那样是从地里冒出来的，他们是自己的时代、自己的人民的产物，人民的最美好、最珍贵、最隐蔽的精髓都汇集在哲学思想里。"[③]所谓"任何真正的哲学都是自己时代的精华"的著名论断，正是这一思想的高度概括。后来，作为两个重大发现之一的唯物史观，其发现与创立无疑也得益于他对哲学的价值理解和价值创造。在马克思主义哲学中，唯物史观（包括剩余价值论）是"人民最精致、最珍贵和看不见的精髓"和无产阶级革命时代的"精华"。正因为如此，它才被无产阶级用作批判的武器，打破束缚自己的锁链，走向翻身解放。

青年马克思的转变和马克思主义哲学的形成过程，一方面表明哲学只有从价值思考出发，才能与社会的需要相适应，同时也使自己富有价值的内涵和底蕴，成为人们普遍接受和运用的价值；另一方面表明，哲学一旦与价值论结缘，就自然会成为"真正的哲学"，具有哲学应当具备的品质，成为"自己时代的精华"。

马克思主义哲学的价值论品质，在特定的历史时代合乎逻辑地与阶级斗争和无产阶级专政学说联系在一起。如今时代不同了，我们当然不能再用马克思主义哲学作为阶级斗争的工具，但是我们不可丢弃马克思主义哲学的价值论品格。

---

①《马克思恩格斯全集》第40卷，北京：人民出版社1982年版，第189页。

②《马克思恩格斯选集》第1卷，北京：人民出版社1972年版，第14页。

③《马克思恩格斯全集》第1卷，北京：人民出版社1995年版，第219—220页。

新中国成立以来，最能说明马克思主义哲学源于价值思考的价值论精品的年代，莫过于哲学在改革开放以来所经历的两次热潮。第一次是关于真理标准问题的讨论，不仅得到党和国家领导人的大力支持，而且也受到广大人民群众的热烈拥护和积极参与。第二次是关于可持续发展问题的讨论，也曾在全国范围内掀起一个小高潮，吸引了不少的人投身其中。在这两次热潮中，哲学问题成了国人关注的热点，哲学赢得了辉煌，哲学人赢得了风光。这两次热潮给我们的启示不是别的，正是哲学切中了时代的脉搏，作为一种价值理解、价值呼唤适时地反映了社会和人的真实需要。而在这两次热潮之间，特别是在可持续发展问题讨论之后，虽然我们时而可以听到哲学关注社会的一些声音，但总的看哲学又撤回书本了。

第五，中国传统哲学本质上是价值论，只是注释伦理和道德经典学说的工具。这从反面告诫今人：哲学须有价值论的品质，但也不可沦为价值论的婢女。

中国历史上没有出现过如同西方那样的自然哲学，却把最重要的哲学问题放到“天”上讲，给人一种玄学和迷信的本体论错觉。讲“天”是为了讲“人”，所以要把“人”放进去，讲“天人关系”。讲“天人关系”目的不是为了讲“自然与人的关系”，而是为了讲“天理（道、命、性）与人性的关系”。所谓“天理（道、命、性）”，也不是“天”上的自然之“理（道、命、性）”，而是地上的人文之“理（道、命、性）”，“天理”就是“地理（道、命、性）”，在朱熹那里干脆就被简化为“三纲”之类的封建伦理关系及其道德教条。中国传统哲学大家研究“天”的真实动因也不是要揭示伦理和道德价值的本质和本原，而是要提升其伦理道德价值的认知和实践地位，叫老百姓望而生畏、顶礼膜拜，因为“天”是可望不可知、可敬不可违的。中国传统哲学，就伦理哲学来看是宗法伦理关系学和人伦伦理关系学的统一体，就道德哲学来看是国家道德意识形态和家族与人伦道德情感形态的统一体。在这种意义上，若坚持说在传统意义上中国有哲学甚而至于有“博大精深”的哲学，那也是价值论哲学——伦理关系哲学和道德意识哲学。若看不到这个历史特点，我们在中国传统哲学面前除了断章取义、各取所需地“做做学问”，还能有多少作为吗？

哲学须有价值论的品质，需要在起点、过程和目标的意义上体现人类的价值祈求，但哲学的本质在于超越，在于思辨和论辩。德谟克利特说原子是自动的，亚里士多德对此不满意，认为德谟克利特只关注事前原因而没有追问原子为什么会自动的“终极原因”。而罗素则认为，这恰恰是德谟克利特完全正确的地方，因为追问“终极原因”只会导致形而上学，远离科学和价值。究竟谁说得对呢？

第六，哲学人持有什么样的价值观就会去研究和建设什么样的哲学，提升哲学人的品质素养是保障哲学应有的价值论品质的根本途径。

不少哲学人在抱怨哲学被时代“边缘化”、被大众“边缘化”的同时，却很少问问自己站在时代的什么位置上。哲学人不可能离开自己的主观意向——价值取舍去关注目所能及的存在，思考自己的哲学问题。在这种意义上我们甚至可以合乎逻辑地说：哲学人的价值观是怎样的，他的哲学范式和哲学倾向就是怎样的。

近三十年来的中国哲学研究和建设是这样证明的：那些心系人和社会生存与发展的哲人们，他们的哲学作品和学说无不闪烁着哲学的光芒，照耀和引领人们去思考自己时代面对的重大问题，他们真正是哲学的精英。而另外一些哲学人，头脑里很少有抑或从未有过“为什么要研究和建设哲学（马哲、西哲和中哲）”的概念，他们孜孜以求的是“教科书哲学”“哲学家的哲学”“评职称的哲学”。在校生对哲学感兴趣或必须“感兴趣”，多是因为他们需要应对哲学的考试；报考哲学专业研究生的人，也多是因为“外语要求低”而不是出于对哲学的兴趣。教师对哲学感兴趣，其中有些人还终生对此津津乐道，流连忘返，多半是因为在这里可以寻得他的“精神家园”。评职称的人对哲学“感兴趣”，是因为没有哲学文章便晋升无门。目前，除了哲学界和学哲学的大学生们，政府官员和最广大的平民百姓很少有人真正关心哲学，也不问哲学是什么，在这种情况下，在归根到底的意义上我们是否应该去反思一下自己的价值观品位呢？

后　记

总结和提炼是人们成就事业的重要方法和手段，是推动事物发生质变的重要环节，任何人都概莫能外。通观钱老师的这套文集，也正是在总结和提炼的基础上形成的重大成果。从微观看，老师在伦理学、思想政治教育、辅导员工作等领域的研究，多是以总结的方式用专业的话语表达出来的。从宏观看，老师的总结和提炼站位高远、视野宽阔、格局恢弘。这又成就了老师在理论上的纵横捭阖、挥洒自如，呈现出老师深厚的学术底蕴和坚实的理论功底。

比如在谈到思想政治教育整体有效性问题的时候，老师说：马克思主义认为，世界是不同事物普遍联系的整体，某一特定的事物也是其内部各要素之间普遍联系的整体，事物内部各要素之间的关系是怎样的，事物的整体就是怎样的。恩格斯说：“当我们通过思维来考察自然界或人类历史或我们自己的精神活动的时候，首先呈现在我们眼前的，是一幅由种种联系和相互作用无穷无尽地交织起来的画面。”[①]为了“足以说明构成这幅总画面的各个细节”，“我们不得不把它们从自然的或类似的联系中抽出来”[②]。就是说，人们只是为了细致分析和把握事物某部分的个性，也是为了进而把握事物的整体，才“不得不”在许多情况下把事物某部分从整体关联中“抽出来”。然而，这样的认识规律却往往给人们一种错觉和误

①《马克思恩格斯文集》第9卷，北京：人民出版社2009年版，第385页。

②《马克思恩格斯文集》第3卷，北京：人民出版社2009年版，第539页。

导：轻视以至忽视从整体上把握事物内在的本质联系，惯于就事论事，自说自话。这种缺陷，在思想政治教育有效性的研究中也曾同样存在。

20世纪80年代初，中国改革开放和社会转型的序幕拉开后，由于受到国内外各种因素的影响和激发，人们特别是青年学生的思想道德和政治观念发生着急剧的变化，传统的思想政治教育面临严峻挑战，受到挑战的核心问题就是思想政治教育的“缺效性”以至“反效性”问题。思想政治教育作为一门科学、进而作为一种特殊专业和学科的当代话题由此而被提了出来。因此，在这种意义上完全可以说，推进新时期思想政治教育走向科学化的原动力，正是思想政治教育有效性问题的研究。然而，起初的思想政治教育有效性问题的研究只是围绕思想政治工作展开的，关注的问题只是思想政治教育实际工作的原则和方法，缺乏从思想政治教育专业和学科整体上来把握有效性问题的意识。而当思想政治教育作为一门学科的“原理”基本建构起来之后，关于思想政治工作有效性问题的学术话语却又多被搁置在“原理”之外，渐渐地被人们淡忘，以至于渐渐退出学科的研究视野。不能不说，这是一种缺憾。

推进思想政治教育科学化是解决这一问题的根本途径。思想政治教育科学化本质上反映的是全面贯彻党和国家的教育方针，培养和造就一代代社会主义事业的合格建设者和可靠接班人提出的理论与实践要求，具体表现为大学生思想政治素质的全面发展、协调发展和可持续发展，即凸显整体有效性。这种整体有效性，不只是大学生思想政治教育单个要素的有效性，也不是各个要素有效性的简单相加，而是思想政治教育要素、过程和结果的整体有效性；大学生思想政治教育要素、过程和结果的整体有效性不是静态有效，也不是各个阶段有效性的简单叠加，而是各个要素在各个阶段有效性的有机统一，是整体有效性的全面协调可持续提升。

…………

当我们合上老师的文集，类似的宏论一定会在我们的脑海里不断涌现，或似深蓝大海上的朵朵浪花，或似微风吹皱的湖面上的粼粼波光，令人醍醐灌顶、振聋发聩。

在老师的文集付梓之际，我们深深感谢为此付出过辛勤劳动的同学们。在整理文稿期间，一群活泼阳光的思想政治教育专业的同学通过逐字逐句的阅读、录入和校对，为文集的出版做了大量的最基础的工作。

感谢安徽师范大学副校长彭凤莲教授为文集的出版所做的大量努力。

感谢安徽师范大学马克思主义学院领导给予的高度关注和大力支持。

感谢安徽师范大学出版社，在文集出版的过程中，从策划、编校到设计、印制，同志们付出了许多的心血。

感谢我们的师母，在老师病重期间对老师的温暖陪伴和精心呵护。一个老人是一个家庭的精神支柱，一个老师是一个师门的定盘星。我们衷心祝福老师健康长寿，带着愉悦的心情看到自己的理论成果在民族复兴的伟大征程中发光发热，能够在中华民族伟大复兴即将来临之际，安享晚年。

执笔人　路丙辉

二〇二二年八月